Bernhard Peters

FÜHRUNGSSPIEL

BERNHARD PETERS

mit Hans-Dieter Hermann
und Moritz Müller-Wirth

FÜHRUNGS SPIEL

Menschen begeistern,
Teams formen,
Siegen lernen –
Nutzen Sie die
Erfolgsgeheimnisse
des Spitzensports

ARISTON

Die Originalausgabe dieses Buches erschien 2008
im Wilhelm Heyne Verlag, München.

Verlagsgruppe Random House FSC-DEU-0100
Das für dieses Buch verwendete FSC®-zertifizierte Papier
Super Snowbright liefert Hellefoss AS, Hokksund, Norwegen.

Redaktion: Dunja Reulein, München

© 2012 by Ariston Verlag, München,
in der Verlagsgruppe Random House GmbH
Umschlaggestaltung: Hauptmann und Kompanie Werbeagentur,
München – Zürich
Satz: EDV-Fotosatz Huber/Verlagsservice G. Pfeifer, Germering
Druck und Bindung: GGP Media GmbH, Pößneck
Printed in Germany 2012

ISBN 978-3-424-20086-7

INHALT

Emotionalität und Motivation als Erfolgsfaktoren

von Dietmar Hopp

Die Prinzipien und Erfolgsfaktoren in Wirtschaft und Spitzensport sind sich sehr ähnlich. Bundesligaklubs sind strukturiert wie Wirtschaftsunternehmen, werden geführt und bewertet wie Wirtschaftsunternehmen. Langfristige, nachhaltige Strategien sind genauso wichtig wie kurzfristige Erfolge. Um operativ erfolgreich agieren zu können, sollten Führungskräfte von Bundesligaclubs demzufolge alle Kriterien erfüllen, die auch in der freien Wirtschaft das Maß der Dinge sind.

Als einer der Gründer und langjähriger Vorstandsvorsitzender der SAP AG lernte ich unzählige Menschen kennen, die sich selbst befähigt und in der Lage sahen, Menschen zu führen. Zwischen eigener, fremder Erwartung und dem Tagesgeschäft liegen aber oft Welten. Meine Erfahrung daraus: Kaum eine Tätigkeit in der freien Wirtschaft wird derart unterschätzt wie die der Führungsposition mit all den daran gekoppelten vielfältigen Anforderungen, psychisch, physisch und zeitlich. Bernhard Peters trifft den Nagel auf den Kopf, wenn er schreibt: »Wer auswählt, verletzt«, und: »Wer führen will, muss entscheiden können.« Wie er musste auch ich Hunderte solcher Entscheidungen treffen. Entscheidungen sind ein wesentlicher Bestandteil einer Beziehung zwischen Trainer und Spielern ebenso wie zwischen Chef und Mitarbeitern.

Maßgeblich sind stets die Vorbereitung der Entscheidung, die Klarheit über die Meinungsbildung des Entscheiders, Klarheit über die Kriterien der Entscheidung, über den Zeitraum der Beurteilung und über den Moment der Verkündung. Hier werden die meisten Führungsfehler gemacht.

Viele, die für sich in Anspruch nehmen, führen zu können, koppeln dies vor allem an die konsequente Durchsetzung eigener Ideen. Welch ein Irrtum! Gewiss, wer führt, muss Ideen, Visionen, Pläne haben, muss wissen, was er will, für den Augenblick, mittel- und langfristig. Führen jedoch bedeutet, im »Interesse des großen Ganzen« andere Menschen für Ideen, für Visionen zu begeistern, sie mitzureißen, zu motivieren, ihnen bei der Umsetzung das Gefühl und Selbstbewusstsein der gemeinsam realisierten Idee zu vermitteln. Im Sport und in der Wirtschaft sind neben allen Kernkompetenzen gerade Loyalität und Aufrichtigkeit und vor allem Emotionalität und Motivation wesentliche Erfolgsfaktoren. Dazu sagte Peters in einem Interview mit der FAZ so treffend: »Die Prinzipien der emotionalen Führung müssen für jedes leidenschaftlich funktionierende Team gelten«, und: »... dass nicht nur Druck, Macht und Geld ein Team funktionieren lassen – sondern auch der Bereich der emotionalen Zuwendung.«*

Mit den Co-Autoren Hans-Dieter Hermann und Moritz Müller-Wirth beschreibt Bernhard Peters diesen Führungsstil ebenso eindrücklich wie anschaulich. Er ist seit 2006 und Hans-Dieter Hermann war lange Zeit in Diensten der TSG 1899 Hoffenheim, die ich seit vielen Jahren unterstütze und deren Weg ich vom Amateurverein zum professionellen Bundesligaklub nach wie vor als Gesellschafter und als Vorsitzender des Beirates eng begleite.

---

* Kamp, Christian: *Die Kraft der Emotionen*. In: Frankfurter Allgemeine Zeitung, 20.09.2008, Nr. 221 / S. 30.

Wie in dem vorliegenden *Führungsspiel* dargestellt, überträgt Peters in einer beeindruckenden Art und Weise, die in großen Teilen mit meinen Erfahrungen bei der SAP übereinstimmen, seine Erfahrungen als Weltmeister-Coach der deutschen Hockeynationalmannschaft auch auf die Hoffenheimer Teams auf und neben dem Rasen. Das Ergebnis seiner Arbeit der letzten Jahre in Hoffenheim zeigt die erfolgreiche Umsetzung der Erkenntnisse seines Buches. Als Verantwortlicher für die Nachwuchsarbeit hat er dabei nicht nur die Aufgabe, junge Menschen zu erfolgreichen Fußballern, sondern auch begabte Fußballer zu erfolgreichen Menschen zu machen, die in der Lage sind, ihr Leben auch jenseits des Sportplatzes zu meistern. Peters Aussage hierzu gegenüber der *FAZ*, es gehe um die soziale, persönliche Entwicklung, darum, eine zweite Identität neben dem Fußball zu vermitteln, unterstreiche ich mit voller Überzeugung.

Im Kern, so lautet eine der Hauptthesen dieses Buches, ist ein entscheidender Faktor für den Führungserfolg eine zu jeder Zeit und bei jedem Anlass intern wie extern funktionierende Kommunikation. Kommunikation ist nicht alles, aber ohne Kommunikation ist alles nichts. In Zeiten von Internet, Facebook und Twitter ist die persönliche Ansprache, das persönliche Gespräch, nach wie vor unerlässlich. Nur von Angesicht zu Angesicht führt Kommunikation zum nachhaltigen Erfolg, um Spieler beziehungsweise Mitarbeiter für das »große Ziel« zu motivieren, Bilder des Erfolgs in die Köpfe zu brennen, sie so für Ideen zu begeistern, als seien es die ihren, und sie damit zugleich in die Verantwortung zu nehmen. Gewiss, kaum eine Führungspersönlichkeit, besonders auf höchster Ebene, ist zeitlich, in der Lage, mit allen Mitarbeitern persönlich zu sprechen. Aber ein persönliches, noch so kurzes Gespräch oder ein positives nonverbales Zeichen, um gute (aber auch weniger gute) Nachrichten zu vermitteln, lohnt sich immer. Das ist meine Erfahrung. Dabei sind psychologische Aspekte, ein Gebiet, auf dem Hans-Dieter Hermann so erfolgreich wie sensibel wirkt, von entscheidender Bedeutung.

Meine besondere Aufmerksamkeit bei der Lektüre dieses Buches galt unter anderem den Kapiteln »Mensch, Trainer! oder: Wie ich lernte Weltmeister zu werden« und »Zu Hause in der Fremde: Wie aus zwei Affären mit dem Fußball eine stabile Beziehung wurde«. Bemerkenswert auch die familiäre Erfahrung: »Meinen kleinen Kindern war es egal, ob ich Weltmeister geworden war oder Letzter bei einem Vorbereitungsturnier. Ganz schnell ist der Weltmeister zu Hause auf dem Teppich gelandet, aber der Verlierer eben auch.« Für alle wertvoll sind in dieser Hinsicht auch die Kapitel »Verantwortung weist den Weg, Besonders Sieger müssen lernen und Wann es Zeit ist zu gehen«.

Das *Führungsspiel* ist weit mehr als ein Handbuch für Führungskräfte jeglicher Couleur, die von seinen erfolgsorientierten Trainingsprinzipien profitieren und sich die »Erfolgsgeheimnisse des Spitzensports« zunutze machen wollen. Es ist ein Almanach für ein erfolgreiches Leben – privat wie beruflich.

DIETMAR HOPP, im Oktober 2012

Die fünfte Dimension

von Jürgen Klinsmann

In den USA hält sich seit Jahren ein Buch auf den Bestseller-listen, das ein überaus erfolgreicher Basketballtrainer ge-schrieben hat und das inzwischen nicht nur in der Sportwelt Kultcharakter hat. Es heißt *Leading with the heart,* mit dem Herzen führen, der Name des Autors ist Mike Krzyzewski, in Amerika nur als »Coach K.« bekannt. Im Sommer 2008 be-treute er das siegreiche Basketballteam der USA bei den Olympischen Spielen in Peking. In seinem Buch beschreibt Coach K. sein Erfolgsrezept einer emotionalen Führung, ei-nes »ganzheitlichen« Ansatzes, der neben den Körpern seiner Spieler auch deren Herz mit einschließt. Es ist ein typisch amerikanisches Buch, viele Dinge, die K. beschreibt, lassen sich auf die deutsche Sportwelt nicht eins zu eins übertragen. Schon lange habe ich mich gefragt, warum ein solches Buch nicht auch in Deutschland und für den deutschen Sport, ja, für alle, die Teams führen und Menschen motivieren wollen, geschrieben wurde. Als Bernhard Peters mir dann erzählte, dass er dabei sei, ein solches Projekt anzugehen, habe ich ihn deshalb sehr ermuntert.

Ich kenne Bernhard Peters seit dem Sommer 2004. Wie wir fast zueinanderkamen und dann doch nicht, beschreibt er treffend im vierten Kapitel dieses Buches. Dass Bernhard Peters seit dieser Zeit als »Klinsmanns Hockeytrainer« ins öffentliche Bewusstsein eingegangen ist, macht mich stolz und nachdenklich zugleich. Stolz, weil inzwischen alle Ideen und Konzepte, die wir schon damals umsetzen wollten, nicht mehr bekämpft, sondern an allen zentralen Stellen des deutschen Sports und somit auch des deutschen Fußballs verfolgt und langsam auch umgesetzt werden. Nachdenklich, weil der Begriff »Klinsmanns Hockeytrainer« damals genutzt wurde, um meine Idee, ihn zum Sportdirektor des Deutschen Fußball-Bundes zu machen, lächerlich zu machen. Insofern freut es mich sehr, dass Bernhard inzwischen seine Vorstellungen zu Trainerausbildung und Teambuilding, zu Menschenführung, Leistungsmaximierung und Persönlichkeitsentwicklung im Deutschen Fußballbund an zentraler Stelle einbringen kann.

Die wichtigste Botschaft von Bernhard Peters lautet: Wer führen will, im Sport, aber auch in jedem anderen Bereich, muss neben den messbaren Anforderungen auch die Persönlichkeit, den Charakter, das private Umfeld und nicht zuletzt die Gefühle der ihm anvertrauten Menschen berücksichtigen. Er muss sie nicht nur fordern, sondern auch fördern, er muss sie antreiben, aber auch begleiten. Er muss ein Diktator sein können, aber eben auch Partner und Psychologe. Kein Sportler wird auf die Dauer seine optimale Leistung abrufen können, wenn er nicht auch seine Persönlichkeit weiterentwickelt. Kein Trainer wird als Führungsperson überzeugen und Erfolg haben, wenn er nicht bereit ist, auch sich selbst immer wieder anzutreiben und sich fortzubilden. Und ein Team ist erst dann optimal zusammengesetzt, wenn nicht zwangsläufig die besten zur Verfügung stehenden Akteure, sondern jene zusammenkommen, die auch charakterlich am besten zueinanderpassen. Nach meiner festen Überzeugung sind es genau diese Fragen und die Antworten darauf, die den Unterschied ausmachen, die letzten fünf Prozent zwischen Hoch- und Höchstleistung. Die Eckpfeiler der bisherigen Führungslehre für Trainer sind: Technik, Taktik, Fitness und

Psychologie. Die Methode der emotionalen Führung, die Bernhard Peters in diesem Buch beschreibt und mit der ich mich in den letzten Jahren intensiv beschäftigt habe, nenne ich die »Fünfte Dimension«. Sie wird, sie muss auf die vier anderen Dimensionen abstrahlen, sie überlagern.

Aus diesen und anderen Erkenntnissen entwickelt Bernhard Peters seine ganz eigene Philosophie, die er im zweiten Kapitel dieses Buches ausführlich und systematisch beschreibt: Wie komme ich zu der richtigen Entscheidung? Kann ich und wie muss ich motivieren? Wie schaffe ich es, an die Gefühle der Spieler heranzukommen, sie zu emotionalisieren? Wann endet die Analyse und beginnt die Phase des Planens? Und vor allem: Warum ist Kommunikation nicht alles, aber ohne Kommunikation alles nichts?

Als ich im Sommer 2004 das Amt des Fußballbundestrainers übernahm, wusste ich, dass ich innerhalb kürzester Zeit eine kleine Gruppe an verlässlichen Menschen um mich herum zusammenstellen musste, auf deren Rat ich hören, auf deren Erfahrung im Trainergeschäft ich bauen konnte. Bernhard Peters gehörte auch zu ihnen, obwohl er damals ja gerade dabei war, den Höhepunkt seiner eigenen Trainerkarriere, den Gewinn der Hockeyweltmeisterschaft 2006 in Deutschland, vorzubereiten. Dass ihm dabei gelang, was im Mannschaftssport noch niemals einem deutschen Trainer gelungen war, nämlich einen Weltmeistertitel zu verteidigen, ist ein Beweis für die Kraft seiner Führungsphilosophie, so wie er sie in diesem Buch beschreibt. In den ersten Monaten meiner Trainertätigkeit fand er trotzdem noch die Zeit zu intensiven Gesprächen, in denen er mich und meinen Trainerstab an seinen Erfahrungen und Ideen teilhaben ließ. Von den Dingen, die wir in der folgenden Zeit auch für unsere Planungen übernommen haben, bleibt mir ein damals zentrales Anliegen von Bernhard in Erinnerung: Nur wer als Trainer immer weiter bereit ist zu lernen, sich infrage zu stellen, wird dauerhaft erfolgreich sein. Im dritten Kapitel dieses Buches geht es genau um diese Fragen: Wie schaffe ich es, meine eigene Identität als Trainer zu entwickeln, fortzuentwickeln? Wie kann es gelingen, dass sich meine Methoden nicht abnutzen? Was kann ich aus Misserfolgen, was muss ich aber aus Erfolgen lernen? Wie schaffe ich es, mich immer wieder zu motivieren? Und schließlich: Wie merke ich, wann es Zeit ist, zu gehen? Für mich als Trainer, aber auch als Mensch unabhängig von meinen Erfahrungen im Sport waren diese Kapitel besonders spannend zu lesen. Einiges dabei hat mich persönlich sehr berührt.

Vielleicht schaffen wir es ja eines Tages, doch noch einmal eng zusammenzuarbeiten. Ich könnte mir das jedenfalls sehr gut vorstellen. Bis dahin halte ich mich, wie hoffentlich viele andere, die sich mit der Führung von Menschen beschäftigen, an dieses Buch.

JÜRGEN KLINSMANN, im April 2008

DANKSAGUNG

21 Jahre war ich Trainer beim Deutschen Hockey-Bund, gewann etliche internationale Titel, wurde zuletzt zweimal hintereinander Weltmeister mit der Herrennationalmannschaft. Seit fast zwei Jahren nun bin ich Direktor für Sport- und Nachwuchsförderung bei 1899 Hoffenheim und begleite deren spannende Entwicklung im Profifußball. Das alles ist vor allem Grund zu großer Dankbarkeit. Es ist aber auch Anlass, innezuhalten und zu überlegen, welches dabei die wesentlichen Aspekte waren, die charakteristischen Merkmale und Ziele meiner bisherigen Arbeit. Drei Punkte erscheinen mir dabei wesentlich:

- Ich will bei den Menschen, mit denen ich arbeite, Emotionen wecken, sie für unsere gemeinsame Arbeit begeistern.
- Meine Aufgabe ist dabei, diese Menschen als Individualisten zu einer Mannschaft, zu einer Gemeinschaft zusammenzuführen, aus ihnen ein funktionierendes Team zu formen.
- Hinter allem steht immer der unbedingte Wille zum Erfolg: Ich wollte mit diesen Menschen und Teams, die mir anvertraut wurden, ganz oben stehen, ich wollte mit ihnen Siegen lernen.

Das verbindende Element jedoch war: Auch ich selbst wollte unbedingt lernen, mich weiterentwickeln – mithilfe meiner Spieler, aber auch mithilfe von Fachleuten, die ich um mich versammelte.

Im Lauf der letzten Jahre durfte ich erfahren, dass meine Methoden nicht nur bei Sportlern, sondern auch bei Führungskräften aus anderen Bereichen auf großes Interesse stießen. Ich hielt Vorträge vor Managern und in Unternehmen unterschiedlicher Größe. Doch, wie von manchem angeregt, darüber ein Buch zu schreiben? Das schien mir doch etwas vermessen.

Es war dann unser Mitautor und Freund, der Sportpsychologe Hans-Dieter Hermann, der mir das Buchprojekt immer wieder nahebrachte und mich schließlich überzeugte, meine Ideen zu strukturieren und niederzuschreiben. Schnell war klar, dass meine Erfolge im Sport in einem solchen Buch als Beispiel dienen sollten: für Methoden und Strategien emotionaler Führung, die nach meiner festen Überzeugung vom Spitzensport auf das (Berufs-)Leben all jener übertragbar sind, die sich mit Menschen umgeben, mit ihnen arbeiten und Erfolge erringen wollen. Vorangestellt habe ich ein Kapitel, in dem ich meinen eigenen Werdegang schildere. Das schien mir wichtig für das Verständnis meiner Methoden. Dem Leser will ich diese biografischen Passagen jedoch genauso wenig aufdrängen wie jenes Kapitel, in dem ich beschreibe, wie ich schließlich vom Hockey zum Fußball fand. Wer also gleich einsteigen will in die Materie, in Theorie und Praxis des Führens, der kann die Lektüre mit dem zweiten Kapitel beginnen.

Dass dies nun alles tatsächlich gedruckt vorliegt, verdanke ich einigen Menschen, denen ich hier von Herzen danken will. Da ist zunächst meine Frau Britta. Ihre Rolle für meine Entwicklung als Mensch und Trainer in ein paar Worten zu beschreiben, das kann nicht gelingen. Deshalb habe ich ihr im dritten Kapitel des Buches einen eigenen Abschnitt gewidmet.

Dann sind da diese großartigen Kerle aus den verschiedenen Hockeynationalmannschaften. Dafür, dass ich sie über so viele Jahre begleiten durfte – und auch, dass sie mich in manchen Situationen ertragen und getragen haben –, bin ich allen von Herzen dankbar. Durch ihre Ehrlichkeit und Direktheit habe ich unglaublich viel gelernt, nur so konnte ich als Mensch wachsen. Stellvertretend für alle meine Jungs spreche ich einige, mit denen ich über einen besonders langen Zeitraum zusammenarbeitete, in dem Buch direkt an.

Eine ganz besondere Bedeutung für das Gelingen dieses Vorhabens hatte der *ZEIT*-Journalist Moritz Müller-Wirth. Mit viel (Sprach-)Gefühl, Ruhe und Respekt für mich und meine Arbeit hat er uns alle immer wieder motiviert und dabei auch seine reichhaltigen eigenen Erfahrungen im Umgang mit Menschen mit eingebracht. Moritz ist im Laufe dieses Projekts zu einem vertrauensvollen Gesprächspartner und Freund geworden.

Nicht nur, weil er gewissermaßen der Initiator unseres Projekts ist, bin ich Hans-Dieter Hermann zu größtem Dank verpflichtet. Durch ihn bin ich in unzähligen wichtigen Diskussionen zur Führung der Hockeynationalmannschaft in den letzten Jahren gereift. Diese Gespräche haben unsere gemeinsame Arbeit, auch an diesem Buch, wunderbar befruchtet. Seine immense praktische wie theoretische Erfahrung bezüglich der emotionalen Führung im Hochleistungsbereich war insbesondere für Verallgemeinerungen meiner Führungslehre von unschätzbarem Wert.

Unglaublich freue ich mich, dass die spielerischen Aushängeschilder meiner Trainerkarriere, die Nationalspieler Florian Kunz und Philipp Crone, sich intensiv eingebracht haben, während dieses Buch entstand, genauso wie mein langjähriger Freund und Nationalmannschaftsmanager Dieter Schuermann. Er hat über eine lange Zeit meine legendäre Ungeduld ertragen. Ohne seinen Weitblick, seine Toleranz und seine perfekte Organisation hätten wir keine einzige Medaille gewonnen. Da bin ich mir sicher!

Lothar Linz, unser Sport-Psychologe in den Jahren 2000 bis 2004, hatte massiven Anteil an meiner Entwicklung als Trainer. Für das vorliegende Buch hat er diesen Zeitraum noch einmal intensiv reflektiert. Viele seiner Gedanken sind in den Text eingeflossen.

Und natürlich gilt mein Dank Jürgen Klinsmann, nicht nur für sein Vorwort. Mit ihm habe ich über einen längeren Zeitraum immer wieder ganz viele Themen diskutiert, die sich in dem Buch wiederfinden. Zuletzt bei einem Besuch bei Jürgen in den USA hat er uns mit seiner großen Fachkenntnis im Bereich der emotionalen Führung wichtige Hinweise gegeben. Ich freue mich, dass er nun beim FC Bayern München seine Ideen wieder dem deutschen Fußball zur Verfügung stellt.

Mit Trainer Ralf Rangnick, mit Manager Jan Schindelmeiser und unserem Mitarbeiter Dirk Rittmüller habe ich in Hoffenheim immer wieder meine Thesen und Theorien erörtert. Alle drei waren treue Unterstützer und wichtige Ratgeber.

Auch im Namen meiner beiden Mitautoren will ich der unermüdlichen Aya Weinert danken, die nicht nur unsere anfänglich etwas chaotischen, auf Kassette festgehaltenen Diskussionen abtippte, sondern auch unsere Manuskripte akribisch und kritisch gegenlas – und in zahlreichen Fällen entscheidend verbesserte.

Schließlich gilt mein großer Respekt dem Heyne Verlag und der Lektorin Andrea Kunstmann, die unsere Arbeit wohlwollend, motivierend und mit wichtigen Hinweisen begleitete.

Bernhard Peters, im April 2008

KAPITEL 1

Mensch, Trainer! oder:
Wie ich lernte, Weltmeister zu werden

Hockey war mein Leben. Zugegeben, kein besonders ausgefallener Satz für den Beginn einer Rückschau, es klingt eher nach der Abschiedsrede eines Funktionärs auf einen verdienten Mitarbeiter, der nach 50 Jahren Verbandszugehörigkeit in Rente geht: Hockey war *sein* Leben. Ich hingegen bin im Augenblick noch ein ganzes Stück von der Rente entfernt und voraussichtlich, nein: ganz sicher wird auch niemals jemand eine Abschiedsrede auf mich halten, die mit diesen Worten beginnt. Trotzdem soll der Satz am Anfang dieses Kapitels stehen. Ganz einfach, weil er präzise und eigentlich auch ziemlich nüchtern zusammenfasst, was mich zu dem machte, was ich bin: als Trainer, als Vater und Ehemann, als Freund, als Mensch. Und ganz nebenbei kann man diesem Satz auch entnehmen, dass eine entscheidende Phase meines Lebens inzwischen abgeschlossen ist. Also, ganz im Ernst: Hockey war mein Leben.

Dass es so kommen würde, zeichnete sich schon vergleichsweise früh ab. Mit meinen Eltern, drei Brüdern und einer Schwester wuchs ich in Rheine, einer Kleinstadt in Westfalen, auf. Zum Hockey kam ich über einen Freund. Wir gingen zusammen aufs Gymnasium und tauschten immer häufiger den Parkplatz hinter dem Haus meiner Eltern, auf dem wir Fußball spielten und Hennes Weisweilers berühmter Mönchengladbacher Fohlenelf nacheiferten, gegen den holprigen

Naturrasen unseres Hockeyklubs, auf dem wir zwei-mal pro Woche trainierten. Was mich allerdings rückblickend selbst etwas überrascht, ist der Umstand, dass diese Begeiste-rung schon weit vor dem Abitur in einen klar artikulierten Be-rufswunsch mündete: Schon mit 16 Jahren wollte ich Hockey-trainer werden.

Doch zunächst spielte ich als Mittelfeldspieler, und das gar nicht mal schlecht, in den Jugendmannschaften des RTHC Rheine. Doch viel aufregender erschien mir schon damals ein Nebenjob, der mir angetragen wurde: Ich durfte, noch keine 16 Jahre alt, gemeinsam mit meinem Bruder Gerd die Kinder-Hockeymannschaft unseres Vereins trainieren. Ein, wie sich zeigen sollte, folgenschweres Angebot, das nicht zufällig kam, denn ich hatte mich als junger Spieler bereits sehr für die Ar-beit der Jugendleiter im Verein interessiert und auch an deren Planungsbesprechungen und konzeptionellen Sitzungen teil-genommen.

Folgerichtig begann ich nach dem Abitur ein Studium an der Sporthochschule Köln. Außerdem wechselte ich als Spieler zur Bundesligamannschaft von Schwarz-Weiß Köln, die gerade Deutscher Meister geworden war. Dort wurde mir ziemlich dras-tisch vorgeführt, was es bedeutete, den Anforderungen nicht zu genügen. Voller Ehrgeiz stürzte ich mich in diese eingespielte, selbstbewusste Truppe, musste aber rasch erkennen, dass dieser Schuh eine ganze Nummer zu groß für mich war. Körperlich, aber auch technisch hatte ich einiges aufzuholen. Das ließen mich meine Mitspieler und auch die Trainer deutlich spüren. Bei jedem Fehler wurde ich zusammengestaucht, nie wusste ich, ob ich beim nächsten Spiel aufgestellt werden würde oder nicht. Unabhängig davon erlebte ich das erste Mal, was es heißt, wirklich hart zu trainieren. So gab es einen eigenen Ath-letiktrainer, der uns gnadenlos fit machte. Schnell war klar, dass der *Spieler* Peters keine wirklich große Karriere vor sich hatte. Da der Spieler Peters das auch selbst erkannte, wuchs sein Ehrgeiz, als Trainer voranzukommen. Und zwar zügig.

Die Ausbildung an der Kölner Sporthochschule schien mir dafür allerdings nur suboptimal. Ich plagte mich – sinnlos, wie ich fand – mit Fächern wie Schwimmen und Turnen herum. Außerdem litt der theoretische Teil der Ausbildung unter seiner doppelten Ausrichtung: Sowohl Lehrer sollten für den Schulsport als auch Trainer für den Leistungssport vorbereitet werden. Ich aber wollte nicht in die Schule. Auch ich wollte Menschen führen und ausbilden, aber auf dem Platz. Und als Trainer!

Es war meine klare Zielvorstellung, die mir den Mut gab, mich in das Büro eines Mannes aufzumachen, der für mich eigentlich unerreichbar war, Vorbild und Ikone, Sinnbild all dessen, wovon ich träumte. Hugo Budinger war lange Jahre Trainer der deutschen Hockey-Nationalmannschaft der Herren gewesen und hatte einige Titel gewonnen. Zudem war es ihm gegeben, seine Erfahrung und sein Wissen anschaulich weiterzugeben. Ich kannte alle seine Bücher auswendig. So stand ich, etwas eingeschüchtert, vor Budinger, dem Direktor der Trainerakademie in Köln, schilderte ihm meinen dringenden Wunsch, Hockeytrainer zu werden, und bat um Aufnahme an seiner Akademie, um dort ein Diplom-Trainer-Studium zu absolvieren. Budinger schien nicht wirklich überzeugt von diesem jungen, ehrgeizigen Studenten. Kein Wunder: An seiner Trainerakademie versammelten sich ansonsten viele ehemalige Weltklassesportler. Missmutig willigte er dennoch ein. Trotz des nicht gerade herzlichen Empfangs wusste ich: Von diesem Mann wollte ich lernen. Und ich würde lernen. Nichts war mir damals ferner als der Gedanke, dass ich Budinger einmal als Nationaltrainer nachfolgen, ja gar erfolgreicher sein würde als er. Und doch spürte ich, dass dieser Tag für meine Laufbahn von großer Bedeutung gewesen war.

Die Ausbildung erfüllte dann auch meine Erwartungen. Ich bekam zum ersten Mal eine Ahnung davon, dass sich die Leistung eines Teams aus unterschiedlichen, wissenschaftlich ausdifferenzierten Teilbereichen zusammensetzt: Dabei ging es um athletische Komponenten ebenso wie um psychische, aber auch um sportmedizinische Trainingssteuerung. Eine Ahnung auch davon, dass es eine der zentralen Aufgaben eines Trainers sein würde, dieses Puzzle an Expertenwissen zu einem kompletten Bild zusammenzusetzen.

In dieser Erkenntnis lag ein Gedanke, der meine weitere Laufbahn bestimmen sollte. Vielleicht ist dies eine der wichtigsten Erkenntnisse im Umgang mit Menschen im Sport, im Beruf, vielleicht auch im Leben, zumindest, wenn es um erfolgreiches Arbeiten, um das Erreichen von Höchstleistungen geht: Nur wer die Kraft hat, sich mit Personen zu umgeben, die auf ihrem jeweiligen Gebiet kompetenter sind als er selbst, wird deren Fähigkeiten optimal nutzen, wird mit ihnen gemeinsam sie, sich selbst und das Team motivieren, antreiben und schließlich zu großen Leistungen führen können.

Auch für eine weitere wichtige Führungsvoraussetzung wurden zu dieser Zeit die Grundlagen gelegt. So besuchte ich damals mein erstes Seminar zum Thema Coaching: Sich selbst helfen zu lassen, seine eigenen Unzulänglichkeiten zu erkennen und mit fremder Hilfe am eigenen Profil zu feilen, auch dies sollte von nun an eines der Leitbilder meiner Arbeit werden. Ein Satz von Budinger blieb mir allerdings für immer im Gedächtnis: »Die Psychologen«, hatte er für sich abschließend erkannt, »die Psychologen haben im Leistungssport noch nie etwas Richtiges auf die Beine gestellt.« Welch ein Irrtum!

Als Trainer der A-Jugend und der – wie es hieß – »weiblichen Jugend« des CHTC Krefeld wurden dann auch gerade meine psychologischen Fähigkeiten herausgefordert, aber nicht nur diese. Ich erwähne das deshalb, weil während dieser – der ersten bezahlten – Trainertätigkeit sich bereits Methoden, vor allem aber Wesenszüge des Hockeytrainers Peters entwickelten, die mich mein Trainerleben lang begleiten sollten.

Schon damals kam ich immer extrem gut vorbereitet zu den Trainingseinheiten. Das sichtbare Zentrum meiner Planungen war in meiner ganzen Laufbahn meistens ein DIN-A4-Blatt, auf dem ich alle Übungen, die ich umsetzen wollte, haarklein aufgemalt hatte. Die Planung allerdings sah ein ungeheuer großes Maß an Abwechslung vor. Innerhalb einer solchen Einheit wurden zwischen acht und zwölf verschiedene Übungen angesetzt. Mein Plan hieß: Abwechslung. Ausführlich schildere ich diese Methode im zweiten Kapitel im Abschnitt »Planen: Flexibel sein durch Akribie«.

Erst sehr viel später wurde mir klar, dass ich diese hoch perfektionistische Vorbereitung unterbewusst auch von meinen Schützlingen erwartete, so auch von den Spielerinnen und Spielern in Krefeld – und damit Ansprüche stellte, die sie schlichtweg nicht erfüllen konnten. Hockeytrainer sein, für mich war das eine Lebensaufgabe, die Jugendlichen aus Krefeld aber gingen noch zur Schule oder waren in der Ausbildung. Hockey war für sie eine Freizeitbeschäftigung, der sie engagiert und durchaus ehrgeizig nachgingen – für ihr restliches Leben allerdings hatte dies vermutlich eine eher untergeordnete Bedeutung. Das ließen sie mich bei jeder Gelegenheit spüren, manchmal kam es auch zu offenen Beschwerden über die Härte meines Trainings, vor allem aber auch über die Verbohrtheit des sturen Westfalen, der sein Innenleben offenbar hinter lauten Kommandos verbarg. Außerdem merkte ich, dass mein Vorsatz, jeden Spielzug bis ins kleinste Detail vorgeben zu wollen, die Kreativität der Jugendlichen im Keim zu ersticken drohte – und die Freude an ihrem Sport dazu. Ich spürte das, und es verunsicherte mich zusehends. Natürlich tat ich alles, um diese Verunsicherung zu verbergen – und provozierte so nur noch mehr Missmut. Als ich wieder einmal vor einem Spiel in der Mannschaftssitzung jedes noch so kleine Detail vorbetete, platzte einem der A-Jugendlichen der Kragen: »Du erzählst doch immer das Gleiche, da hört doch keiner zu!« Ich war zutiefst erschüttert.

Wobei mir nicht klar war, was mich mehr schockierte: der Tabubruch meines Spielers oder der Umstand, dass ich die Stimmung in der Mannschaft so falsch eingeschätzt hatte. Im Freundeskreis beschwerte ich mich dann heftig über das, was ich erlebt hatte: »Ich habe an der Trainerakademie eine Ausbildung zum Trainer im Leistungssport erhalten, ich bin kein Sozialarbeiter.« Welch ein Satz! Erst Jahre später erkannte ich, dass die soziale Kompetenz eines Trainers für den Erfolg seiner Arbeit weitaus wichtiger ist als alle Sprint-Kommandos, Videoanalysen und Taktik-Varianten zusammen.

Doch bei allem Widerstreit – eines verband mich mit meinen Spielerinnen und Spielern: Wir wollten unbedingt erfolgreich sein. Dafür gingen wir alle bis an unsere Grenzen – und wurden bei der A-Jugend mit einem nie für möglich gehaltenen dritten Platz bei den Deutschen Meisterschaften belohnt. Dieser Erfolg war für mich ein Schlüsselerlebnis, hatte doch diese Konstellation im Verhältnis zwischen meiner Mannschaft und mir als Trainer etwas Prototypisches: Auch später klagten fast alle meine Spieler über meine zu harten Übungen auf dem Trainingsplatz und rühmten gleichzeitig meinen bedingungslosen Einsatz, die penible Planung und mein emotionales Engagement – nicht zuletzt für ihr persönliches Fortkommen. Fast alle meine Teams hatten zunächst Schwierigkeiten mit meiner verschlossenen, bisweilen sturen Art und verstanden doch, dass dies nichts mit Abgrenzung oder gar mangelndem Respekt zu tun hatte. Sie spürten, und einige von ihnen sagten es mir im Lauf meiner Karriere auch: Sie konnten von mir lernen, weil auch ich bereit war, von ihnen zu lernen. Ich weiß wirklich nicht, wer von dieser Partnerschaft in all den Jahren mehr profitiert hat, die Spieler oder ich. Der dritte Platz mit der A-Jugend des CHTC Krefeld 1983 war jedenfalls für mich der erste wichtige Beleg dafür, dass dieses komplizierte, zerbrechliche Beziehungsgeflecht zwischen mir und meinen Spielern letztlich doch zu großen Erfolgen führen konnte.

Dies schien auch anderen aufzufallen. So auch Paul Lissek, Trainer der deutschen Juniorennationalmannschaft und damals einer meiner Ausbilder an der Kölner Akademie. Vor allem aber war er: mein Vorgänger. Von ihm übernahm ich nicht nur die Junioren, sondern später auch die A-Nationalmannschaft. Die erste Begegnung mit ihm war sicher eine der entscheidenden für meine Karriere. Lissek war ein Perfektionist, ein Pedant, ein genialer Analytiker. Jener Lissek also war offenbar aufmerksam geworden auf meine erfolgreiche Arbeit in Krefeld und fragte mich eines Tages, ob ich als Co-Trainer bei der A-Jugendnationalmannschaft mitarbeiten wollte. Schon wenig später erhielt ich ein weitaus umfangreicheres Angebot des Deutschen Hockey-Bundes: Ich sollte Trainer der Nationalmannschaft der Juniorinnen werden. Am 1. Oktober 1985 war ich dann Hockeybundestrainer. Im besten Alter von 25 Jahren war ich der jüngste Bundestrainer im gesamten deutschen Leistungssportbereich.

Ich sollte es über 20 Jahre lang bleiben, erfüllte Jahre, oft wahnsinnig anstrengende Jahre, voller Glücksgefühle und einiger Talsohlen. Vor allem aber gaben diese 20 Jahre mir die Gelegenheit zu lernen: über unseren Sport und seine Entwicklung – vor allem aber über Menschen und die Arbeit mit ihnen. Über meine Wirkung auf sie und ihre auf mich, über Möglichkeiten, sie zu führen und mich von ihnen führen zu lassen. Ich lernte, sie anzutreiben und zu motivieren, hart zu sein und Härten zu ertragen, Gefühle zu zeigen und sie von anderen anzunehmen, auch wenn Gefühle im Sport wie im Leben die eine oder andere Situation komplizierter machen. Rückblickend kann ich sagen, dass es die Arbeit mit Menschen war, nicht die mit dem Ball, die meinen Beruf im Kern ausgemacht hat, bei aller Leidenschaft für »Eckenvarianten« oder diszipliniertes Abwehrverhalten. Und ich bin ganz sicher, dass es diese Arbeit mit und an den Emotionen war, die unsere Mannschaften oft genug um das kleine, entscheidende Stück besser und erfolgreicher machte.

Es gab in diesen 20 Jahren eine ganze Reihe von Situationen, an denen sich beschreiben lässt, dass emotionale Führung eben kein – wie so oft behauptet wird – weicher, sondern ein in vielfacher Hinsicht extrem harter Faktor für erfolgreiches Führen ist. Hart deshalb, weil es von Führendem und Geführten ein ungleich höheres Maß an Offenheit und damit auch an Angreifbarkeit und Verletzbarkeit verlangt – nicht eben das, was dem landläufigen Bild einer »starken« Führungsfigur entspricht.

Sehr deutlich wurde dies bereits bei meiner ersten Station als Bundestrainer, bei der Arbeit also mit den Juniorinnen. Ich versuchte, mit den Spielerinnen genauso umzugehen wie mit ihren männlichen Kollegen. Ein nicht alltäglicher Ansatz. Mein Training war genauso hart, meine Vorgaben genauso pedantisch. Spielerinnen, die meinen Anforderungen nicht gewachsen waren, schieden aus dem Kader aus. Jene, die es schafften mitzuhalten, wuchsen allerdings immer mehr zu einer verschworenen, selbstbewussten Gemeinschaft zusammen, die sich durchaus auch gegen den Trainer positionieren konnte – und zwar auch auf reichlich subtile Art und Weise. Ich erinnere mich an eine Szene während der Vorbereitung auf die WM 1989 in Kanada. Durch mein ständiges Nörgeln strebte die Stimmung zielsicher Richtung Nullpunkt. Da schlug die Stunde der jungen Spielerinnen: Ich hatte gerade wieder einmal das Lauftraining über das ohnehin schon hohe Maß hinaus verlängert, da gab Eva Hagenbäumer, die Mannschaftsführerin, ihren Kolleginnen ein Signal. Plötzlich umkreisten die Spielerinnen nicht mehr das Spielfeld, sondern in immer kleineren Kreisen: mich. Jetzt wurde es, im wahrsten Sinne des Wortes, eng für den Trainer. Es gab kein Entkommen. Die Mädchen lachten und feixten und erhofften sich von mir ein erwiderndes Lächeln. Ich aber konnte nicht über meinen Schatten springen. Mit jeder Runde wurde die Situation unangenehmer. Ich war definitiv nicht bereit und in der Lage, über mich zu lachen.

Wie auch? Als Trainer hielt ich es für meine oberste Pflicht, mit harter Arbeit an Taktik, Technik und körperlicher Fitness das Spiel meiner Mannschaft zu verbessern, Veränderungen des psychischen, emotionalen Zustands der Gruppe nahm ich nur ganz am Rande wahr oder verdrängte sie komplett. Sie könnten doch meinen genau ausgetüftelten Leistungsfahrplan stören. An diesem Prinzip änderte ich auch nach dem gruppendynamischen Erlebnis des umzingelten Trainers nichts. Ich ging davon aus, dass das Gewitter vorüberziehen würde. Ich hätte es besser wissen müssen. Die Spielerinnen ließen nicht locker und fuhren jetzt, nachdem sie ja zunächst spielerisch versucht hatten, mich auf meine Defizite hinzuweisen, einen härteren Kurs: Nach dem nächsten Training hatte ich eine Videositzung angesetzt, zur intensiven Fehleranalyse des letzten Spiels. Ich hatte alles perfekt vorbereitet. Als ich beginnen wollte, ergriff eine der Spielerinnen das Wort. An ihrem Tonfall war schon zu erkennen, dass es diesmal nicht die Zeit war für Scherze: Ob ich denn nicht wahrnähme, wie angespannt und negativ die Stimmung im Team sei, fragte sie mich mit klarer Stimme vor versammelter Mannschaft. Das war ein Angriff, vorgetragen, wie sie es für ihren Sport von mir gelernt hatten: kompromisslos, zügig und zielstrebig abgeschlossen. Damit hatten sie mich, den großen Planer und Strategen, rasant ausgekontert. Und so analysierten wir statt der Fehler des letzten Spiels die Fehler des Trainers. Die Methode war uns allen bestens vertraut: fordernd, ausgiebig, pedantisch, ergebnisorientiert.

Vielleicht war dies eine meiner wichtigsten Mannschaftssitzungen überhaupt. Jedenfalls gilt das für mich als Trainer. Ich hatte meine Lektion gelernt und bemühte mich fortan, zunächst sicher etwas tapsig, um eine gewisse Nähe zu meinen Spielerinnen. Betrachtet man die sportliche Entwicklung, schien dies jedenfalls kein ganz falscher Weg zu sein: Nach dramatischen Spielen standen wir 1989 im Finale der Juniorinnen-WM in Kanada. Der Gegner hieß Korea und war hoher Favorit auf den Titel. Meine Spielerinnen jedoch wuchsen in allen Bereichen über sich hinaus, und wir schlugen die Koreanerinnen mit 2 : 0 – und wurden Weltmeister.

Doch schon bald, sehr bald, wartete die nächste Lektion auf mich. Zunächst einmal wurde aber der Sieg mit den Juniorinnen belohnt. Und zwar mit einer Beförderung: Ende des Jahres 1989 übernahm ich von Paul Lissek die Nationalmannschaft der Junioren. Dies war, ich sage das mit ganz großem Respekt vor den Leistungen meiner ehemaligen Spielerinnen, für mich eine ganz neue Herausforderung: War doch das Spiel der Männer wesentlich schneller, taktisch variabler – und bot daher für den Trainer ungleich mehr Möglichkeiten einzugreifen. Zunächst jedoch brachte der neue Job für mich eine für mein Trainerleben weitreichende, ja vielleicht sogar schicksalhafte Begegnung. Während des ersten Sichtungsturniers, das ich als Juniorentrainer in Ludwigsburg besuchte, fiel mir auf dem Platz ein groß gewachsener, robuster Spieler auf, der – trotz auffälliger technischer Mängel – auf dem Platz eine enorme Ausstrahlung entwickelte. Es handelte sich um den 18-jährigen Florian Kunz aus Leverkusen. Wir beide ahnten nicht, dass wir in den kommenden 13 Jahren fast alle Höhen und Tiefen miteinander durchleben würden, die in einer Beziehung zwischen zwei Sportlern denkbar sind. Kunz, den wir alle trotz seiner beachtlichen Statur nur Flo nannten, wurde dabei nicht nur zu einem meiner wichtigsten Spieler, er wurde über die Jahre, neben Philipp Crone, zu einer Art Spiegel für mich und meine Arbeit. An seinen Reaktionen konnte ich ablesen, wie es um das Innenleben der Mannschaft bestellt war, er kritisierte mich, wann immer er das für angemessen hielt, und ich setzte vieles um. Er war ein Vorbild an Disziplin und doch nie blind gehorsam, er lief im Training voran und war doch kein Streber. Nur deshalb, und dies ist vielleicht sein größtes Verdienst, war er in der Mannschaft geachtet und beliebt, nicht weil, sondern obwohl er, später dann auch als Mannschaftskapitän, näher an mir, dem Trainer, war als die anderen. Kurz: Kunz war das, was man sich idealerweise unter einem Führungsspieler vorstellt.

Seinen ersten Einsatz als Führungsspieler hatte Flo schon bei der ersten wichtigen Bewährungsprobe, die wir gemeinsam mit den Junioren zu bestehen hatten: die Europameisterschaft 1992 in den Niederlanden. Das Team, das ich ja bereits seit über zwei Jahren führte, war stark, zwei der Spieler waren in Barcelona mit der Herrenmannschaft einige Wochen vorher Olympiasieger geworden. Wir waren Favorit – und verloren das Halbfinale nach großem Kampf gegen die Niederländer mit 1:2. Für mich brach eine Welt zusammen. Das erste Turnier als Juniorentrainer hatte statt des ersehnten Titels eine bittere Halbfinalniederlage gebracht. Ich hätte im Erdboden versinken mögen, musste jedoch vor der Mannschaft Haltung zeigen, schließlich gab es noch das Spiel um den dritten Platz. Außerdem hatte ich mir vorgenommen, den altersbedingt ausscheidenden Spielern schon nach dem Halbfinale mit einem Abschiedsgeschenk persönlich zu danken. Das war zu viel für meine aufgeraute Seele: Vor versammelter Mannschaft weinte ich hemmungslos.

Ein Trainer, der schon nach der ersten wichtigen Niederlage losheult? War es das, was sich die ehrgeizigen, durchweg intelligenten und selbstbewussten jungen Spieler vorgestellt hatten? Sie gaben die Antwort schon einen Tag später. Kunz hatte die Mannschaft ohne mein Wissen bei einer Kiste Bier auf das Spiel um den dritten Platz eingeschworen. Was in dieser Runde genau gesprochen wurde, weiß ich bis heute nicht, jedoch erzählten mir einige Spieler später, dass sie in diesem Spiel vor allem »für den Trainer« gekämpft hätten. »Für den Trainer kämpfen« – den Inhalt dieser eigentlich abgegriffenen Floskel lernte ich in diesem Augenblick wirklich zu schätzen. Mit Leidenschaft haben wir die Engländer mit 7:1 besiegt. Während des Finales der Niederländer gegen Spanien stand ich dann mit Kunz und Mike Green, einem weiteren herausragenden Spieler, traurig auf der Tribüne, als Kunz, gerade erst volljährig geworden, mich mit den Worten in den Arm nahm: »Trainer, ich verspreche, nächstes Jahr bei der Weltmeisterschaft werden wir zusammen bei der Siegerehrung ganz oben stehen.«

Und genau so kam es auch bei der WM 1993 in Spanien. Geholfen hat dabei eine Maßnahme, die ich noch wenige Jahre zuvor im wahrsten Sinne des Wortes ins Reich der Lächerlichkeit verwiesen hätte: Stundenlang hatten meine Mitarbeiter und ich in der Nacht vor dem Finale penibel Videobänder zusammengeschnitten, in denen die Stärken und Schwächen der Pakistani, unseres Finalgegners, vorgestellt wurden. Bei der Mannschaftssitzung um zehn Uhr morgens kündigte ich den Spielern eine längere intensive Videoanalyse an – und blickte dabei in angestrengte, genervte Gesichter. Nicht schon wieder! – das war die Botschaft. Ich drückte natürlich trotzdem die Starttaste des Rekorders, und wir sahen die erste, höchst motivierende Szene: Die Hauptakteure waren unzweifelhaft Weltklassespieler, jedoch nicht pakistanische Verteidiger oder Eckenspezialisten, sondern John Cleese, Jamie Lee Curtis und Kevin Kline, Hauptdarsteller des Films *Ein Fisch namens Wanda*. Statt Abwehrschwächen der Pakistani bot ich meinen Spielern Monty Python. Zwei Stunden haben wir gemeinsam gelacht, anstatt die kurzen Ecken unseres Gegners zu studieren. Zehn Minuten mussten dann unmittelbar vor dem Spiel in der Kabine zur Vorbereitung auf das Finale reichen – und sie reichten. Wir besiegten nach einem großartigen Spiel in Terrassa unseren ewigen Rivalen aus Pakistan mit 3 : 1 und wurden Weltmeister. Nach vier Jahren war ich endlich aus dem Schatten von Paul Lissek, meinem erfolgreichen Vorgänger bei den Junioren und damaligen Trainer der Herrennationalmannschaft, getreten.

Oft in den folgenden Jahren, als wir schon lange gemeinsam auch in der A-Nationalmannschaft erfolgreich waren, haben mich einzelne Spieler, die sowohl dem Junioren- als auch dem späteren Herrenteam angehörten, auf diese Weltmeisterschaft angesprochen. Und besonders auf die Erfahrung rund um diese beiden Momente – die schmerzhafte Halbfinalniederlage bei der EM 1992 und den großen Erfolg bei der folgenden WM 1993. Sie waren gewachsen. Und ich mit ihnen. Dies war uns erst nach einigen Jahren bewusst geworden. Einen solchen Prozess miterleben und bis zu einem gewissen Grad mitbestimmen und steuern zu können, gehörte und gehört für mich zu den erfüllendsten Aufgaben und Erfahrungen in meinem Beruf als Trainer. Und es ist für mich der Inbegriff von: Führen.

Damit hier jetzt kein falscher Eindruck entsteht: Meine Arbeit damals und später bestand keineswegs vor allem aus psychologischer Selbsterfahrung und tiefsinnigen Rollenspielen. Vielmehr verbrachten wir die meiste Zeit gemeinsam und jeder für sich auf dem Kunstrasenplatz, in der Halle, im Kraftraum oder vor dem Videogerät. Und dabei ging es vor allem um Taktik-, Technik- und Torschusstraining und nicht um den Gemütszustand des Trainers, es ging nicht um Gruppendynamik, sondern um die bestmögliche Mannschaftsaufstellung. Ich war, wie schon damals als Coach der A-Jugendlichen in Krefeld, bekannt und gefürchtet für die Härte meines Trainings. Lud ich sie zu einer mehrtägigen gemeinsamen Arbeitsphase, sprachen die Spieler von »Schweinelehrgängen« oder »NATO-Rallyes«, nur halb im Spaß klagten sie darüber, derart gedrillt zu werden, dass bei dem harten Training nicht einmal Zeit bliebe, die Toilette aufzusuchen.

Doch wie sah so ein »Schweinelehrgang« wirklich aus? Wir trainierten bei den harten Arbeitsphasen manchmal dreimal am Tag, wenn man den morgendlichen Lauf, meistens um sieben Uhr, dazuzählt, viermal. Dann folgte eine »Knocheneinheit« von zweieinhalb Stunden. Nach Mittagessen und Mittagsschlaf schloss sich eine, wie ich das nenne: »ruhigere Einheit« an: 75 Minuten Torschusstraining und Standardsituationen – von Viertel vor drei Uhr bis vier Uhr am Nachmittag. Schließlich die Zwischenmahlzeit und dann zwischen halb sieben und acht Uhr abends noch mal eine Einheit, bei der wir taktische Spielformen einübten, Lauf- und Ballwege bei Wettkampftempo verfeinerten.

Doch im Zentrum stand ohne Zweifel die Einheit am Vormittag, an ihr kann man am besten zeigen, wie ich mit den Jungs gearbeitet habe. Die ersten 40, 45 Minuten gehörten meistens dem Athletiktrainer. Da ging es darum, koordinative Bewegungsmuster zu erlernen. Zum einen diente das der Verbesserung des Laufstils und damit der Laufgeschwindigkeit, zum anderen sollten bewusst schwierige asymmetrische Bewegungen einstudiert werden. Außerdem mussten jene Muskelpartien, die durch die ja oft einseitig ausgerichtete, meist gebückte Körperhaltung beim Hockey stark strapaziert sind (wie die Rückenpartien), stabilisiert werden. Dann folgten Sprintübungen in verschiedenen Organisationsformen zur Steigerung des Reaktions- und Beschleunigungsvermögens: 20 bis 40 Meter Vollgas, dann 30, 40, 50 Sekunden »aktive Pause«: Dehnen, Atmen, leichtes Joggen, damit sich das zentrale Nervensystem wieder justierte. Dann folgte, obwohl die Körper ja durchaus schon auf Betriebstemperatur sind, das sogenannte Aufwärmen mit Ball, das ging etwa 15 Minuten. Dabei wurden technische Feinheiten bereits mit berücksichtigt. Aufwärmen, das heißt: Passen, Dribbeln, Ballannahme, Abwehr- und Angriffstechniken, flache Bälle, halbhohe Bälle, hohe Bälle, geschlagene Bälle, geschlenzte Bälle. Zu zweit, zu dritt, zu viert. Dann kam der positionsspezifische Teil, hier übten oft Abwehr, Mittelfeld und Sturm getrennt. In etwa dauerte das eine halbe Stunde, wir teilten die Spieler in Gruppen unter den Trainern und Co-Trainern auf. Zum Schluss dann, für 40 Minuten, schließlich die Arbeit mit dem kompletten Team, da ging es um Mannschaftstaktik, Flügel- und Aufbauspiel, das Eindringen in den Schusskreis des Gegners und vieles mehr. Das lief immer auf höchstem Wettkampftempo, die Spielsituation wurde eins zu eins simuliert. Sieben, acht Minuten mussten die Jungs alles geben, dann folgten drei, vier

Minuten Regeneration und eine Trinkpause. Alles zusammen, vom Athletik- bis zum Taktikteil, ging ein solches Training zwei bis zweieinhalb Stunden. Irgendwann, wenn alle nicht mehr konnten, der Trainer Hunger hatte oder der Manager auf den abfahrbereiten Bus aufmerksam machte, war Schluss. Und auf meinem vollgeschriebenen Zettel standen dann, markiert, die Übungen, die wir nicht mehr geschafft hatten.

Dass ich dabei gelegentlich überzog, davon war schon die Rede – dass aber die hart erarbeitete körperliche Fitness, die taktisch-spielstrategische Intelligenz und die technische Reife meiner Jungs (und Mädchen) die Grundlage waren für unsere großen Erfolge, dies muss hier einmal deutlich gesagt werden. Führen, das war für mich immer das Zusammenspiel zwischen Planung und Emotion, zwischen knallharter Konsequenz und menschlicher Fürsorge.

So steuerte ich auch das große Ziel meiner Arbeit an, einmal als Trainer der A-Nationalmannschaft auf der Bank zu sitzen. Nach dem enttäuschenden fünften Platz bei den Olympischen Spielen 2000 in Sydney war nach Auffassung des Deutschen Hockey-Bundes die Zeit für einen Trainerwechsel gekommen. Der Verband trennte sich von seinem langjährigen Erfolgstrainer Paul Lissek. Ich wurde sein Nachfolger und war dort angekommen, wohin ich seit meinem 16. Lebensjahr strebte. Ich war am Ziel, aber die Ansprüche, die ich selbst an meine Arbeit als Trainer stellte, waren noch lange nicht erfüllt.

Meine Methode, ein Team zu Höchstleistungen zu führen, hatte sich in den letzten Jahren besonders auf zwei Ebenen weiterentwickelt. Zum einen arbeitete ich noch penibler an der Optimierung der einzelnen Bereiche, aus der sich schlussendlich die Leistungsstärke ergibt. Der Kreis der Fachleute, mit denen ich mich umgab, wurde immer größer. Zum anderen wurde meine Beziehung zu den Spielern immer intensiver. Die meisten von ihnen hatten anspruchsvolle Berufs- und Studienwege eingeschlagen. Sie auf diesen Wegen zu begleiten, wurde mir zum Anliegen. Ich gelangte zu der festen Überzeugung, dass sich das Engagement im nicht-sportlichen, im auch geistig anspruchsvollen Bereich unmittelbar leistungsfördernd auswirken würde: Wer sich außerhalb des Spielfelds im Kopf rege hielt, würde dies auch auf dem Platz beweisen – da war und bin ich mir sicher. Außerdem hatte ich mit Britta, meiner Frau, die mit Hockey Gott sei Dank vorher nichts am Hut hatte, eine ganz persönliche Führungsspielerin an meiner Seite. Ich hatte sie 1989 kennengelernt und im Oktober 1993 geheiratet. An dem großen Fest nahmen auch die Jungs aus dem Juniorenteam teil.

So machte ich mich voller Elan, aber auch mit gehörigem Respekt vor der mir übertragenen Aufgabe ans Werk. Die Zeit drängte, bereits 2002 standen die Weltmeisterschaften in Kuala Lumpur auf dem Programm. Die geschlagene Olympiamannschaft von 2000, die zu großen Teilen aus »meinen« Weltmeisterjunioren bestand, wollte ich unbedingt zusammenhalten, was auch weitgehend gelang. Ich konnte also anknüpfen an meine wichtigste Methode bei der Zusammensetzung und Führung meiner Teams: der andauernden Kommunikation zwischen Trainer, Stab und Spielern – wortreich, wenn nötig, doch auch ohne Worte, wenn es die Umstände erforderten. Inzwischen bin ich überzeugt, dass es ein herausragendes, ein übergeordnetes Kriterium für erfolgreiches Arbeiten mit Menschen gibt, eine Kunst des Führens, die es ermöglicht, sie immer wieder zu Höchstleistungen zu bewegen. Diese Kunst gründet auf Intuition und präziser Beobachtung, sie besteht darin, die Menschen zu erreichen und sich von ihnen auch erreichen zu lassen, Sender der eigenen Vorgaben zu sein, aber auch Empfänger ihrer Botschaften, sich ihnen zuzuwenden, um sich bei Bedarf auch abgrenzen zu können, sie so zu fördern und zu fordern. Führen bedeutet entscheiden, planen, analysieren, motivieren oder vertrauen. Vor allem bedeutet Führen aber: kommunizieren.

Diese Erkenntnis ist mir, wie so vieles, nicht einfach zugefallen, sie war und ist Ergebnis zum Teil harter Arbeit an mir selbst. So ließ ich mich von Lothar Linz, unserem Psychologen, bei Mannschaftsbesprechungen filmen, um mich selbst beobachten und meine Wirkung auf die Mannschaft besser einschätzen zu können. Die Analyse dieser Mitschnitte, die anschließenden Coaching-Gespräche gehörten zu den wichtigsten Erfahrungen meines Trainerlebens. Darauf gehe ich im dritten Kapitel im Abschnitt »Trainer brauchen Trainer« noch im Detail ein.

Die erste gemeinsame Bewährungsprobe bestanden die Herrennationalmannschaft und ich mit dem Gewinn der Halleneuropameisterschaft 2001 in Luzern. So konnte ich mit der programmatischen Vorbereitung auf die Weltmeisterschaft in Kuala Lumpur beginnen. Unterstützt von Lothar Linz begann ich das Team emotional auf das große Ereignis einzuschwören. Nach unzähligen Einzel- und Gruppengesprächen hatte ich das sichere Gefühl, dass jeder Einzelne den unbändigen Willen hatte, unser gemeinsames Ziel, den Weltmeistertitel, zu erreichen. Diese Phase der Vorbereitung gipfelte in unserem sogenannten Limburger Manifest, einem Papier, auf dem ich alle Spieler und Betreuer folgenden Satz unterschreiben ließ: »Wir wollen am 9. März 2002 erstmals in der Geschichte des Deutschen Hockey-Bundes Weltmeister werden.« Diese Art, meine Mannschaft auf wichtige Turniere einzuschwören, beschreibe ich im zweiten Kapitel im Abschnitt »Formen: Teams brauchen eine Handschrift«.

Auf keinem Papier konnte ich hingegen meine Frau Britta verpflichten, die anstehende Geburt unserer Zwillinge auf einen Tag zu legen, an dem wir kein wichtiges Spiel um die Champions Trophy 2001 in Rotterdam – des wichtigsten Vorbereitungsturniers vor der WM – auszutragen hatten. Und so musste der notwendige Kaiserschnitt um einen Tag nach vorne verlegt werden. Glücklicherweise war der Weg von Rotterdam ins heimische Krefeld mit 160 Kilometern überschaubar – und so konnte ich Britta in die Klinik und bei der Geburt von Hannah und Sophie begleiten, die Gott sei Dank ohne größere Probleme vonstattenging. Kaum zehn Stunden später leitete ich dann in Rotterdam die Videositzung, in der wir das erste erfolgreiche Spiel um die Trophy auswerteten. Meine Spieler reagierten fantastisch auf ihren Trainer im emotionalen Ausnahmezustand. Sie gewannen nicht nur das wichtige Turnier, sondern hatten auch noch Geschenke für die Kinder vorbereitet. Unmittelbar nach dem Sieg verabschiedete ich mich dann Richtung Krefeld. Und als ich im Krankenhaus zu meiner Frau ins Zimmer trat, war in der *Sportschau* groß mein Bild mit der Geschichte der Geburt unserer Zwillinge zu sehen und zu hören. Eine grandiose, unvergessliche Woche ging zu Ende.

Nun galt es, sich wieder auf die Umsetzung unseres Manifestes zu konzentrieren. Wir taten dies in der letzten Phase auch durch eine vielseitige Vorbereitungstour an der Ostküste Malaysias, um uns in Südostasien vor der WM zu akklimatisieren. Ich reduzierte das Training auf eine Einheit pro Tag, stattdessen standen Wasserball, Tennis und Fußball auf dem Programm, außerdem kleinere Allgemeinbildungstests und Logikaufgaben als Training für den Kopf.

Aber würde sich dies alles auch auf dem Spielfeld niederschlagen? Ehrlich gesagt weiß ich nicht, ob wir nicht alle zusammen fürchterlich verspottet worden wären, wenn wir bereits nach den Gruppenspielen ausgeschieden wären. Und obwohl ich wusste, dass die Jungs auch körperlich und strategisch optimal vorbereitet waren, hing, wie eigentlich immer bei großen Turnieren, auch bei dieser Weltmeisterschaft 2002 alles am berühmten seidenen Faden: Nach einem 0:1-Rückstand gelang es uns, die Australier in einem hoch dramatischen Match im Finale mit 2:1 zu bezwingen. Die Jungs hatten Wort gehalten, das »Limburger Manifest«, ein Dokument unseres Willens und unserer Träume, war Wirklichkeit geworden. Erstmals in der Hockey-Geschichte war Deutschland Weltmeister.

In den folgenden Monaten gelang es uns nur mit Mühe, die Spannung zu halten. Erst zur Europameisterschaft knapp ein Jahr später, im Sommer 2003 in Spanien, konnten wir uns wieder total fokussieren – schließlich ging es dabei vor allem auch um die direkte Qualifikation für die Olympischen Spiele von Athen 2004. Doch unser denkbar knapper EM-Triumph gegen die Gastgeber bescherte uns nicht nur das Ticket nach Athen. Durch unser starkes Auftreten hatten wir uns gehörig Respekt verschafft. Wir waren jetzt Favorit auf den Olympiasieg.

So weit kam es dann doch nicht. Statt der von vielen Außenstehenden erwarteten Goldmedaille holten wir nur Bronze. Für mich war dies ein großartiger Erfolg, trotzdem erkannte ich, dass wir oft nicht an unsere guten Leistungen im Vorfeld hatten anknüpfen können. Noch lange grübelte ich darüber nach, warum es uns das erste Mal nicht gelungen war, unsere Stärken optimal einzusetzen.

Aus diesem Grübeln riss mich dann, bereits wieder zu Hause in Krefeld, das Klingeln meines Handys. »Unbekannter Teilnehmer« zeigte das Display. Ich erkannte die Stimme sofort, doch der Mann am Ende der Leitung stellte sich auch gleich vor: »Hier ist Jürgen Klinsmann, hallo Bernhard, ich darf doch Bernhard sagen?« Er habe gehört, fuhr er fort, dass ich mit meiner systematischen Trainingsarbeit einer der Vorreiter im Mannschaftssport sei. Und dann hörte ich aus dem Munde eines Fußballbundestrainers höchst ungewöhnliche Worte: »Ich habe da noch sehr wenig Erfahrung, es wäre klasse, wenn du uns das mal alles erklären würdest. Ich kann da sicher sehr viel lernen. Kannst du nicht am Wochenende mal zu uns kommen? Wir sind mit der Nationalmannschaft in Berlin!« Vier Tage später flog ich in die Hauptstadt und traf Jürgen Klinsmann mit seinem Team in einem Hotel am Potsdamer Platz.

Dieser erste Anruf von Jürgen sollte mein Leben verändern. Gut, dass ich das damals noch nicht ahnte, hier nur so viel: Ich bin mir nicht sicher, aber es könnte der Moment gewesen sein, in dem ich ganz unbewusst innerlich ein klein wenig

Abschied nahm vom Hockey, meiner großen Lebensliebe, und, der Vergleich sei erlaubt, eine Affäre mit dem Fußball begann, ohne dass meine feste Beziehung dadurch wirklich gefährdet wurde. Und mein Kopf sollte mich noch einige Zeit erfolgreich fernhalten, wohin mein Herz mich zog. Mein Kopf also verlängerte meinen Vertrag mit dem Hockey-Bund im Januar 2005 bis nach den Olympischen Spielen von Peking 2008. Mein Herz diktierte jedoch eine Ausstiegsklausel für den Zeitpunkt nach der WM 2006 in Mönchengladbach mit in diesen Vertrag hinein.

Spätestens mit der Vertragsunterzeichnung hatte ich dann auch das Loch, in das ich mitsamt der Mannschaft nach den Olympischen Spielen gestürzt war, allmählich wieder verlassen. Es folgte die Europameisterschaft in Leipzig, wo wir Dritte wurden und damit auch unter unseren eigenen Erwartungen blieben. Und doch war für mich dieser dritte Platz, im Vergleich mit der Bronzemedaille von Athen, kein Grund für stundenlanges Grübeln, sondern vielmehr: Signal zum Aufbruch. Ab jetzt, schwor ich mir, mussten wir wieder kompromisslos die Kräfte bündeln, um das große Ziel, die Weltmeisterschaft 2006 in Deutschland, anzusteuern.

Es entstand auch eine neue Spannung rund um das Team, die schließlich tatsächlich bis zur WM im eigenen Land hielt. Unter Anleitung von Hans-Dieter Hermann lernten die Spieler neue Varianten der mentalen Vorbereitung kennen. Bei einem Trainingslager an der Ostsee unterzogen wir sie einer körperlichen und mentalen Extrembelastung. Das Wetter war mittelmäßig, der Wind blies uns ins Gesicht, die See war rau. Die Aufgabe war, mit Einer- oder Zweier-Kajaks vom Festland acht Kilometer zur Insel Fehmarn zu gelangen, ein Unterfangen, das größte Willensanstrengung voraussetzte, aber bei dem herrschenden Seegang auch nicht ohne Risiko war. Es ging dabei darum, sich gegenseitig zu helfen, in Schwächephasen füreinander einzustehen. Während der Überfahrt durfte, wer alleine nicht mehr konnte, vom Einer- in den

Zweier-Kajak umsteigen. Hans-Dieter und ich erwarteten die Jungs nach vier Stunden Paddeln am Strand von Fehmarn. Ich hatte mir überlegt, die Spieler zu überraschen und sie, entgegen meiner sonstigen Gewohnheiten, mit zwei Kisten Bier für diese immense Anstrengung direkt beim Eintreffen zu belohnen. Sie wussten das zu schätzen, denn Alkohol war bei mir ansonsten grundsätzlich tabu. Die Mannschaft kam, im doppelten Wortsinne, geschlossen an, sie hatten sich gemeinsam durchgekämpft, einige wollten abbrechen, wurden aber von ihren Kollegen animiert, durchzuhalten. Sie waren ausgelaugt – und hatten doch noch genug Kraft, sich zu freuen.

Ganz so, wie wir uns das auch für den WM-Finaltag in Mönchengladbach vorgenommen hatten. Angetrieben von allen Mitarbeitern in unserem überragenden Betreuerteam gelang es uns, nach einem äußerst strapaziösen WM-Turnier ein letztes Mal alle Kräfte zu mobilisieren. Nach einem 1:3-Rückstand schlugen wir die Australier mit 4:3. Wir feierten total ausgelassen mit Sektfontänen auf dem Platz und in der Kabine, ich wurde zur Pressekonferenz geschleppt, kann mich aber an keines meiner Worte mehr erinnern. Der »Hockeypark« war jetzt leer, zwei Stunden nach Spielschluss, ich traf den Präsidenten des Hockey-Bundes, Stephan Abel, zufällig an der Auswechselbank, wir setzten uns ein letztes Mal auf die Trainerbank, es kam ein Junge und bat uns um Autogramme, aber Abel schickte ihn weg. Wir sprachen leise und glücklich einige Minuten alleine über diesen denkwürdigen Tag. Ich gab einige Interviews, viel Spannung fiel jetzt ab, ich war total leer und konnte meine Gefühle nicht sortieren, trank dann oben im Festzelt mit den Spielern Bier, die Stimmung war ausgelassen, aber ich war zu kaputt, um mich wirklich zu freuen. Also saß ich ein wenig neben mir, beobachtete und genoss, es kamen viele Leute, um zu gratulieren, ich weiß nicht wer alles, ich träumte das alles nur noch! Meine Frau Britta, die auch dabei war, fuhr mit unseren Kindern irgendwann nach Hause. Meine Hockey-Jungs ließen sich noch auf der Bühne, auf der auch eine Band spielte, immer wieder mit dem Weltpokal von den Gästen feiern, ich wurde auch mehrmals nach vorne gezogen, verschwand aber immer recht schnell wieder. Ich war überwältigt. Irgendwann um halb zwei Uhr nachts fuhr ich mit dem Taxi ins Hotel, die Jungs feierten wild und ausgelassen bis in den Morgen. Ich brauchte jetzt erst mal meine Ruhe.

KAPITEL 2

Wer führen will, muss sich führen lassen: Menschen begeistern, Teams formen, Siegen lernen

Die Basis: Kommunizieren – Information entsteht beim Empfänger

Ursprünglich wollte ich das Kommunizieren als eines der wichtigsten Führungswerkzeuge in diesem Kapitel beschreiben, wie das Entscheiden, das Planen oder das Motivieren. Doch davon habe ich schnell Abstand genommen. Kommunizieren ist nicht eine wichtige Fähigkeit, die man als Führungspersönlichkeit entwickeln muss, Kommunizieren ist *die* entscheidende Grundlage für jede Führungsaufgabe. In vielen Sitzungen mit meinem Team, in entscheidenden Besprechungen vor dem Spiel oder auch in der Halbzeitpause war die Kommunikation zwischen dem Team und mir das wichtigste Werkzeug auf dem Weg zur Höchstleistung. Wer führen will, muss entscheiden, er muss analysieren oder motivieren können, emotionalisieren oder formen. All diese Begabungen fügen sich zusammen zu einer umfassenden Führungskompetenz, jener diffizilen Mischung aus Planung und Emotion. Gute Kommunikation kann Berge versetzen, Spiele drehen ebenso wie Stimmungen, gute Kommunikation kann Höchstleistungen provozieren, schlechte Kommunikation kann aus Favoriten in kurzer Zeit Verlierer machen. Ohne Kommunikation, das kann ich nach 20 extrem kommunikativen Trainerjahren sicher sagen, ohne Kommunikation ist alles nichts.

Man hört immer wieder, Kommunikation sei ein vor allem intuitives Handwerk. Das kann ich so nicht bestätigen. Meine Erfahrung ist eine andere: Kommunizieren kann man lernen. Natürlich gehört eine große Portion an Einfühlungsvermögen zu jedem intensiven Austausch zwischen Menschen. Kommunizieren jedoch ist weit mehr: Es erfordert Disziplin, zwingt zu permanenter Selbstüberprüfung. Es hilft, Fehler zu vermeiden und sich zu verbessern. Vor allem aber ist Kommunikation nie einseitig. Zu erfolgreicher, zielorientierter Kommunikation gehört neben dem Sprechen vor allem auch das Zuhören(-können): Manches Mal können klug gestellte Fragen die Kommunikation nachhaltiger beflügeln als ein noch so geschliffener Vortrag. Und natürlich gehören zu guter Kommunikation ebenso zahlreiche nonverbale Ausdrucksformen: Wer kommuniziert, spricht nicht nur mit dem Mund, sondern auch mit Körper und Seele. Wie oft habe ich mit einem kurzen Körperkontakt, einer Geste oder einem Blick mehr Wirkung erzielt als mit gut vorbereiteten Reden. Und so ist es eigentlich ganz logisch, dass all dies zu einer für Führungsfiguren oft schwer zu akzeptierenden, spannenden Form der Gleichberechtigung führt: zwischen Sender und Empfänger, zwischen Spieler und Trainer ebenso wie zwischen dem Chef und seinen Angestellten oder auch zwischen Eltern und Kindern. Information entsteht nicht in dem Moment, in dem sie ausgesendet wird, Information entsteht, sie wirkt (erst), wenn sie beim Empfänger ankommt. Der Schlüssel zu aller Kommunikation ist also die Erkenntnis: Information entsteht beim Empfänger.*

In meiner Zeit als Hockeytrainer habe ich in 20 Jahren meine eigenen, meinem Wesen, aber auch meiner Aufgabe

*   Vgl. hierzu auch: Schulz v. Thun/Ruppel/Stratmann: *Miteinander reden: Kommunikationspsychologie für Führungskräfte*, Reinbek, 2003.

und nicht zuletzt meinen Spielern angemessenen Kommunikationsformen entwickelt. Diese gründeten, gespeist durch zahlreiche beglückende, aber auch schmerzhafte Erfahrungen, letztlich auf drei Annahmen:

1. Kommunikation ist permanent
2. Kommunikation ist individuell
3. Kommunikation ist sinnlich

Kommunikation ist permanent

Als Trainer hatte ich meine Spieler ja nur wenige Wochen im Jahr wirklich um mich, zu Lehrgängen, im Vorfeld von Länderspielen und dann natürlich bei den großen Turnieren. Meine Kommunikation lief jedoch über 365 Tage im Jahr. Nicht einmal an Heiligabend waren sie vor E-Mails oder SMS von mir sicher: Der Kontakt zwischen mir und der Mannschaft riss nie ab. Das hatte für mich auch etwas mit Glaubwürdigkeit zu tun. Was wäre das für ein Trainer gewesen, der sich nur dafür interessierte, dass seine Mannschaft pünktlich zu den Treffen fit und motiviert war? Nein, mein Interesse galt den Spielern, ihrem Leben auch außerhalb unserer Zusammenkünfte, ja auch außerhalb unseres Sports. So schickte ich Briefe, in denen ich auf bevorstehende Aufgaben und, wenn nötig, auch auf zusätzlich notwendige Trainingsprogramme hinwies. Manches Mal mailte ich auch, zum Beispiel mit kurzen Videos als Anlagen. Diese Briefe und E-Mails gingen an den gesamten Kader, an Teile der Gruppe oder nur an Einzelne. Doch ich telefonierte auch regelmäßig mit den Spielern, um mich mit ihnen über anstehende Nominierungsentscheidungen, die nächsten Lehrgänge, Trainingsinhalte, aber vor allem auch über ihre persönliche Situation zu unterhalten. Das forderte nicht nur mich als Trainer, sondern auch die Spieler. Ich animierte, nein, eigentlich zwang ich sie in gewisser Weise, sich permanent mit der Nationalmannschaft zu beschäftigen, ich forderte sie zum Mitdenken heraus. Besonders in den letzten Jahren meiner Trainertätigkeit habe ich gelernt, dass diese »Innensicht« der Spieler, ihre Rückmeldung, eine entscheidende Voraussetzung für eine stimmungsvolle, effektive und erfolgsorientierte Zusammenarbeit ist.

Kommunikation ist individuell

Im kommunikativen Gefüge zwischen Trainer, Mannschaft und Einzelspieler habe ich eine klare Hierarchie entwickelt: Obwohl nur das Zusammenspiel zielführend sein kann, habe ich für mich erkannt, dass die Beziehungen, die ich zu den einzelnen Spielern aufbaute, eine unverzichtbare Ergänzung zu meinem Dialog mit der gesamten Mannschaft waren. Ich betrachtete und behandelte alle Mitglieder der Mannschaft individuell und förderte ihre Leistungsbereitschaft durch eine ganz unterschiedliche Ansprache. Ganz wichtig waren dabei immer die Fragen: Erreiche ich sie? Wie kommt das, was ich aussende, bei ihnen an? Das war bei meiner Art zu führen besonders wichtig, denn ich hatte zwei sehr extreme Gesichter: Peters, der Erste, war im Training und auch auf der Bank während der Spiele aufbrausend, gab schneidende Befehle, forderte nicht nur verbal, sondern auch mit der Körpersprache: Disziplin, Konzentration, Power! Peters, der Erste, war autoritär, duldete keinen Widerspruch, war kommunikativ auf Monologe getaktet. Peters, der Zweite, zeigte sich während der übrigen Zeit: fürsorglich, locker, selbstironisch, angreifbar und auf Dialog eingestellt, mit allen – aber vor allem auch mit jedem Einzelnen. Dabei war meistens ich der Initiator. Eines meiner Prinzipien beschreiben Führungstheoretiker mit dem Begriff »Management by walking around«. Natürlich stand meine Tür immer allen offen, das ist nicht wirklich etwas Besonderes, sondern eine Selbstverständlichkeit. Weniger selbstverständlich, weil mit mehr Aufwand verbunden, ist das aktive Kommunizieren: Wann immer sich die Gelegenheit bot, suchte ich das Gespräch, in der Lobby oder auf den Fluren der Mannschaftshotels, in den Zimmern, nach dem Essen, auf den Reisen im Flugzeug oder Mannschaftsbus. Nur so konnte ich die Sensibilität für jeden Einzelnen entwickeln, wusste, welche Tonlage ich wählen musste, damit meine Botschaft beim Empfänger auch so ankam, wie ich sie abgesendet hatte. Nur so konnte ich Stimmungen und Gesichtszüge deuten – und damit sofort eingreifen, wenn ein Problem auftauchte. Wusste, wen ich mit Worten, wen eher nur durch eine kurze Berührung oder per Blickkontakt ansprechen konnte. Daraus erwuchs im Lauf meiner Trainerkarriere eine für mein gesamtes Führungsverhalten wichtige Erkenntnis: Als Trainer kannst du auf der inhaltlichen Ebene, also bei der Arbeit auf dem Trainingsplatz, nie erfolgreich arbeiten, wenn die kommunikative Ebene, die den emotionalen Bereich stützt, gestört ist.

So nahm ich mir oft enorm viel Zeit, um jeden Einzelnen kommunikativ buchstäblich zu bearbeiten und ihn dadurch ebenso intensiv auf seine sportlichen Aufgaben vorzubereiten wie durch präzise Vorgaben beim Training. Übrigens: Zur individuellen Kommunikation gehörte auch, dass bei Grenzüberschreitungen seitens der Spieler im dialogischen Bereich (zum Beispiel Lockerheit im definitiv falschen Moment) der Betreffende von mir sofort monologisch und scharf zur Ordnung gerufen wurde.

Kommunikation ist sinnlich

Einer meiner Spieler wurde einmal gefragt, wie er mich mit einem Satz beschreiben würde. Der Spieler überlegte nicht lange und sagte dann: »Er spricht nicht viel.« Ich habe mal versucht zu überschlagen, welchen Anteil in meiner Hockeytrainerzeit das »gesprochene Wort« an meiner gesamten Kommunikation hatte. Die Antwort lautet: Wenn es hochkommt, waren es

30 Prozent. Der Rest, also statistisch betrachtet mehr als zwei Drittel, spielte sich im nonverbalen Bereich ab. Dabei ging es nicht nur um Blick- oder Körperkontakt. Die sinnliche Komponente der Kommunikation begann für mich schon, indem ich die Spieler beobachtete: Wenn wir morgens an einer langen Tafel frühstückten, konnte ich genau erkennen, wie die Stimmung am anderen Ende des Tisches war, ich kannte Mimik und Gestik jedes Einzelnen, konnte Gesprächsfetzen deuten und saß dabei im Übrigen nie an der Spitze, sondern meist mitten unter den Spielern. Bei anderen Mahlzeiten saß ich mit den übrigen Trainern und Betreuern an einem eigenen Tisch. Ich wollte beobachten, ohne zu bedrängen, Vertrauen bilden, ohne den Jungs ihren eigenen, trainerfreien Raum zu nehmen. Dass mir das, ohne mich anzubiedern, gelang, ist mir danach vielfach bestätigt worden, doch ich will nicht verleugnen, dass einige Spieler mit dieser Nähe nicht zurechtkamen. Zu spüren und zu respektieren, dass sie sich dann zurückzogen, gehörte zu meinem Verständnis der Individualisierung.

Mit Beobachtung allein, und sei sie noch so scharf, kann allerdings selbst der sensibelste Trainer noch keine Mannschaft motivieren. Und natürlich ist Kommunikation ein höchst aktives Instrument, anzuwenden buchstäblich unter Einsatz des gesamten Körpers. Dabei kommt es auf die Haltung, in der vielfachen Bedeutung des Wortes, an. Ein noch so geschliffenes Wort verpufft, wenn die Körpersprache nicht dazu passt. Mit der Hand in der Hosentasche, die Hüften eingeknickt, den Blick in die Ferne gerichtet, die Stimme monoton: So wird jede noch so brillante Rede ohne Wirkung bleiben. Umgekehrt kann die richtige Wortwahl, eine gute Betonung, ein Wechsel der Lautstärke, richtig gesetzte Pausen, die Unterstützung durch Gesten und Mimik vergleichsweise banale Inhalte unmittelbar in die Köpfe und Herzen der Spieler befördern: »**Heute** gilt es. Wir sind **top** vorbereitet, auf dem Platz herrscht **absoluter** Biss. Jeder gibt sein **Bestes**. **Wir** gehen als **Sieger** vom Platz.«

Mit meiner aufrechten, offenen Körperhaltung, mit Augen- und gelegentlichem Körperkontakt versuchte ich meine Zuwendung zu den Spielern, aber auch meine Standfestigkeit zu dokumentieren. Hier kam mir natürlich meine Größe von fast zwei Metern zugute. Besonders, wenn man kein leidenschaftlicher Redner ist – so wie ich –, kommt es auf die Wahl der Worte an. Schon im Umgang mit Kindern lernen Eltern: Die »bildhafte« Gehirnhälfte kennt keine Verneinungen. Das ist auch im Umgang mit Erwachsenen wichtig. Also hatte ich verinnerlicht: Erkläre immer, was passieren muss, niemals, was nicht passieren darf: »Ich will, dass du mehr über rechts spielst!«, und niemals: »Spiel nicht so viel über links!« Außerdem versuchte ich meine Sprache in Bilder zu kleiden. Die Spieler sollten sich meine Worte in ihrem Kopf zu einem Film zusammenschneiden können. So hörte niemand von mir: »Trainiere deine Schusstechnik«, sondern immer Folgendes: »Wenn du diese Schusstechnik beherrschst, machst du damit in unserem neuen Stadion aus der halb rechten Position das entscheidende Tor im Halbfinale. Ich sehe es schon vor mir, du auch?«

Bei meiner Arbeit habe ich immer die Kommunikation mit der gesamten Mannschaft oder größeren Gruppen auf der einen und den intensiven Austausch mit einzelnen Spielern auf der anderen Seite gleichermaßen gepflegt. Über viele Jahre habe ich gelernt: Kommunikation basiert zu großen Teilen auf Erfahrungswissen. Erfahrungen mit den eigenen Fähigkeiten, mit dem eigenen Wesen, Erfahrungen auch mit der eigenen Wirkung auf andere. Ich habe dabei meine Stärken kennengelernt, an meinen Schwächen gearbeitet und so zu meiner ganz persönlichen Kommunikationsform gefunden, die ich im Folgenden zu beschreiben versuche. Dennoch: Mein Umgang mit meinen Mannschaften, meine Methoden, mit den Menschen in meiner Umgebung zu kommunizieren, kann nur ein Beispiel sein unter vielen denkbaren, die zum Erfolg führen. Auch wer sich, wie ich am Anfang meiner Karriere, schwertut mit Nähe, kann ein ausgezeichneter Motivator sein, auch wer viel redet, statt zu gestikulieren, kann Mannschaften vorzüglich einstellen. Jede Führungspersönlichkeit muss hier den Weg finden, der zu ihr passt.

Für mich gab es jedoch eine Reihe von stets wiederkehrenden »Gesprächsformen«, die zusammengenommen zu einem Kommunikationsmuster für meinen Umgang mit dem Team, aber auch mit jedem seiner Mitglieder wurden:

1. Gruppenkommunikation

DAS TEAMGESPRÄCH (Langfristige Kommunikation)

Beim Teamgespräch handelt es sich um einen über viele Monate angelegten Kommunikationsprozess, in dem mit der gesamten Gruppe die Grundlage zu dauerhafter Motivation gelegt wird.

Diese Gesprächsrunden fanden oft zu Beginn von neuen Trainingszyklen nach Leistungshöhepunkten, Turnieren oder anderen Wettkämpfen statt. Aber auch während mehrtägiger Lehrgänge oder vor großen Turnieren habe ich solche Zusammenkünfte organisiert. Gemeinsam haben wir dann Ziele formuliert, nicht nur für die Entwicklung der Mannschaft, sondern auch für Trainingsetappen: Bis wann wollen wir, als Gruppe, welche Ziele erreichen? Dabei ging es weniger um gewinnen oder verlieren, denn gewinnen wollten wir immer. Es ging vielmehr um einen Fahrplan, an dessen Ende – natürlich – der Erfolg stehen sollte. Das Teamgespräch war das Rückgrat unserer Planungen.

DAS AUSWERTUNGSGESPRÄCH (Langfristige Kommunikation)

Das Auswertungsgespräch ist sozusagen der (Rück-)Spiegel des Teamgesprächs.

Im Rückblick wurden die Ziele, die wir uns gesteckt hatten, analysiert: Was hatten wir erreicht, wo waren wir gescheitert und warum? Wo mussten wir nachsteuern? Auch hier war die gesamte Mannschaft involviert. Wir bilanzierten den Verlauf von Jahreszyklen, Vorbereitungsperioden, Lehrgängen oder Turnieren. Oft handelte es sich um Zwischenbilanzen, bei denen die mittelfristige Perspektive in den Blick genommen wurde – nicht unbedingt nur das nächste große Turnier, wohl aber der nächste Lehrgang, das nächste Länderspiel.

Das Feedbackgespräch mit Führungsspielern

Das Feedbackgespräch mit erfahrenen Leistungsträgern des Teams/einer Gruppe gehört nach meiner Erfahrung zu den zentralen Elementen einer erfolgreichen und ergebnisorientierten Kommunikation.

So bat ich die Führungsspieler meiner Mannschaft regelmäßig zum Gespräch, mit der Bitte, mir offen und ehrlich zu sagen, was aus ihrer Sicht richtig lief und was nicht. Dabei ging es vor allem auch um meine Arbeit: Was müsste ich als Trainer besser machen? Gab es andere Zielrichtungen im Team, gab es Schwierigkeiten mit anderen Mitgliedern aus dem Trainer- oder Betreuerstab? Waren wir grundsätzlich auf der richtigen Bahn, um unser Ziel zu erreichen? Ich berief für diese Anlässe keinen festen Spielerrat, sondern wechselte bewusst auch hier, nahm immer mal wieder auch jüngere oder schwieriger zu integrierende Spieler dazu, um sie durch diese Gespräche mehr in die Verantwortung zu nehmen.

Das Analysegespräch

(Kurz- und mittelfristige Kommunikation)
Das Analysegespräch ist eine klassische Kommunikationsform. Jeder, der ein Team führt, braucht die bilanzierende Aufarbeitung des Geleisteten.

Ich selbst habe gemeinsam mit den Spielern in kurzen, nach Spiel- oder Trainingsverlauf auch länger dauernden Gesprächen die Fortschritte und Defizite des einzelnen Trainings, häufiger noch des vorangegangenen Spiels, analysiert. Eigentlich eine Selbstverständlichkeit, aber auch hier kann man Fehler machen. So musste ich zum Beispiel lernen, dass solche Unterhaltungen besser nicht unmittelbar nach Ende einer Partie stattfinden sollten. Es ist mir anfänglich oft passiert, dass ich direkt nach einem von der Mannschaft schlecht geführten, verlorenen Spiel das Team oder auch einzelne Spieler rüde zusammengefaltet habe. Dann erst schaute ich mir die Videoaufzeichnung an und stellte fest, dass meine Wahrnehmung, unter dem extremen Stresseinfluss, falsch war. Seither habe ich mir mit der Analyse mehr Zeit gelassen. Was allerdings nicht immer bedeutete, dass sie weniger hart ausfiel – wohl aber viel fundierter. Analysegespräche in Form von Videositzungen zum letzten Spiel fanden fast immer am Tag nach dem Spiel statt. Nach Themen zusammengefasst (zum Beispiel: Abwehrverhalten, Flügelspiel, Eckenausbeute) präsentierte ich der Mannschaft meinen Zusammenschnitt. Dann wurde diskutiert, kritisch Bilanz und – ganz wichtig – die Konsequenzen für die nächsten Etappen gezogen.

Das Spielvorbereitungsgespräch
(Kurzfristige Kommunikation)
Entscheidende Situationen fordern eine kommunikative Vorbereitung mit allen Beteiligten.

Vor jedem Spiel haben wir eine Mannschaftssitzung abgehalten. Etwa drei Stunden vor Beginn wurden das Team und jeder einzelne Spieler detailliert auf die anstehende Aufgabe vorbereitet. Dabei setzte ich, teilweise, das dialogische Prinzip außer Kraft. Hier sprach hauptsächlich ich und demonstrierte dabei am Videobild die konkreten taktischen Aufgaben. Doch sollte, wie in allen Kommunikationssituationen, Monotonie möglichst vermieden werden: Auch die Spezialtrainer oder der Psychologe stellten die Aufgaben ihres Teilbereichs in kurzen Ansprachen, durch Videos, Charts oder mit anderen optischen Mitteln vor: die Strategie für die Stürmer, das Verhalten im Fall eines Siebenmeterschießens und vieles andere mehr. Es entstand nach den gezeigten Videozusammenschnitten oft ein Frage- und Antwort-Spiel mit dem Team. Auch hier sorgte ich mit wohldosierter Abwechslung für einen hohen Aufmerksamkeitswert: Mal wurden animierte Bilder gezeigt, mal eine Präsentation am Rechner über Beamer an die Wand geworfen, mal wählte ich ein Flipchart, um meine Vorstellungen zu erläutern.

DAS HALBZEITGESPRÄCH (Punktuelle Kommunikation)
Präzise Interventionen bieten die Möglichkeit, auf laufende Prozesse kurzfristig steuernd Einfluss zu nehmen.

Das Pausengespräch im Sport ist eine schwierige Kommunikationsform, da zeitlich limitiert. Auch hier musste ich zunächst Erfahrungen sammeln, um meine Arbeit zu optimieren. Über die Jahre lernte ich zu erspüren, ob und wie ich nach dem Stress während des Spiels in der ersten Halbzeit die Spieler kommunikativ erreichte. So begann ich mit dem Lob für gelungene Aktionen, um ein gutes Gesprächsklima für die notwendigen Verbesserungen zu schaffen – und nie mehr als drei prägnante Aufgaben für die kommende Halbzeit für das Team zu formulieren. Weniger war dabei immer mehr. Einzelne Spieler habe ich direkt angesprochen, manches an der Taktiktafel aufgemalt. In dieser aufgeheizten Situation war mir das Kommunikationsmittel der rhetorischen Pause besonders wichtig. Binnen Sekunden konnte mein Schweigen die Aufmerksamkeit der Jungs wieder bündeln, für den nächsten Satz, das nächste Thema. Zum Schluss der Halbzeitpause wiederholte ich die gestellten Aufgaben in Zusammenfassungen zu Coaching-Schlüsselwörtern, die die Spieler kennen, zum Beispiel stand »Korea« für eine sehr erfolgreiche Eckenvariante, die wir gegen das typische Abwehrverhalten der Koreaner und dann auch gegen andere Teams angewandt hatten.

Zum Schluss ging es dann um eine Emotionalisierung: innere Bilder aufrufen (»Nach den nächsten 35 Minuten wollen wir uns jubelnd in den Armen liegen«), vergangene positive

Erinnerungen aus der ersten Hälfte oder anderen Spielen ins Gedächtnis rufen, die Zielsetzung des Spiels noch einmal prägnant auf die Gefühlsebene projizieren, nonverbale Unterstützung durch Augen-, Körperkontakt oder andere Rituale: Und ab ging es in Hälfte zwei.

2. Individuelle Kommunikation

DAS PERSÖNLICHE FEEDBACKGESPRÄCH

Vieraugengespräche sind ein ganz entscheidendes Element meiner Führungsphilosophie. Ich führte sie regelmäßig, nicht nur, wenn es einen aktuellen Anlass, ein Spiel oder einen Lehrgang gab. Hier konnte ich besser als in größerer Runde zeigen, dass mein Interesse an den Spielern weit über ihre Funktion als Leistungsträger hinausging. So betrafen unsere Feedbackgespräche nicht nur Torschusstraining oder Taktik, sondern auch die soziale Rolle im Team oder unsere gemeinsamen Vorstellungen in der sportlichen und beruflichen Entwicklung des Spielers. Oft ging es auch um private Angelegenheiten. Ich bot meinen Jungs quasi rund um die Uhr Feedback für alle Lebenslagen an. Sie wussten, dass sie mich zu jeder Tages- und Nachtzeit auf meinem Handy anrufen konnten. Dass sie dieses Angebot oft und umfangreich annahmen, machte mich stolz – und führte, davon bin ich überzeugt, auch zu besseren Leistungen.

DAS NOMINIERUNGSGESPRÄCH

Im positiven Fall ist das Nominierungsgespräch eine der schönsten Aufgaben einer Führungskraft und bedarf keiner weiteren Erläuterung. Hatte ich hingegen negative Botschaften zu überbringen, war es mit die schwerste, wie ich im Abschnitt »Entscheiden: Wer auswählt, verletzt« darstellen werde. In diesen hoch emotionalen Situationen bewährte sich, dass ich mit den Spielern nicht nur kommunizierte, wenn eine wichtige Entscheidung anstand. So half der ständige Austausch, das permanente Interesse an ihrer Entwicklung, wenn ich ihnen, wie im Fall der Nichtberücksichtigung bei einem wichtigen Turnier, wirklich schmerzhafte persönliche Niederlagen zu überbringen hatte.

DAS KRITIKGESPRÄCH

Einzelgespräche, in denen Defizite angesprochen, mögliche Konsequenzen angekündigt werden, gehören zu den sensibelsten kommunikativen Aufgaben für Führungskräfte. Dieser schmale Grat zwischen Motivation und Bedrohung für den Spieler stellt eine enorme Herausforderung dar, an der schon viele Führungskräfte gescheitert sind, auch viele Trainer. Ich habe mich in diesen Situationen immer an mein Prinzip der Offenheit gehalten, habe die Defizite deutlich und ohne Umschweife benannt, ebenso aber die daraus sich ableitenden Konsequenzen und Aufgaben. Wie beim Nominierungsgespräch profitierte ich auch hier von meinem Prinzip der permanenten Kommunikation: Der Kritisierte wusste, dass ich ihm nicht nur in dieser schwierigen Situation als ehrlicher Gesprächspartner gegenübertrat. Das Kritikgespräch ist ein Beleg für die übergeordnete Stellung des Kommunizierens im Reigen der führungsrelevanten Eigenschaften.

DER EMPATHISCHE DIALOG

»Typisch Peters«, würden sicherlich meine Spieler und engen Mitarbeiter sagen, wenn es um den »empathischen Dialog« geht. Hier konnte ich meine beiden Führungspole – Planung und Emotion – voll ausspielen. Man kann diese Kommunikationsform strategisch anwenden, oft aber muss sie, beispielsweise zwischen zwei Spielen oder im Training, spontan eingesetzt werden. Mit Empathie habe ich bei den Spielern Knoten gelöst, Gefühle hervorgerufen – und damit Energie freigesetzt, die kein Training hätte freisetzen können. Es ging oft sehr emotional zu. Ich habe mit Händen, Füßen und Worten geredet, mal sind wir lauter geworden, dann haben wir uns wieder in den Arm genommen. Auch die Spieler haben mir heftig mitgeteilt, was sie bewegte, deshalb heißt es ja auch »empathischer Dialog« und nicht »empathischer Monolog«. Die Hierarchie war trotzdem immer klar – meine Spieler haben mir immer gezeigt, dass diese Dialoge von klarem Respekt mir gegenüber geprägt waren. Was auch daran lag, dass ich das Gespräch steuerte und neben den Emotionen auch immer wieder ganz präzise meine Vorstellungen ansprach. Bei Führungskräften gilt: Empathie ohne Rationalität ist wie Emotionen ohne Planung – nichts wert.

KOMMUNIZIEREN – GRUNDSÄTZLICHE ANMERKUNGEN

Kommunikation ist zweifellos die Basis jeglicher Art menschlichen Zusammenlebens. Im Grunde ist sie der Austausch von Nachrichten. Nachrichten wiederum sind Botschaften mit Bedeutungsinhalt, die von einem Sender an einen Empfänger übertragen werden. Da diese Nachrichten auf bestimmte Art und Weise von der sendenden Person sozusagen codiert sind, müssen diese Zeichen vom Empfänger erst entziffert werden. Nicht selten kann es dabei zu Missverständnissen in der Kommunikation kommen, wenn der Sender meint, etwas anderes vermittelt zu haben, als der Empfänger der Botschaft entnommen hat.

Um die eigenen Interessen überzeugend zu vertreten, sind bestimmte persönliche Voraussetzungen des Senders vonnöten, wie zum Beispiel Selbstakzeptanz, Individualität, Echtheit, unaufdringliche Selbstsicherheit und Wertschätzung gegenüber dem Gesprächspartner.

Die Kommunikationsebenen

Nachrichten können auf verschiedenen Kanälen gesendet und empfangen werden. Der Kommunikationswissenschaftler Friedemann Schulz von Thun postuliert vier Ebenen der Kommunikation, die darauf hinweisen, dass eine Nachricht stets mehrere Botschaften enthält. Auf der Seite des Senders und auf der Seite des Empfängers können jeweils vier Aspekte einer Nachricht unterschieden werden. Die Empfänger einer Botschaft entscheiden selbst, wie sie eine Nachricht interpretieren. Es beschließt also der Zuhörer, auf welcher Ebene die Botschaft überwiegend empfangen wird. Dies kann gegebenenfalls der Intention des Senders beziehungsweise des Redners widersprechen. Daraus ergibt sich die Aufgabe des Redners, die Voraussetzungen dafür zu schaffen, dass die von ihm gesendeten Botschaften auch in der gewünschten Form von seinen Zuhörern verstanden werden.

Schulz von Thun unterscheidet vier Ebenen einer Nachricht:

Sachebene
Selbstoffenbarungsebene
Beziehungsebene
Appellebene

Sachebene
Die Sachebene bezieht sich auf sachliche Informationen und ist somit an den Verstand einer Person adressiert. Die Wahrscheinlichkeit, dass der Inhalt eines Beitrags den Zuhörer erreicht, kann durch Einhaltung von vier Kriterien erhöht werden:
1. Einfachheit
2. Gliederung/Ordnung
3. Kürze/Prägnanz
4. Zusätzliche Stimulation

Spricht jemand einfach und verständlich, so hilft das den Zuhörern, den Inhalt zu verstehen und zu speichern. Sind die Ausführungen gut gegliedert, so dient dies dem Erkennen der bedeutsamen Aussagen. Prägnanz dient der Aufmerksamkeit der Zuhörer, und wer bildhaft sprechen kann und zuhörerspezifische Beispiele verwendet, motiviert seine Zuhörer zur Konzentration und zur Aufnahme der Inhalte. Wer selbst schon einmal Mitglied in einem Team war, wird sich sicherlich an jene Führungskräfte und Trainer positiv erinnern, denen diese rhetorischen Möglichkeiten gegeben waren.

Selbstoffenbarungsebene

In einer Äußerung stecken meist auch Informationen über die Persönlichkeit des Sprechenden. Nicht nur Führungskräfte und Trainer, viele Menschen bemühen sich in der Kommunikation mit ihrem nicht privaten Umfeld, ihre persönlichen Eigenarten zu verbergen, manche versuchen sogar, durch Imponiergehabe ihre Zuhörer zu überzeugen. Verletzbare Seiten und Schwächen sollen dem Gegenüber verborgen bleiben und ihr Status und Ansehen vor der Öffentlichkeit gewahrt werden. Wird allerdings ständig Energie darauf verwendet, gut dazustehen, kann es passieren, dass die Person nicht mehr als authentisch wahrgenommen wird. Unter Techniken der Selbstdarstellung und Selbstverbergung leiden oft die Eindeutigkeit und die Klarheit von Informationen.

Beziehungsebene

Durch Wortwahl, Tonfall und Körpersprache kann Zuhörern bewusst oder unbewusst vermittelt werden, was man von ihnen hält. Gerade diese Faktoren sind wichtig, um die Angesprochenen zu erreichen, denn Beziehungsbotschaften lösen mehr oder weniger stark ausgeprägte emotionale Reaktionen aufseiten der Zuhörer aus. Entscheidend ist auch hierbei nicht, was direkt ausgesprochen wird, sondern was der Zuhörer wahrnimmt.

Die gegenseitige Wertschätzung – unabhängig von persönlicher Sympathie – zwischen dem Sender und seinen Empfängern ist das wichtigste Kriterium für eine gelungene Beziehung. Wird wertschätzend kommuniziert, so sind das zwischenmenschliche Risiko und die Gefahr von Missverständnissen während einer Gesprächs-/Redesituation minimiert. In zeitlichen Drucksituationen spielt dies jedoch eine geringere Rolle: Solange es nicht despektierlich ist, wird beispielsweise eine auf dem Feld befindliche Fußballmannschaft Wortwahl, Tonfall und Körpersprache des hineinrufenden Trainers kaum auf fehlende Wertschätzung abklopfen.

Appellebene

Wortführer wollen auf direkte oder indirekte Weise in einer ganz bestimmten Richtung auf ihre Zuhörer und deren Verhalten Einfluss nehmen. Offene Appelle umfassen das Aussprechen von Wünschen und Aufforderungen und stellen die Basis einer eindeutigen Kommunikation dar. Appelle von Führungskräften und Trainern beinhalten natürlich auch eine Selbstoffenbarungskomponente, denn sie lassen ihre Ziele und Absichten klar erkennen.

Klare Aussagen:
Behauptung – Begründung – Bekräftigung

Es gehört zum beruflichen Alltag von Führungskräften und Trainern, zu einem Thema vor mehreren Personen Stellung nehmen zu müssen. Je klarer dabei die Begründung einer Kernaussage ist, desto überzeugender ist auch die Wirkung des Redners auf den Zuhörer. Die sogenannte *3-B-Kettenformel** gibt Hilfestellung, sich durch ein Statement treffend auszudrücken. Sie besteht aus drei Elementen:

---

* Vgl. Hermann/Schmidt: *Reden wie die Profis*, Planegg 2003.

Behauptung

Begründung

Bekräftigung

Die Verwendung dieser Formel dient dem Ziel, andere knapp, eindeutig und nachdrücklich von der eigenen Sichtweise zu überzeugen. Die *Behauptung* bezeichnet dabei die eigentliche Kernaussage, das heißt den eigenen Standpunkt. Die Formulierung der Behauptung sollte stets positiv sein, selbst wenn mit einem Statement eigentlich etwas verhindert werden soll. Eine Überzeugung von Zuhörern gelingt schließlich leichter, wenn ein Anstrebungsziel* aufgezeigt wird. Die *Begründung* beinhaltet Argumente für die Kernaussage. Es sollten dabei keine neuen Behauptungen aufgestellt, sondern ausschließlich das bereits Gesagte gestützt werden. In ein Statement gehören maximal drei Argumente, und zwar die drei stärksten. Weitere Begründungen sollten eher bei einer eventuell sich anschließenden Diskussion herangezogen werden. Das wichtigste und stärkste Argument wird im Statement immer zuerst genannt. Allerdings sind auch gute Argumente nur dann hilfreich, wenn sie für die Zuhörer aktuell relevant und im Sinne der Zielrichtung formuliert sind. In der *Bekräftigung* wird zum Abschluss eines Statements die Kernaussage noch einmal neu formuliert, aber mit der gleichen Zielrichtung. Hierbei können die Zuhörer auch direkt im Sinne einer Handlungsaufforderung angesprochen werden. Wird keine neue Formulierung zur Bekräftigung gefunden, kann die Kernaussage einfach wiederholt werden.

---

* Anstrebungsziele sind hier im Gegensatz zu Vermeidungszielen gemeint. Ziele lassen sich sowohl anstrebend als auch vermeidend aufstellen, zum Beispiel »Wir wollen die Liga erhalten!« (= Anstrebungsziel), »Wir wollen nicht absteigen!« (= Vermeidungsziel).

Ein Beispiel aus dem Sport soll das Vorgehen kurz illustrieren. Zu Beginn eines Trainingslagers möchte der Trainer seine Spieler darauf einstellen, dass der Trainingsschwerpunkt auf die – ungeliebte – Ausdauer gelegt wird, obwohl ursprünglich vor allem taktische Elemente geübt werden sollten. Folgende Worte könnte der Trainer an die Mannschaft richten:

»Nach den Ergebnissen unserer letzten Leistungsdiagnostik und meiner Spielanalysen muss ich feststellen, dass wir in puncto ›Ausdauer‹ deutlich schlechter geworden sind. Ich werde daher den Schwerpunkt dieses Trainingslagers verändern und die Ausdauer in den Mittelpunkt stellen. (Behauptung/Kernaussage)
Das muss sein, denn
- *wir müssen zukünftig auch in der zweiten Halbzeit noch zulegen können,*
- *nur jetzt haben wir die Chance, noch etwas Entscheidendes für die Ausdauer zu tun, das geht während der Runde nicht,*
- *unsere wichtigsten Gegner waren uns schon vorher darin leicht überlegen.* (Begründung)
Daher ist klar: An verstärkter Ausdauerarbeit in diesem Trainingslager geht kein Weg vorbei.« (Bekräftigung/Wiederholung der Kernaussage)

Behauptung, Begründung und Bekräftigung stellen somit das Grundgerüst eines Statements/einer klaren Argumentation dar. Durch das Wiederholen der Behauptung (Kernaussage) in der Bekräftigung entsteht eine Klammer um die Argumente. Die Nachdrücklichkeit und Klarheit einer Ausführung fordert den Gesprächspartner auf, sich mit dem geäußerten Standpunkt auseinanderzusetzen. Klare Botschaften auf wertschätzender Basis sind das maßgebliche Instrument, um Mitarbeiter und Sportler zu coachen und zu führen.

Motivieren: Führung muss bewegen

Ein Beispiel aus der Praxis

DEUTSCHER *DHB* HOCKEY-BUND e.V.

ZIELVEREINBARUNG

Leistungsentwicklung bis zur Weltmeisterschaft 2006

Athlet   :   **Tibor Weißenborn**
Bundestrainer   :   **Bernhard Peters**

Die Hockey-Nationalmannschaft Herren des Deutschen Hockey-Bundes strebt nach den äußerst erfolgreichen Jahren bis zu den Olympischen Spielen 2004 in Athen wieder große Ziele und die Festigung der Spitzenposition im Welthockey an.
Im Dezember 2005 steht die Herausforderung der Champions-Trophy in Indien an, hier wollen wir eine Medaille gewinnen. Im Jahr 2006 findet die Weltmeisterschaft in Deutschland statt, hier ist das klar definierte Ziel, den Titel **Weltmeister** zu erreichen.
Der Deutsche Hockey-Bund, Bundestrainer Bernhard Peters und alle anderen beteiligten Trainer und Betreuer unterstützen den Weg jedes Nationalspielers mit absoluter Kraft. Es wird jedoch auch erwartet, dass jeder Spieler sich an Vereinbarungen hält und eine intensive Kommunikation (z. B. per Mail) mit dem Trainer- und Betreuerstab aufrechterhält.

1. Diese Spitzenplatzierung bei der WM 2006 ist auch meine Zielvorgabe! Mit dem Bundestrainer habe ich abgestimmt, konsequent – auch außer halb der Nationalmannschaft-Maßnahmen – an folgenden Punkten zu arbeiten und mich qualitativ zu verbessern:

   - Vorbild für jüngere Mannschaftsmitglieder, was Einstellung, Einsatz und Wille zum Ziel heißt!
   - Kritik und Hilfen für jüngere Spieler
   - Verantwortung in Teamführung außerhalb des Platzes
   - Verantwortung auch in schwierigen Spielsituationen übernehmen (Führung des Teams bei Rückstand)
   - Positive Ausstrahlung auf das Team auch bei ungünstigem Verlauf des Spiels
   - Disziplin gegenüber dem Schiedsrichter

- Clevereres taktisches Unterbrechen
- Taktische Disziplin in Manndeckung
- Ecken holen in Kurven im Kreis verbessern
- Taktische Variabilität: Richtiges Verhältnis von Kurven individuell und 2:1-Abspielen in Gleich- und Überzahlsituationen
- Effektiverer und erfolgreicherer Torabschluss
- Besseres Erkennen der richtigen taktischen Seitenverlagerungen
- Freischlag am Kreis: harter Schlag z. B. an langen Pfosten
- Konstanz

Meine Ziele erfordern klar auch individuelle (Mehr-) Trainingsarbeit, die ich jedoch für meine persönliche sportliche Entwicklung und für die Optimierung der Qualität der Nationalmannschaft gern erbringe und auch nachvollziehbar dokumentiere!

2. **Zum Erreichen meiner sportlichen Ziele werde ich meine Lebensführung konsequent darauf ausrichten und spitzensportgerecht organisieren!**
   Meiner Vorbildfunktion als Hockey-Nationalspieler, hockeyintern sowie in der Öffentlichkeit bin ich mir bewusst.
   Ich verpflichte mich hiermit zu einem adäquaten Verhalten.

Datum:

_____   _____
Spieler   Bundestrainer

Führung muss bewegen

Wenn man Leute auf der Straße fragen würde, was ein Trainer oder eine Führungsperson am besten beherrschen sollte, würde ganz gewiss die überwiegende Mehrzahl antworten: Er muss motivieren können! Der Begriff »Motivation« scheint eine Art Zauberwort zu sein. Und zwar vorwiegend für alles, was sich bei der Führung von Menschen und Teams rational nicht erklären lässt. Motivieren zu können gilt vielen als gottgegebene Fähigkeit, anderen als Patentrezept gegen unerklärliche Leistungseinbrüche. Nichts von alledem hat mich interessiert, als ich für mich eine Aufgabenstellung für diesen Bereich entwickelte.

Eine Führungspersönlichkeit hat hier auf verschiedenen Ebenen Aufgaben zu erfüllen. Für mich bedeutete motivieren, meine Anforderungen an das Team ständig präsent zu halten. Als Trainer musste ich meine Mannschaft in diesem langfristigen Prozess zwischen großen Turnieren wie Weltmeisterschaften und Olympischen Spielen eng führen, besonders in den Zeiten, in denen ich die Spieler nicht um mich hatte. Es musste allen Spielern zu jeder Zeit klar sein, worum es für sie persönlich und für das Team ging. Diese Anforderungen galt es mit Leidenschaft zu kommunizieren, um wirklich alle auf diesem Weg mitzunehmen.

Zunächst einmal eine entscheidende, vielleicht ernüchternde Erkenntnis: Ich glaube, niemand kann von außen langfristig und stabil motiviert werden. Die Motivation muss aus jedem selbst herauskommen, als Trainer oder Führungsfigur kann ich niemanden motivieren, ich kann ihm nur helfen, sich selbst zu motivieren.

Wie kann ich das tun? Es muss mir gelingen, bei einem Spieler Weg und Ziel unserer Bemühungen ständig präsent zu halten und damit seinem Tun einen Sinn zu geben. Dies treibt ihn an. Die Entscheidung, einen höheren Aufwand zu betreiben, muss jeder für sich treffen: Sich morgens bei Kälte und Dunkelheit die Sportschuhe anzuziehen und zu laufen oder eben nicht – diese Entscheidung kann nur aus tiefster Überzeugung und nicht aus Zwang heraus gefällt werden. Das nenne ich Eigenmotivation.

Ein Spieler, der auf dem Weg nach oben ist, aber ständig einen Tritt in den Hintern braucht, um zu trainieren, wird den Sprung an die Spitze nicht schaffen. Der Wille, die eigenen selbst gesteckten Ziele zu erreichen, peitscht Klassespieler von Trainingseinheit zu Trainingseinheit. Sie lieben das, was sie tun, sie lieben das Spiel an sich, sie wollen Wettkampf auf hohem Niveau. Solche Spieler brauchen keinen Aufpasser und schaffen sich für ihre Leistungsentwicklung selber den passenden Rahmen.

Ich habe jeden meiner Spieler ein Dreivierteljahr vor der Weltmeisterschaft 2006 gefragt: Warum engagierst du dich für dieses Team, was bewegt dich, hier für die Hockey-Nationalmannschaft alles zu geben, wo du so gut wie nichts verdienen kannst, außer der Ehre und vielleicht eine Medaille? Matthias Witthaus, unser Stürmer, antwortete darauf: »Das ist die Freude am Hockey schlechthin, sich in der Weltspitze mit den Besten zu messen und Erfolge zu feiern. Es ist der Ehrgeiz, wieder ganz oben zu stehen. Der Antrieb kommt von innen, ich will da oben dabei sein, ich will aufs Treppchen! Was mich antreibt, ist die Erinnerung an tolle Siege und Siegesfeiern. Auch die Vorstellung, wie es sein wird, die WM in Deutschland zu spielen und wieder Erfolge zu feiern. Kein Geld der Welt kann den Spaß ersetzen, in dieser Mannschaft zu spielen.«

Aus den Antworten meiner Spieler ergab sich ganz eindeutig: Sie wollten Mitglied einer erfolgreichen, eingeschworenen Truppe sein. Sie hatten Lust auf das gemeinsame Funktionieren, ja sogar darauf, sich gemeinsam unglaublichen Anstrengungen auszusetzen. Sie waren heiß darauf, an ihre Leistungsgrenze zu gehen, die Unterstützung der anderen im entscheidenden Moment zu spüren. Aus diesem Antrieb entstand bei jedem Spieler der unbedingte Wille, alles dafür zu unternehmen, ein starkes Mitglied in einer starken Mannschaft zu sein.

Die Möglichkeiten, Spieler zu dieser »intrinsischen«, also der sich von innen heraus entwickelnden Form der Motivation zu führen, bewegen sich meines Erachtens zwischen zwei Polen. Erstens: Der Spieler, überhaupt jeder Mensch hat das Ziel, Schmerzen zu vermeiden. Zweitens: Jeder Mensch strebt nach Lustgewinn. Wenn ich neue große Ziele in den Fokus rücken wollte, versuchte ich, diese beiden extremen Reizpunkte anhand von Bildern zu verdeutlichen. Dann zeigte ich den Spielern zehn Monate vor der Weltmeisterschaft 2006 die letzten Sekunden unseres verlorenen Halbfinales gegen Spanien bei der EM 2005. Sie sahen ihre von der Niederlage schmerzverzerrten Gesichter in Großaufnahme, direkt danach zeigte ich die großartigen Jubelbilder im Moment des Gewinns der Goldmedaille bei der Europameisterschaft 2003 in Barcelona. Ich wollte schöne, positive Reize (Lustgewinne) und Momente des Schmerzes (»Wollt ihr dieses Gefühl der Niederlage noch mal erleben?«) klug mischen. So gelang es, die Spieler zu Reaktionen zu bewegen. Ich war davon überzeugt, dass ich durch die permanente Wiederholung meiner Forderungen an die Spieler nicht annähernd so viel Leistungsbereitschaft bei ihnen auslösen konnte wie durch diese Bilder. Diese Intensität, mit der ich die Eigenmotivation herausforderte, war für mich der Schlüssel dafür, jeden Einzelnen zu noch höherer Konzentration, noch intensiverem Training zu bringen – und, kurz gesagt, dazu, meinen Vorgaben zu folgen.

Der Weg zum Ziel

Ausgangspunkt jeder Motivation ist das Ziel, zu dem sie führen soll. Wer nicht genau weiß, wofür er sich einsetzen, vielleicht auch quälen soll, wird niemals motiviert an eine Aufgabe herangehen. Deshalb habe ich immer, neben den Zielvereinbarungen für das gesamte Team (siehe Abschnitt »Formen:

Teams brauchen eine Handschrift«), solche leistungsbezogenen Verabredungen auch mit den einzelnen Spielern getroffen. Rechtzeitig vor großen Turnieren wurden die individuellen Leistungsziele mit mir abgesprochen und – vom Spieler selbst – niedergeschrieben. Der Ausdruck der Zielvereinbarung wurde dann – in doppelter Ausführung – von uns beiden unterschrieben und eingeschweißt: Ein Exemplar bekam der Spieler, eines nahm ich mit nach Hause. Vor der WM 2006 hingen die individuellen Zielvereinbarungen für alle nachlesbar in unserem Teammeetingraum. Eine von ihnen hatte Tibor Weißenborn unterschrieben (siehe S. 60 f.).

Ich bin der festen Überzeugung, dass die Schriftform und vor allem der Umstand, dass jedes Teammitglied eine solche Vereinbarung selbst formuliert und unterschreibt, eine nachhaltige Wirkung und Verbindlichkeit entfaltet.

Du sollst dir ein Bild machen

Wer, wie ich, sein Team immer wieder über mehrere Wochen nicht um sich hat, ist darauf angewiesen, die Spannung, die unbedingt nötig ist, wenn man Großes erreichen will, auf besondere Weise hochzuhalten. Meiner Erfahrung nach ist dafür nichts so effektiv wie die Verwendung von Bildern. In meinen regelmäßigen Botschaften an die Spieler (per Brief, SMS, E-Mail oder Videoclip) arbeitete ich mit unterschiedlichen Bildern: solchen, die an gemeinsame Erfolge erinnerten, oder auch solchen, die sie auf dem Weg zum Ziel beflügeln sollten (siehe S. 66: der Spieler Crone und der Weltpokal). Unter dem Foto beschrieb ich explizit seine Stärken, seine Rolle als unverzichtbarer Teil für unser Projekt »Weltmeisterschaft«. Früher hatte ich die Spieler eher defizitorientiert geführt, sie meist auf ihre Schwächen aufmerksam gemacht. Der Effekt meiner Bemühungen, nun vor allem die Stärken der Spieler zu kommunizieren, war enorm. Der Glaube an die eigene Stärke ist in viel höherem Maße motivierend, als ständig über die eigenen Schwächen nachdenken zu müssen.

- Du kannst Dich bei dieser Weltmeisterschaft in Deutschland unsterblich machen.
- Das ist ein Erlebnis für Dich weit über den Tag hinaus.
- Es ist ein unbeschreibliches Erlebnis, in unserem Stadion in Mönchengladbach Weltmeister zu sein.
- Dieses Gefühl wirst Du Dein Leben lang nicht vergessen.
- Deine Stärken: Abwehrorganisation, fighten, Zweikämpfe gewinnen, superlange Anspiele an die Stürmer sind für das Team ein entscheidender Teil zu diesem Riesenerfolg.
- Du musst dafür brennen mit voller Hingabe.

Klassische Methoden

Neben den geschilderten eigenen Wegen der Motivation habe ich selbstverständlich auch auf die klassischen Formen zurückgegriffen. Belohnung und Lob waren dabei Schlüsselbegriffe. So belohnte ich besondere Leistungen durch mehr Pausen oder ein früheres Trainingsende, ich honorierte starkes Engagement zum Beispiel mit der Einsparung der dritten Trainingseinheit am Tag oder mit einer Überraschung wie dem Besuch eines Fußballbundesligaspiels oder einem Abendessen außerhalb unseres Trainingsquartiers.

Natürlich war es auch wichtig, dass die Spieler wirklich und unmittelbar erfuhren, wenn ich mit ihnen zufrieden war. Das Lob als motivierender Faktor wird von Führungskräften oft unterschätzt. Ich war ein Trainer, der sehr akribisch darauf achtete, dass all seine Vorgaben eingehalten wurden. Auf der anderen Seite versuchte ich die Spieler zu bestärken, indem ich ihre starken Leistungen unter vier Augen oder vor versammelter Mannschaft deutlich herausstellte.

Wann Motivation beginnt und wo sie endet

Motivation, so wie ich sie verstehe, vollzieht sich in den Zeiträumen zwischen großen Herausforderungen. Sie ist also eher langfristig angelegt. Beginnt ein Turnier, braucht kein Spieler mehr in irgendeiner Weise motiviert zu werden. Dann geht es nur darum, ihn in einen optimalen körperlichen und mentalen Spannungszustand zu versetzen. Den letzten Kick erhalten die Spieler dann unmittelbar vor dem Spiel. Hier handelt es sich um die kurzfristig wirksame Methode der Emotionalisierung, in Abgrenzung zur Motivation.

Die Kernbotschaft der Motivation jedoch bleibt nicht auf den Sport beschränkt: Wer es nicht schafft, die Mitglieder seines Teams über einen langen Zeitraum hinweg für die gemeinsamen Ziele zu begeistern, wird mit allen kurzfristigen Varianten der emotionalen Ansprache kaum Erfolg haben.

Motivieren – grundsätzliche Anmerkungen

Die Motivation gehört zum täglichen Leben eines jeden Menschen, da alle bewussten und auch ein Teil der unbewussten Prozesse und Handlungen Motivation benötigen. Jeden Tag müssen oder wollen wir uns unzählige Male motivieren beziehungsweise müssen oder wollen wir motiviert werden. Es handelt sich also sowohl um einen aktiven als auch um einen passiven Vorgang. Das Motivieren geschieht oft unbewusst und beginnt meistens schon beim morgendlichen Aufstehen. Das Ziel – oder die Notwendigkeit –, pünktlich bei der Arbeit zu sein, motiviert uns, das Bett zu verlassen. Wenn wir wissen, wofür, fällt uns das Aufstehen leichter. Und am Abend ist es dann das Ziel, morgens ausgeschlafen zu sein, das uns motiviert, den Tag zu beenden. Auch hier gilt: Der Anreiz, sei es im positiven (körperliche Frische) oder negativen (Müdigkeit) Sinn, ist der Ausgangspunkt unserer Handlung. Im Folgenden soll es jedoch um Motivationsformen gehen, die eine – im Zweifel messbare – Leistung zur Folge haben. In der Wissenschaft spricht man daher von »Leistungsmotivation«.

Die meisten Ziele, also die Endpunkte jedes Motivationsvorgangs, sind individuell. Und je nach Zeitpunkt und Ausgangssituation legen Menschen unterschiedliche Verhaltensweisen an den Tag, um diese Ziele zu erreichen. Diese Ziele und die Wege dorthin können sich auch verändern. Die Motivation ist und bleibt dabei der Treibstoff auf dem Weg zum Ziel.

Was sind nun die charakteristischen Merkmale dieses Treibstoffs? Hätte er einen Namen, so hieße er vermutlich: »Warum?« Denn wird nach der Motivation eines Menschen gefragt, so geht es immer darum, warum jemand etwas tut oder unterlässt. Motivation gibt Aufschluss über die Ziele, die Ursachen und Motive menschlichen Handelns, über die Wahl zwischen Handlungsalternativen und schließlich über die Intensität einer jeden Handlung.

Für Führungspersonen, die gemeinsam mit anderen Menschen Ziele erreichen wollen, ist die Frage der Motivation folglich von entscheidender Bedeutung. Wer Ziele vorgibt, trägt natürlich auch die Verantwortung dafür, dass sie erreicht werden. Er muss seinen Mitarbeitern den Weg ebnen, muss ihnen die Frage nach dem Warum klar beantworten, so klar, dass aus dem »Warum?« ein »Darum!« wird, aus dem Fragezeichen ein Ausrufezeichen.

Motivationsmodelle

Es gibt unterschiedliche wissenschaftliche Modelle, die sich mit der Frage beschäftigen, wie es gelingen kann, Menschen für ein bestimmtes Ziel zu gewinnen, sie zu motivieren. Eines der berühmtesten stammt von dem Motivationspsychologen Heinz Heckhausen. Heckhausens Modell liegt ein *zweckrationales* Menschenbild zugrunde, welches davon ausgeht, dass Menschen ein bestimmtes Verhalten zeigen, das wiederum bestimmte erwünschte Ergebnisse nach sich zieht, die zu weiteren angestrebten Folgen führen. Das Verhalten und seine Folgen sind dabei abhängig von der individuellen Erwartungshaltung. Wer also motivieren will, muss sich die Frage stellen: Warum sollte das Ziel gerade für die entsprechende Person als Individuum erstrebenswert sein? Im Sport – und nicht nur dort – gibt es dafür in aller Regel eine Vielzahl von Antworten: zum Beispiel Ansehen, Zugehörigkeit, sozialer Aufstieg, finanzielle Vorteile. Klar ist, dass zum Beispiel ein Routinier, der seine dritte Weltmeisterschaft bestreitet, nicht durch die Aussicht auf das Gefühl, dort Teilnehmer sein zu dürfen, motiviert werden kann. Und für finanziell unabhängige Menschen wird die Aussicht auf eine hohe Prämie nur bedingt als erstrebenswertes Ziel allein motivierend wirken. Zur Kunst des Motivierens gehört also, bei jedem Einzelnen dessen ganz individuelle Motive (Grundbedürfnisse) zu erkennen, anzusprechen und zu fördern. Ein guter Team-Motivator wird also zunächst auf der Basis ihrer Motive gemeinsam mit den einzelnen Teammitgliedern individuelle Ziele entwickeln und benennen, an denen sich jeder Einzelne dann auf dem Weg zum gemeinsamen Ziel orientieren kann.

Natürlich sind die individuellen Antriebs- und Motivationsmomente nicht allein ausschlaggebend, wenn es um die Frage geht, wie es gelingen kann, Menschen zum engagierten Handeln zu bewegen. Im Folgenden werden vier Bedingungen angeführt, die gegeben sein müssen, damit nach der Ermittlung der Motivlage eine Person auch wirklich aktiv wird, um das voher definierte Ziel zu erreichen. Diese sind im Einzelnen:

1. Die Person muss sich sicher sein, dass sich ein anvisiertes Ergebnis nicht schon ohne ihr Zutun, also von selbst, einstellt.
2. Zusätzlich muss die Person davon überzeugt sein, dass sie fähig ist, durch ihr eigenes Handeln dieses Ergebnis beeinflussen zu können.
3. Die Folgen des Ergebnisses müssen für die Person einen hohen Anreiz mit sich bringen, sie sollten der Person sehr wichtig sein.
4. Die Person muss sich hinreichend sicher sein, dass das Ergebnis die gewünschten Folgen auch nach sich zieht.

Am Beispiel eines Olympiateilnehmers, der an einer Regionalmeisterschaft teilnimmt, können die vier Punkte praktisch verdeutlicht werden:

1. Er ist nur motiviert, sich auf die Regionalmeisterschaften entsprechend vorzubereiten und dort auch alles zu geben,

wenn er sich nicht sicher sein kann, die Konkurrenz sowieso zu schlagen.

2. Motivierend wirkt, wenn er weiß, dass er durch konsequente Trainingsanstrengungen im Vorfeld und ein konzentriertes Auftreten vor Ort ein wirklich gutes Ergebnis erzielen kann.

3. Motivierend wirkt zudem, wenn ein gutes Ergebnis von den Medien aufgegriffen wird und es auch national Beachtung findet.

4. Wenn er sich sicher ist, dass Medien vor Ort sind und der Bundestrainer auch diesen kleineren Wettkampf als bedeutsam ansieht, wird dies seine Motivation weiter steigern.

Im folgenden Schaubild soll dies noch einmal verdeutlicht werden:

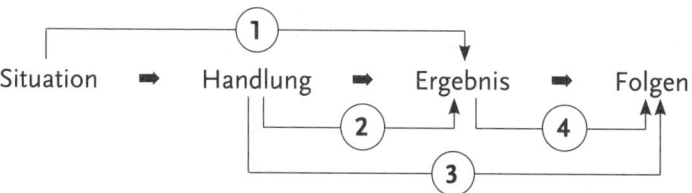

1 **Niedrige Situations- ➡ Ergebnis-Erwartung**
das Ergebnis ist nicht bereits durch Situation festgelegt

2 **Hohe Handlungs- ➡ Ergebnis-Erwartung**
die Person kann Ergebnis durch eigenes Handeln hinreichend beeinflussen

3 **Hohe Handlungs- ➡ Folgen-Erwartung**
der Person sind die möglichen Folgen des Ergebnisses wichtig genug

4 **Hohe Ergebnis- ➡ Folgen-Erwartung**
das Ergebnis zieht auch die erwünschten Folgen nach sich

Neben Heckhausens *zweckzentrierter* Auffassung von Motivation, der Annahme also, dass allein ein angestrebtes Ziel (Ergebnis) und seine Folgen der Kernpunkt einer jeden Motivation sind, geht sein Schüler, der Motivationspsychologe Falko Rheinberg, davon aus, dass zusätzlich auch noch *tätigkeitszentrierte* Anreize eine Rolle spielen. Hierunter versteht man, dass ein Anreiz auch in der Ausübung einer Tätigkeit selbst liegen kann. Insbesondere im Sport haben diese Überlegungen große Beachtung gefunden. So beschreiben tatsächlich viele Spitzensportler, dass sie vor allem dann ihre besten Leistungen erbringen, wenn sie den meisten Spaß während der Ausführung ihres Sports erleben (»Ich hatte so viel Spaß an meinem Spiel, da ist mir alles gelungen«). Es gibt sicherlich Personen, die fast ausschließlich dadurch motiviert sind, dass sie ein bestimmtes Ziel erreichen wollen, andere brauchen wiederum das Gefühl, sich ohne spezielles Ergebnis im Kopf ganz auf die Handlung einlassen zu können. In der Regel dürfte es aber eine Mischung aus beiden Komponenten sein: Siegeswille und positive Konzentration auf die Handlung.

Die folgende Grafik veranschaulicht sowohl zweck- als auch tätigkeitszentrierte Anreize.

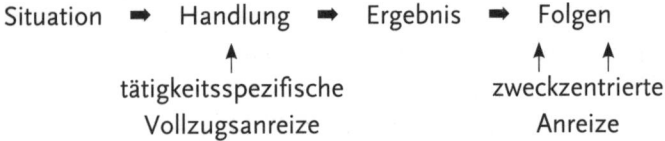

Zu den tätigkeitszentrierten Anreizen ist zusätzlich noch das sogenannte *Flow-Erlebnis* zu zählen, das auf Mihályi Csíkszentmihályi zurückgeht. Dieses Phänomen bezeichnet das freudige Aufgehen in einer Tätigkeit »im Fluss«, in dem sich eine Person optimal beansprucht, ausgelastet und emotional angeregt fühlt. Es entsteht eine Art euphorischer Gemütszustand, der aus sich selbst heraus zu Bestätigung und voller Befriedigung führt – das Ergebnis gerät dabei aus dem Blickfeld. Die einzelnen Schritte der Tätigkeit gehen dabei fließend ineinander über, die Konzentration scheint von selbst zu kommen. Die handelnde Person vergisst die Zeit. Im Sport spricht man in solchen Situationen davon, dass sich Mannschaften »in einen Rausch« spielen oder auch Einzelsportler »über sich hinaus«wachsen. In künstlerischen Berufen, bei Musikern zum Beispiel, gehört der »Flow« ebenfalls zu den wichtigsten Motivationsformen. Auch Manager und Führungskräfte berichten, wie bei spannenden, oft neuen Projekten die Zeit verfliegt und sie unglaublich viel Energie hineinlegen können. Man spricht dabei auch von *intrinsischer Motivation*. Intrinsisch motivierte Personen zeigen ein selbstbestimmtes Verhalten, das heißt, ihr Handeln ist aus sich selbst heraus definiert und braucht keinen Anstoß mehr. Der Trainer scheint dabei nur auf den ersten Blick aus dem Spiel, denn im Idealfall überträgt sich dieser Zustand auch auf ihn, und er wird, wenn er die Leistung seines Teams beobachtet, Teil des »Flow«-Prozesses, der ja auch in wesentlichen Teilen auf seine Arbeit zurückzuführen ist. Vielleicht ist das »Flow«-Erlebnis die intensivste Form des Erlebens von Motivation und gleichzeitig die Bestätigung für eine gelungene Motivation. Lust an der Leistung pur!

- Motivation ist der Treibstoff auf dem Weg zum Ziel.
- Motivation gründet auf der Frage nach dem Warum.
- Menschen sind motivierbar durch Ziele und ihre Folgen für den Einzelnen.
- Menschen sind auch motivierbar durch die Freude an ihren (beruflichen/sportlichen) Handlungen.
- Besonders stark und langfristig wirkt Motivation, wenn sie auf inneren Antrieben beruht (intrinsische Motivation).

Emotionalisieren: Gefühle fördern mit Gefühl

Ein Beispiel aus der Praxis

Samstag, 14. September 2005, Hockeystadion an der Prager Straße in Leipzig, die Sonne verschwindet hinter dem nahen Völkerschlachtdenkmal, es sind noch genau 40 Sekunden zu spielen im Halbfinale der Europameisterschaft Deutschland gegen Spanien. Der Spielstand nach tollem Fight ist 2:2. Da entscheidet der Schiedsrichter: Ecke gegen die deutsche Mannschaft. Die Abwehrspieler sind schnell draußen, aber der Ball gelangt abgefälscht durch die Abwehrreihen irgendwie in unser Tor. 2:3! Alles aus, welch riesiger Schmerz für uns, wir sind raus und spielen nur um Platz drei bei dieser Europameisterschaft.

Ich erinnere mich sehr genau an die schmerzverzerrten, weinenden Gesichter der Spieler: 40 Sekunden vor Schluss solch ein Spiel zu verlieren, in das wir ungeheure Energie nach dem 0:2-Rückstand investiert hatten – das war unglaublich hart. Die Zuschauer halfen uns durch ihre starke, leidenschaftliche Unterstützung etwas über den Schmerz hinweg.

Am Sonntagmorgen spielten wir schon um zehn Uhr bei Prachtwetter gegen Belgien um die Bronzemedaille. Das Stadion war proppenvoll, und die Fans waren einfach klasse. Die Jungs spielten das belgische Team in einer wahren Demonstration regelgerecht an die Wand und gewannen nach tollen Toren mit 7:1!

Die größtenteils jungen Spieler genossen die Sympathie der Zuschauer in der warmen Sonne und waren froh, mit dem Gewinn der Bronzemedaille einen guten Abschluss hinbekommen zu haben. Mir jedoch war die Stimmung viel zu harmonisch. »Friede, Freude, Eierkuchen« – das schien die Devise. Ich war noch zutiefst enttäuscht nach der Niederlage am Vortag, wollte aber an diesem Tag nicht der Spielverderber sein.

Die Spanier gewannen das darauffolgende Finale gegen die Niederlande und führten bei der Siegerehrung ihre Jubeltänze mit dem EM-Pokal aus.

Unsere Jungs standen auf dem Podest für den dritten Platz, sie bekamen die Bronzemedaille und einen Blumenstrauß. Sie jedenfalls waren in diesem Moment mit sich und der Welt zufrieden.

Zufrieden! Viel zu zufrieden – ein Jahr vor der Weltmeisterschaft, dachte ich bei mir. Ich sah genau in die Gesichter! Dritter Platz bei der Europameisterschaft hier in Leipzig, das war nach dem Verlauf des Turniers in Ordnung. Aber wir wollen ganz woandershin. Der absolute Wille zum Erfolg war nicht zu erkennen. Gerne hätte ich in den Gesichtern der einzelnen Spieler gesehen: »Ich habe mit letzter Hingabe und Leidenschaft das Ziel, Weltmeister zu werden.« Meine Stimmung war extrem durchwachsen, ich fühlte mich schlecht, aber extrem herausgefordert für das kommende Jahr mit der Weltmeisterschaft im eigenen Land.

Diese Hingabe wollte ich aber in jeden einzelnen Spieler klar hineinprojizieren, ihn total mitnehmen, ihn inspirieren für diese leidenschaftliche Idee, in dem neuen, extra für die WM gebauten Stadion die Weltmeisterschaft in einem Jahr zu gewinnen. Dazu musste ich jedoch zunächst die Herzen der Spieler zu packen bekommen und sie mit meinen Gefühlen ansprechen und bewegen.

Der Athletik- und Teambildungslehrgang im Oktober 2005 in Mannheim sollte dabei zu einem wichtigen Meilenstein der weiteren Entwicklung des Teams werden. Ich hatte alle individuellen Athletiktrainer der Spieler eingeladen, wir absolvierten Leistungstests, intensive Teamsitzungen, harte Athletikeinheiten, die genau jetzt im Winter angesagt waren, um eine echte Chance bei der WM 2006 zu haben. Es war mir wichtig, den Spielern und den Trainern, die in ihren Heimatorten mit ihnen arbeiteten, die internationalen Anforderungen genau darzustellen und sie als Team voll für unser Ziel zu gewinnen.

Ich hatte ein großes Poster mit der jubelnden, siegreichen Europameistermannschaft der Spanier von vor einigen Wochen in Leipzig anfertigen lassen. Über dem Poster stand: »Wer soll jubeln am 17. September 2006?« Dieser Tag wäre der Tag des Endspiels bei der WM 2006 in Mönchengladbach. Das Poster hing jetzt plötzlich zum ersten Meeting unübersehbar im Besprechungsraum, und ich merkte, wie es meine Spieler anrührte und herausforderte. Es ging ein heftiger Ruck durch das ganze Team!

Wer soll jubeln am 17. September 2006?

Dieses Poster bekam auch jeder Spieler mit nach Hause. Ich wollte sie mithilfe dieses provozierenden Symbols, mithilfe der Gefühle, die sich daraus entwickeln sollten, animieren, die Mannschaft und den Erfolg bei der kommenden WM in Deutschland im Kopf und im Herzen zu tragen – trotz des harten Trainings und der Extraschichten, die ich ihnen auch zwischen unseren Lehrgängen abverlangte.

Gefühle fördern mit Gefühl

Eine Weltmeisterschaft im eigenen Land gibt es meist nur einmal im Leben eines Sportlers. Im Vorfeld eines solchen Ereignisses die Gefühle der Spieler zu mobilisieren, dürfte folglich kein Hexenwerk sein. Sollte nicht allein die Vorstellung, mit dabei zu sein, geschweige denn die Aussicht, dort als umjubelter Sieger vom Platz zu gehen, jedem Akteur eine kaum noch zu steigernde emotionale Schubkraft verleihen?

So einfach ist es jedoch nicht. Auch mein »Wer soll jubeln?«-Poster allein hätte niemals ausgereicht, um meine Mannschaft ein Dreivierteljahr vor dem Ereignis entscheidend zu emotionalisieren und damit ihre Leistungsgrenze ein ganzes und – wie ich ernsthaft glaube – entscheidendes Stück zu verschieben.

Der Vorgang der Emotionalisierung ist in aller Regel nicht das Ergebnis spontaner, intuitiver Maßnahmen. Es bedarf, wie bei allen Führungsmethoden, eines Konzeptes, einer Struktur, vor allem bedarf es eines besonders hohen Maßes an Aufmerksamkeit – für sich selbst und für andere. Emotionalisierung braucht großes Vertrauen und Zutrauen innerhalb der Gruppe sowie zwischen der Gruppe und der Führungsperson.

Emotionale Führung braucht Kontinuität, Berechenbarkeit, damit auch überraschende Gefühlsausbrüche die Grundstabilität nicht gefährden können. Wer emotional führen will, muss Emotionen führen, sie lenken – seine eigenen und die der Menschen in seiner Umgebung. Erst dann wird er mit seinen eigenen Gefühlen die Gefühle anderer mobilisieren können.

Wie viele andere beschriebene Führungsformen ist auch das Emotionalisieren ein Prozess, der sowohl die Gruppe als auch jedes einzelne Mitglied betrifft. Die individuelle Ansprache ist dabei genauso wichtig wie der Appell an das komplette Team. In beiden Fällen spielen Bilder, im realen wie im übertragenen Sinne, eine wichtige Rolle. Das Poster der jubelnden Spanier, ein großes Foto vom WM-Pokal, eine Abbildung des Stadionrohbaus – mit solchen Motiven habe ich gemeinsam mit dem Mannschaftspsychologen Hans-Dieter Hermann von Zeit zu Zeit die Mannschaft, insgesamt in einem Zeitraum von fast zwei Jahren, auf das große Ereignis WM 2006 eingestimmt. Solche Bilder wirken unmittelbar, setzen sich in den Köpfen fest und lassen Raum für eigene Fantasien und Projektionen.

Oft hat Emotionalisierung, wie im richtigen Leben, auch im Sport oder Beruf mit Erinnerungen an gemeinsame – positive wie negative – Erlebnisse zu tun. Besonders in Kabinenansprachen oder in den letzten Sitzungen unmittelbar vor den Spielen habe ich oft versucht, gemeinsame Erfahrungen wieder in Erinnerung zu rufen, große Gefühlsmomente, die wir gemeinsam erlebt hatten. Ich will dies an einigen Beispielen verdeutlichen.

Es war das zweite Spiel bei der WM in Kuala Lumpur im Februar 2002 gegen Spanien. Wir hatten das erste Spiel gegen Argentinien gewonnen, verloren aber das zweite Spiel gegen Spanien nach schwacher Leistung und standen plötzlich mit dem Rücken zur Wand. Bevor wir uns zur eigentlichen Videoanalyse des verlorenen Spiels zusammenfanden, bat ich das ganze Team in mein Hotelzimmer. Dort war es eng, heiß und stickig, viele Spieler saßen auf dem Boden. Ich ließ ihnen keine Zeit, es sich gemütlich zu machen: »Kein Spieler hat das umgesetzt, was wir uns vorgenommen hatten und was unsere Stärken sind, wir waren schwach, lahmarschig, eben voll an unseren Möglichkeiten vorbei. Wir werden so gar nichts, keinen Blumentopf gewinnen«, begann ich meine Rede. Und mein ganzer Körper redete mit. Die Arme wirbelten durch die Luft, die Augen fixierten die Spieler einzeln, meine Faust trommelte immer wieder auf den vor mir stehenden Schreibtisch. »Wir haben hier aber ganz andere Ziele, ich weiß, dass jeder, du, du, du und du, dass alle ganz anders spielen können. Wir benötigen eine ganz andere, absolute Hingabe für unser großes Ziel, wir wollen am nächsten Sonntag vom König den Pott bekommen, nur wir, wir haben jetzt keinen Schuss mehr frei, wir sind jetzt noch klarer auf den Pott fixiert, das ist unser Ziel! Wir gehen mit dem Pott auf die Ehrenrunde, nur wir. Wir werden uns den Pott von niemandem nehmen lassen, von niemandem!! Wir holen uns das Ding am Sonntag beim König ab.« Der Pott. Der König. Es waren nicht zuletzt diese Begriffe, welche die Emotionen weckten: Jeder konnte sich die Bilder »malen«. Jeder wusste, was gemeint war. Jetzt konnte die Analyse des Spiels beginnen. Die Spieler wussten (wieder), worum es ging. Den Pott haben wir uns übrigens dann abgeholt – beim König.

Ein anderer klassischer Moment für das Emotionalisieren ist die Halbzeitpause, besonders das Ende der Pause. Lagen wir bei der Halbzeit zurück, erinnerte ich die Jungs an Spiele, die wir gemeinsam gedreht hatten, an das Glücksgefühl nach dem Siegtor damals, an unsere jubelnden Fans, an die Tabelle oben auf der Anzeigentafel. Oder ich rief den Spielern in Erinnerung, wie »geil« es doch gewesen war, mit diesem Sieg und mit großem Selbstbewusstsein in ihre Heimatvereine zurückzukehren. Ich beschrieb die Situationen, so konkret es eben ging, um Bilder, Bilder und nochmals Bilder entstehen zu lassen, aus denen dann Gefühle wachsen sollten.

Bei diesen »Ansprachen« war meine Wortwahl nicht unbedingt druckreif, es kam auch vor, dass ich vor Wut und Enttäuschung Gegenstände durch die Kabine warf. Ich würde lügen, wenn ich sagte, dass ich in solchen Momenten meine eigenen Gefühle immer komplett unter Kontrolle gehabt hätte. Es kam vor, dass als Aufschreckmanöver zur Pause nach einer schlechten, verpennten Hälfte ein Spieler die große Spielfeldtafel vor die Füße geknallt bekam, dass meine Kappe oder Kunststoff-Trinkflasche durch die Kabine flog. In Peshawar in Pakistan habe ich einmal aus Wut über unzureichende Leistungen einen Stuhl zusammengetreten. Einen

Benimmkurs hätte ich damals nicht bestanden, aber ich hatte die Spieler auf die Besonderheit der Situation fokussiert und sie für eine andere, bessere zweite Halbzeit emotionalisiert. Diese Maßnahmen waren aber absolut die Ausnahme, meistens war der Hauptteil einer Halbzeitansprache von taktischen Aufgaben für die zweite Spielhälfte bestimmt. Doch meine Gefühle, das haben mir die Spieler später häufig bestätigt, waren authentisch und unmittelbar. Sie wirkten daher vielleicht gelegentlich etwas extrem, aber sie erreichten die Spieler.

Meine Art der Emotionalisierung war also oft an Rituale geknüpft und lebte doch immer wieder auch vom »Gefühl pur«, jenen Ausbrüchen also, für die ich besonders gefürchtet und dann doch, so hoffe ich, geachtet wurde. Emotionalisierung ist aber auch eine Kunst der leisen Töne. Wie oft habe ich das Selbstvertrauen der Spieler in Einzelgesprächen bestärkt, in denen ich ihnen – ruhig und sachlich – beschrieben habe, worin ihre besonderen Stärken bestehen, wie unersetzlich sie als Persönlichkeit in genau diesem Augenblick für den Erfolg des Teams sind. Auch hier gab es nicht das »Schema F«. Bei manchen Spielern war der Einsatz von Worten nahezu vergeblich in der Stresssituation des Spiels, dafür wirkte eine feste Umarmung, ein durchdringender Blick oder auch nur die Hand auf der Schulter, um sie heißzumachen. Andere wiederum konnten und wollten genau zuhören, sogen meine Metaphern und Bilder geradezu auf.

Es erklärt sich von selbst, dass die Methode der Emotionalisierung nur dann effektiv eingesetzt werden kann, wenn man sie verstetigt. Eine emotionale Ansprache, der Appell an die großen Gefühle, verpufft wirkungslos, wenn sie nur in Zeiten großer Anspannung, vor wichtigen Spielen oder entscheidenden Situationen zur Anwendung kommt. Die Emotionalität auch zwischen den Turnieren, nicht nur während der gemeinsamen Lehrgänge aufrechtzuerhalten, war eine meiner wichtigsten Maßnahmen. Telefonanrufe, Briefe, Mails und

SMS sind meine Zeugen – die Spieler konnten sich darauf verlassen, dass ich ihren Weg auch in den Zeiten, in denen wir nicht gemeinsam arbeiteten (und das war ja der überwiegende Teil des Jahres), verfolgte und emotional begleitete (siehe auch »Begleiten: Verantwortung weist den Weg«). So ließ ich den Faden zwischen Spieler und Trainer nie abreißen.

Ich will nicht verschweigen, dass diese Methode vermutlich von allen Führungsvarianten die anstrengendste ist. Als Trainer und Führungsperson muss man sich ein ungeheuer aufwendiges Beobachtungssystem aneignen, um sich die Stimmungen innerhalb des Teams, aber auch die emotionale Ausgangslage eines jeden Einzelnen zu vergegenwärtigen. Nur dann kann man mit den geeigneten Maßnahmen andocken. Dass diese Methode ungeheuer kräftezehrend ist, muss ich wohl nicht weiter begründen.

Schließlich kann auch nur derjenige glaubwürdig Emotionen wecken, der seine eigenen Gefühle in das System mit einspeist, der Glück und Trauer nicht hinter einer Mauer vermeintlicher Autorität versteckt – und doch dabei nie vergisst, dass er derjenige ist, der führt, der aufbauen, abfedern und lenken muss. Der im Zweifel auch immer eher Trost spenden als solchen empfangen sollte. Und der doch durch seine Emotionalität seine eigene Glaubwürdigkeit untermauern und damit die Spieler zu Höchstleistung motivieren kann. Kein noch so genialer taktischer Schachzug, kein noch so ausgefeiltes Trainingsprogramm kann dies ersetzen.

Die Emotionen sind der Turbo auf dem Weg zur Höchstleistung. Der Umgang mit ihnen kann Spiele entscheiden, im Sport, im Beruf wie auch im alltäglichen Leben.

Emotionalisieren – grundsätzliche Anmerkungen

Der Umgang mit, der Einsatz von Emotionen ist ein fast schon als klassisch zu beschreibendes zwischenmenschliches Vorgehen. Er betrifft sowohl den persönlichen als auch – zunehmend – den professionellen Bereich. Immer mehr widmet sich auch die Wissenschaft der Frage, wie man den Vorgang der Emotionalisierung systematisieren und damit für die Interaktion (auch) im Bereich der Führung von Menschen, Mannschaften und anderen Gruppen gezielt einsetzen kann. Zwei Punkte stehen dabei im Vordergrund:

- Das Entstehen von Emotionen
- Die Steuerung von Emotionen zur Leistungssteigerung

Das Entstehen von Emotionen

Wie Emotionen entstehen, wird in der Psychologie seit circa 100 Jahren diskutiert. Einen systematischen und viel beachteten Ansatz zum Verständnis von Emotionen lieferten die Psychologen Keith Oatley und Jennifer Jenkins in den 90er-Jahren. Ihr Ansatz beruht auf den folgenden drei Prämissen:

1. Eine Emotion entsteht dann, wenn ein Ereignis von einer Person als bedeutsam für ein bestimmtes Ziel angesehen wird. Dies kann bewusst oder unbewusst geschehen.
2. Die Handlungsbereitschaft einer Person bildet den Kern einer Emotion. Einer Emotion schließt sich meist eine Handlung an, und zwar die, die der Emotion inhaltlich am nächsten ist.
3. Eine Emotion wird meist als mentaler Zustand wahrgenommen, kann leicht auch zu körperlichen Reaktionen und spontanen Handlungen führen. (Ergänzend muss jedoch darauf hingewiesen werden, dass dieser letzte Punkt aus gutem Grund in der Wissenschaft umstritten ist, da

etliche Forscher das Vorhandensein körperlicher Reaktionen und Handlungen als begründendes Merkmal und nicht als Folge einer Emotion ansehen.)

Alle drei Punkte lassen sich unmittelbar auf das Verhältnis zwischen einer Führungspersönlichkeit und den mit ihr arbeitenden Menschen beziehen. Nur wenn ein bevorstehendes Ereignis – ein Spiel, eine Prüfung oder ein wie auch immer gearteter Wettbewerb – von den Beteiligten als bedeutsam angesehen wird, werden ihre Emotionen geweckt und damit in der Regel ihre Leistungsfähigkeit gesteigert. Meist ist es ein Ziel – sei es für den Einzelnen oder für das Team als Ganzes –, mit dem diese Bedeutung verbunden wird. Dieses Ziel kann sowohl ein materielles (steigender Umsatz oder Gewinn für das Unternehmen, Gehaltserhöhung, Prämie) als auch ein immaterielles (Reputation in der Branche, Sieg über die Konkurrenz, Steigerung des Ansehens, Ehre) sein (siehe auch ein »Motivieren. Führung muss bewegen«). Der Appell an die Emotionen hat zunächst in der Regel also nicht das positive Ergebnis an sich als Ansatzpunkt, sondern entweder die situativen Bedingungen oder die sich daraus für die Gruppe und den Einzelnen ergebenden positiven Konsequenzen. Letztere müssen klar formuliert und kommuniziert werden.

Die dritte Grundannahme, dass Emotionalisierung leicht zu körperlichen Reaktionen und sichtbaren Handlungen führen kann, zielt auf den zweiten Hauptpunkt ab, nämlich die Steuerung von Emotionen.

Die Steuerung von Emotionen zur Leistungssteigerung

Emotionen lassen sich auf verschiedenen Ebenen gezielt hervorrufen und haben im günstigen Fall motivierenden Charakter.

Auf der sensomotorischen Ebene lassen sich Emotionen herstellen, indem körperliche Ausdrucksweisen eingenommen oder versinnbildlicht werden. So kann das sprichwörtliche »Über-springen von Hürden« auch in außersportlichen Bereichen durch entsprechende körperliche Aktionen emotional unter-füttert werden. Wer in einem Wettbewerb als Erster durchs Ziel gehen will, kann dies durchaus mit dem berühmten »Brust-raus-Fotofinish« aus den 100-Meter-Läufen der Leichtathletik körperlich versinnbildlichen. Auch ein Jubelschrei, ein glückli-cher Gesichtsausdruck sind als Momente gezielter Emotiona-lisierung vorstellbar. Solche Bilder, so albern sie auf den ers-ten Blick wirken mögen, setzen sich in den Köpfen fest, lösen Assoziationen aus und lassen sich immer wieder abrufen.

Im günstigsten Fall kann es durch eine Reaktionskette zum Phänomen der »emotionalen Ansteckung« kommen, zur Über-nahme also und damit zur raschen Verbreitung von Emotio-nen. Man unterscheidet hierbei zwischen der kontrollierten und der automatischen Form der emotionalen Ansteckung. Die kontrollierte Form der Ansteckung setzt einen bewussten Vorgang voraus: Wer angesteckt werden will, lässt sich anste-cken, er übernimmt die Perspektive des emotionalen »Bazil-lenträgers« und auch dessen Schlussfolgerungen und lässt sich so bewusst in dessen emotionalen Zustand hinüberzie-hen. Viele Unternehmen setzen in sogenannten Kick-off-Ver-anstaltungen, zum Beispiel bei der Präsentation eines neuen Produkts vor ihrem Außendienst, auf diesen Effekt.

Die automatische Form der emotionalen Ansteckung hin-gegen geschieht, wie der Ausdruck es nahelegt, unwillkürlich und entzieht sich dabei der Kontrolle der Person. Eine Per-son imitiert unwillkürlich, also intuitiv das Ausdrucksver-halten einer anderen Person. Danach löst dieses imitier-te Ausdrucksverhalten eine bestimmte Emotion aus. Diese Form der emotionalen Ansteckung geht meist von charisma-tischen, vom Adressatenkreis geschätzten Persönlichkeiten aus. Charismatische, für ihr Können und ihre Persönlichkeit geschätzte Führungskräfte in der Wirtschaft und Spitzentrai-ner im Sport tun sich demzufolge in Fragen der Emotionalisierung und Motivierung ihrer Mitarbeiter beziehungsweise Sportler leichter.

Wer mithilfe von Gefühlen motivieren will, kann dabei an alle möglichen Sinne appellieren. Geschmacks- und Geruchsreize gehören genauso dazu wie akustische Berührungspunkte oder optische Signale: Das Poster »Wer soll jubeln?«, dessen Einsatz schon beschrieben wurde, kann in diesem Zusammenhang als idealtypisch bezeichnet werden. Aber auch das Abspielen von Musikstücken, die Erinnerungen oder Emotionen anderer Art wecken, ist geeignet, um Emotionen hervorzurufen und damit den Grad an Motivation deutlich anzuheben. Die deutsche Fußballnationalmannschaft hat dies während der Weltmeisterschaft 2006 beispielsweise mit den Liedern von Xavier Naidoo in der Kabine unmittelbar vor den Spielen erfolgreich praktiziert. Wichtig dabei ist, dass der konkrete Bezug zu dem bevorstehenden Ereignis erkennbar bleibt. Insofern ist die Anwendung dieser Methode auf Situationen beschränkt, die mithilfe sinnlicher Reize dargestellt oder in Erinnerung gerufen werden können.

Auf der kognitiven Ebene läuft das Auslösen von Emotionen hingegen über die Konfrontation mit einem tatsächlich vorhandenen oder auch nur vorgestellten Ereignis ab. Die Technik der Emotionalisierung kann auch ohne den Rückgriff auf Erinnerungen oder konkreten Bezug auf das bevorstehende Ereignis eingesetzt werden. Zum Beispiel, indem die Fantasie befördert wird, etwa durch das Zeigen von Filmen oder das Erzählen von Geschichten. Deren Handlung sollte der bevorstehenden Herausforderung ähneln, muss ihr aber nicht gleichen. Vor allem aber sollten die Bild- oder Tonbeispiele in der Lage sein, bei den Zuschauern und Zuhörern Gefühle zu wecken – und somit einer Gruppe und jedem ihrer Mitglieder ein gemeinschaftliches, emotional aufgeladenes Erlebnis ermöglichen. Eine explizite Aufforderung an die Adressaten, sich diesen Emotionen auszusetzen, ist in solchen Situationen oft hilfreich und notwendig. Von etlichen Unternehmen ist beispielsweise bekannt, dass sie ihre Mitarbeiter nach der Fußballweltmeisterschaft 2006 auf kommende hohe Anforderungen und Ziele des folgenden Geschäftsjahres emotional einstimmten, indem sie ihnen Sönke Wortmanns Film *Deutschland – ein Sommermärchen* zeigten. In diesem Film wird deutlich, dass die deutsche Fußballnationalmannschaft vor allem durch konsequente Vorbereitung, Teamgeist und Überzeugung ein Ziel erreichte (den dritten Platz bei der Weltmeisterschaft), das ihr vorher kaum jemand zugetraut hatte.

Eine starke Führungspersönlichkeit wird sich die Module der Emotionalisierung zu eigen machen. Aber nicht zu jedem Zeitpunkt, nicht in jeder Situation ist es sinnvoll zu emotionalisieren. Ob und wann man dieses Mittel einsetzt, wird kein Lehrbuch ausreichend beschreiben können. Das muss die Erfahrung und die mit ihr verbundene Intuition richten. Wenn die Emotion, wie oben geschildert, der »Turbo« für die Leistungsbereitschaft von Menschen ist, so ist sie dieser »Turbo« in besonderem Maße für die Führungspersönlichkeit. Gefühle entscheiden nicht nur über Leistung. Sie machen aus einem Anführer eine Persönlichkeit. Gefühle geben den Ausschlag.

!
- Gezielt können Emotionen nur angesprochen und ausgelöst werden, wenn ein Ereignis beziehungsweise eine Situation als bedeutsam angesehen wird.
- Man kann bewusst und unbewusst emotionalisiert werden.
- Emotionen werden als mentaler Zustand erlebt, der zur Motivation beiträgt.
- Emotionen können auch durch Erinnerungen an gemeinsam erlebte Situationen geweckt werden.
- Aus erlebten Emotionen entwickeln sich Handlungsbereitschaften.

Analysieren: Keine Maßnahme ohne Grund

Ein Beispiel aus der Praxis

Extern sehr hohe Erwartungshaltung

Teil Selbstsicherheit im Laufe des Turniers verloren

Psychologische Situation mit erfolgreichen Damen immer einen Schritt vor

Betreuerteam Schuermann, Schöpf nicht wie gewohnt beim Team im Dorf

Kein geschlossenes Team, sondern Außenseiter

Defizit durch Fehlen von Sascha Reinelt in drei Spielen (mit 15 Spielern)

Athletik im Bereich Schnelligkeit, spielspezifische Reaktionsfähigkeit bei 5 bis 6 Spielern nicht optimal abrufbar! Mentale Blockade??

Kritische Analyse Olympische Spiele Athen 2004

Schwache Gesamtleistung Achse rechts Weißenborn, Michel

Anzahl Ecken zu gering

Zu wenig flexible Seitenverlagerungen nach links, zu viele Rechtsangriffe gegen massierte Abwehr

Eckenquote schlecht: 22 Ecken – 4 Tore

Große Schwierigkeiten als konstruktives Team mit zu weichem Platz

Zu risikoreiche Spielanlage mit einem Kontakt für Athen-Platz

Kein Training auf diesem Platz vorher

Technische Fehler Schlag-BA

Zu lange u. erfolglose Dribblings T.W.

BA Fehlerquote S.B.

Anzahl Spiele und Trainingsbelastung im Zeitraum Ende Mai bis Ende Juni zu hoch??? !!!

Keine Maßnahme ohne Grund

Die Analyse ist eine entscheidende Disziplin für Führungskräfte. Selbstverständlich gibt es auch etliche Entscheidungen im Sport, die »aus dem Bauch heraus« getroffen werden, also intuitiv. Doch über allem steht und stand für mich immer das Prinzip: keine Maßnahme ohne Grund. Wer leistungsorientiert arbeitet, mit Einzelnen und mit Teams, für den ist deshalb die Analyse einer der wichtigsten Schritte zum Erfolg, vielleicht sogar der wichtigste. Die Analyse steht bei allen ergebnisorientierten Tätigkeiten am Anfang eines jeden Prozesses, der auf Verbesserung der Leistung ausgerichtet ist: des Teams und seiner einzelnen Mitglieder, aber auch der Führungsperson selbst. Wer verbessern will, muss wissen, wo die Schwachstellen und Fehler, aber auch wo die Stärken seines Teams liegen. Nur dann wird er die Schwächen ausgleichen, die Stärken erhalten können – und daraus für die Zukunft die richtigen Schlüsse ziehen. Natürlich bedeutet »verbessern« immer auch das Abstellen von Fehlern. Wer die Analyse allerdings auf die Fehlersuche reduziert, verkennt den Kern ihres Wertes: Auch die Analyse von Stärken hilft bei der Weiterentwicklung von Teams ganz erheblich.

Am Anfang jeder Analyse stehen die Fragen: Wie waren wir? Was haben wir geschafft? Als Trainer habe ich mir diese Fragen nicht nur nach jedem Wettkampf gestellt, nach Länderspielen oder großen Turnieren, sondern auch nach Trainingseinheiten oder Lehrgangswochen: Wie war ich? Wie war die Mannschaft? Was hat funktioniert, was nicht? Und warum? Ich will meine Methode hier am Beispiel der Analyse nach den Olympischen Spielen von Athen 2004 erläutern, eine Methode, die sich aber auch auf weniger exponierte Ereignisse übertragen lässt.

Wir waren 2004 als einer der Favoriten nach Athen gekommen. Unser Kader (auch der Trainer- und Betreuerstab) bestand in der Mehrzahl aus den »Weltmeistern« von Kuala

Lumpur 2002. In einem Punkt betraten wir bei diesem Turnier Neuland: Zum ersten Mal konnten wir den Untergrund, den Kunstrasen, auf dem wir antraten, nicht vor Turnierbeginn ausgiebig testen. Man hatte uns dies, wie allen anderen Teams, einfach untersagt. Nach großem Kampf verloren wir das Halbfinale, um dann im Spiel um Platz drei die Bronzemedaille zu gewinnen. Bronze bei Olympia – das war ein großer Erfolg. Aber wir alle hatten doch insgeheim mit mehr gerechnet – das Ergebnis konnte nicht vollends zufriedenstellen. Es war Zeit für eine umfassende Analyse.

Jede Analyse beginnt mit dem Sammeln von Informationen. Je mehr Wissen einer Analyse zugrunde liegt, desto stichhaltiger wird sie ausfallen. Analysieren erfordert also, neben Denkarbeit, zunächst auch eine große Fleißarbeit. Natürlich bedarf es einer (subjektiven) Vorauswahl, welche Felder ich zu einer systematischen Analyse heranziehe. Hierzu habe ich tagelang Material gesichtet – unter anderem Videoaufzeichnungen unserer Mitbewerber, Mitschnitte unserer eigenen Spiele. So auch nach den Olympischen Spielen. Wie man auf der »Mind-Map« (S. 87) gut erkennen kann, galt diese Informationssammlung sowohl Aspekten, die das gesamte Team betrafen (zum Beispiel zu risikoreiche Spielanlage), als auch dessen Teilbereiche (zum Beispiel die Quote bei der Eckenverwertung): die äußeren Umstände (Beschaffenheit des Platzes), die Leistung einzelner Achsen (rechte Angriffsseite), die mannschaftliche Geschlossenheit (es gab Spieler, die nicht vollständig in die Gruppe integriert waren), den Betreuerstab (nicht mit der Mannschaft im Olympischen Dorf), psychologische (zu hohe Erwartungshaltung und anderes) und athletische Komponenten. Schließlich ging es auch um die Trainingssteuerung verbunden mit der Frage zu hoher Belastungen während der Vorbereitung. Zusammengetragen hatte ich all diese Informationen mithilfe von Fernsehbildern, aber auch unseren eigenen Videoaufnahmen von den Spielen. Jedes einzelne unserer Spiele habe ich in den nächsten Wochen sicher fünfmal genau seziert, die taktische Leistung nach meinen Eindrücken, aber auch statistisch ausgewertet. Unterlegt wurden meine Beobachtungen durch die Analyse der offiziellen Wettkampfstatistiken zu Standardsituationen, den Torschüssen oder zum erfolgreichen Eindringen in den Kreis des Gegners. Ich habe zu jedem deutschen Spieler eine Videoanalyse erstellt, ebenso zu den taktischen Stärken und Schwächen der anderen drei Teams unter den Top-Vier: Spanien, Australien und Niederlande. So hatte ich die Möglichkeit, die Leistungen unserer Konkurrenten mit unserem Spiel detailliert zu vergleichen. Ich habe mich sehr intensiv mit der Vorbereitungsphase der letzten zehn Wochen vor den Spielen von Athen auseinandergesetzt, habe unsere Trainingsinhalte zu den Schwachstellen in unserem Spiel in Relation gesetzt. Hatten wir zu wenig Seitenverlagerungen trainiert? Wie hätten wir unser Eckentraining weiterentwickeln können? Hatten wir zu viele Vorbereitungsspiele bestritten, waren die Schwerpunkte der Athletikarbeit hin zum Höhepunkt des Turniers richtig gesteuert? Und so weiter und so fort.

Nachdem diese Arbeit geleistet war, diskutierte ich – im zweiten Schritt – meinen Vorschlag für die Eckpunkte einer umfassenden Analyse mit meinen Mitarbeitern, aber auch mit einigen Führungsspielern. Die Innensicht der Truppe, die Wahrnehmung der problematischen Bereiche durch die Mitglieder des Teams selbst, ist für jede Analyse unabdingbar. So hat mir mein Kapitän und herausragender Führungsspieler Florian Kunz in einer sehr persönlichen Analyse dargelegt, dass er meinen Umgang mit ihm in einer Phase akuter Formschwäche in der Vorbereitungsphase als demotivierend und daher im Ergebnis leistungsmindernd empfunden habe. Und in der Tat hatte ich Kunz, der bei der WM 2002 aus meiner Sicht den Zenit seines Könnens erreicht hatte, im Vorfeld des Turniers intern infrage gestellt, ihm signalisiert, dass es durchaus sein könne, dass er nicht zum Olympiakader gehören würde. Ich hatte ihn damit anstacheln, provozieren wollen – und offenbar das Gegenteil erreicht.

Parallel dazu haben meine Co-Trainer und die betroffenen Mitglieder des Stabes in ihrem Bereich mit einer weiteren detaillierten Daten- und Faktensammlung begonnen. Bilder, Statistiken und Aufzeichnungen wurden zurate gezogen und persönliche Einschätzungen gegeben und aufgezeichnet. Ich darf in diesem Zusammenhang aus der schriftlichen Analyse unseres Teampsychologen Lothar Linz zitieren: »So blieb«, schreibt Linz, »als ein wesentliches Problem die verstärkte Ablenkung vor und während der Olympischen Spiele. Der Umgang hiermit war keineswegs nur eine Aufgabe für den Psychologen. Da der Trainer schon bei mehreren Spielen zuvor dabei war, hatte er selber diese Gefahr frühzeitig gesehen und deshalb mit der Mannschaft verbindliche Einigungen getroffen, wie man gemeinsam mit dieser Frage umgehen wollte. So wurde festgelegt, dass Interviewanfragen über den Trainer zu gehen hatten. Es wurden regelmäßige gemeinsame Mahlzeiten vereinbart. Der Mannschaft wurde ausdrücklich zugesprochen, die ersten Tage nach der Ankunft in Athen zur Erkundung zu nutzen und auch an der Eröffnungsfeier teilzunehmen. Dafür sollte die Konzentration ab dem kommenden Morgen ganz dem sportlichen Aspekt gelten. Auch während des Turniers wurden gemeinsame außersportliche Aktivitäten geplant. Und es wurde immer wieder im Teamgespräch abgeklärt, ob die Konzentration ausreichend sei oder nicht.« Und weiter: »Aber es bleiben auch gewisse Nachdenklichkeiten. Das liegt vor allem daran, dass die Atmosphäre im Team und vor allem die gezeigten Leistungen zwar immer noch positiv waren, aber nicht ganz den hohen Standard erfüllten, den alle Beteiligten aus den letzten Jahren gewohnt waren. Im Rückblick stellt sich natürlich die Frage, woran das gelegen haben könnte. Sicher gibt es verschiedene Erklärungen dafür, abhängig davon, aus welcher Perspektive man das Ganze betrachtet. Zum Beispiel kann man die schlechte Quote bei den eigenen Strafecken nennen. Oder die Probleme unserer spielstarken Mannschaft mit dem holprigen Platz. Aber es zeigt sich auch, dass der erhöhte Druck trotz aller im Vorfeld durchgeführten Interventionen eine zwar reduzierte, aber immer noch wahrnehmbare negative Wirkung erzielte.«

Diese Analyse deckte sich weitgehend mit meiner Einschätzung, trotzdem war es wichtig zu wissen, wie aus der Sicht eines Fachmanns insbesondere die Frage der Stimmung innerhalb des Teams bewertet wurde. So baute ich die Erkenntnisse von Lothar Linz in meine eigene Analyse mit ein.

Im dritten, entscheidenden Schritt ist wieder die Führungspersönlichkeit gefragt. Die Schlussfolgerungen aus dem gemeinsam erarbeiteten Material fallen ganz allein in ihre Verantwortung. Das erwartet das Team von ihr. Das haben meine Spieler und Mitarbeiter immer von mir erwartet. Nach ausführlichen Beratungen und Konsultationen habe ich also meine ganz persönlichen Schlussfolgerungen aus den Erkenntnissen der Kollegen und Spieler gezogen, meine eigenen Erkenntnisse damit verknüpft, diese aufgearbeitet und präsentiert. Ich habe dabei keine Rücksicht auf Befindlichkeiten und Empfindlichkeiten genommen – alle wussten, dass sie an dem Prozess der »Wahrheitsfindung« beteiligt waren, das Darstellen dieser »Wahrheit« und die Schlussfolgerungen daraus mussten sie mir überlassen. Diese Offenheit auch in der Kritik ist eine wichtige Voraussetzung für den Lerneffekt, der sich ja aus jeder gelungenen Analyse ergeben muss. Zu dieser Kritik gehörte, Stichwort »Trainingssteuerung«, auch in diesem Fall die Selbstkritik.

Die zunächst von mir auf der Mind-Map aufgeführten Punkte wurden dann durch meine Gespräche mit Mitarbeitern und Mannschaft ergänzt, aber nicht widerlegt.

Ich habe das Beispiel der Olympischen Spiele von Athen gewählt, weil ich es als prototypisch betrachte. Alle meine Analysen nach großen Turnieren umfassten – unabhängig vom erzielten Ergebnis – folgende Punkte:

- Analyse des Gesamteindrucks
- Analyse individuell in den Positionen
- Analyse der spielerischen Teilkomponenten (Kategorien: Technik, Taktik, Standardsituationen)
- Analyse der psychischen Komponenten (Wille, Einstellung, Durchhaltevermögen, mannschaftliche Geschlossenheit etc.)
- Analyse der athletischen Komponenten
- Analyse des Vorbereitungs- und Trainingsprogramms

In den Phasen zwischen den großen Turnieren bleiben diese Eckpunkte das Gerüst auch der kurzfristigen Analysen. Die aufwendige Bestandsaufnahme begleitete mich und das Team über die folgenden Jahre. Nach Länderspielen, kleineren Turnieren, aber auch nach einzelnen Trainingseinheiten griff ich immer wieder auf diese Erkenntnisse und die daraus gezogenen Schlüsse zurück. Auch die Spieler und Mitarbeiter, soweit sie noch dabei waren, behielten meine Athen-Analyse im Kopf – und wussten, was gemeint war, wenn ich mich darauf bezog. Die Analyse war das Rückgrat aller Planungen, auch weil sie letztlich im Konsens verabschiedet worden war.

Das war nicht nur hilfreich, sondern ganz und gar alternativlos. Diese Analyse, wie jede umfassende davor und danach, war die Grundlage einer detaillierten, sich immer weiterentwickelnden Planung, die nur ein Ziel kannte: die Verbesserung unserer Leistung auf dem Weg zum nächsten Erfolg. In der anschließenden Phase wurden dann die konkreten Maßnahmen zur Umsetzung beschlossen. Dank der Analyse hatten die meisten dieser Maßnahmen: einen guten Grund.

Analysieren – grundsätzliche Anmerkungen

Pauschal gesprochen kann man sagen, dass menschliche Handlungen einem permanenten Feedback-Prozess unterworfen sind. Bei allen relevanten Dingen, die wir tun, überprüfen wir, ob wir das vermeintlich Richtige getan haben. Falls nicht, analysieren wir kurz und korrigieren wenn möglich.

Beispielsweise merkt ein Redner, dem eine flapsige Bemerkung herausgerutscht ist, anhand der negativen Reaktion des Publikums, dass er auf Widerstand stößt. Möchte er weiteren Widerstand und eine negative Stimmung vermeiden, korrigiert er sich oder wird im Folgenden darauf achten, dass seine weiteren Aussagen nicht missverstanden werden. Er hat also unmittelbar analysiert, dass die negative Stimmung im Raum mit seiner Aussage zusammenhängt, und zieht daraus nach einer Kurzanalyse entsprechende Konsequenzen.

Natürlich gilt dies auch für komplexere Prozesse und größere Zeitabschnitte. Analysen sind notwendig, um Handlungen auf ihre Wirksamkeit zu prüfen. Und um weitere Ziele verfolgen zu können, um sich, Organisation und Systeme weiterentwickeln zu können, muss man auf der Basis einer guten Analyse die nächsten Schritte planen.

Analysen können auch sehr schmerzhaft sein, vor allem dann, wenn man in negativen Fällen für sich feststellen muss, dass es nicht äußere Umstände oder Zustände waren, die zu einem schlechten Ergebnis geführt haben, sondern die Gründe bei einem selbst liegen und man von einem eingeschlagenen, lange Zeit erfolgreichen oder gut gemeinten Weg abweichen muss, dazu aber eigentlich nicht bereit ist oder sich dazu nicht in der Lage fühlt.

Für Hans Eberspächer*, der schon in den 70er-Jahren die deutschen Sportler bei den Olympischen Spielen sport-

---

* Eberspächer, Hans (2007): *Mentales Training*, 7. Auflage, München: Copress.

psychologisch betreut hat, gründet eine Analyse auf der Feststellung eines Istzustands und sucht nach den notwendigen Bedingungen beziehungsweise Ursachen, die diesen Istzustand herbeigeführt haben. Oftmals sind Analysen sehr oberflächlich und wenig hilfreich, wenn schnell Gründe für ein bestimmtes Ergebnis gesucht werden (»Wir haben unser Ziel verfehlt (Istzustand), weil wir uns nicht genug reingehängt haben (Begründung)!«. Oder: »Wir sind erfolgreich (Istzustand), weil wir immer an uns geglaubt haben (Begründung).«

Analysen sind mitunter äußerst subjektiv und dienen dann Personen dazu, mit sich im Reinen bleiben zu können und möglichst nichts verändern zu müssen (»Ich hätte noch viel bessere Verkaufszahlen, aber die anderen Mitarbeiter ziehen nicht gut mit«). Auch wenn eine solche Analyse aus »therapeutischen Gründen« kurzfristig angenehm sein kann oder in Teilen auch der Wahrheit entspricht: Zielführende Analysen sehen anders aus!

Auch muss darauf geachtet werden, dass die analysierenden Personen und insbesondere Führungskräfte den Erfolg nicht *prinzipiell* an ihren eigenen Fähigkeiten festmachen, den Misserfolg aber *prinzipiell* auf andere Personen oder schwierige Bedingungen zurückführen. Eine hilfreiche Analyse ist auf diese Weise ebenso wenig zu erstellen wie mit genau entgegengesetzt vorgehenden Menschen, die – oft mit einem geringen Selbstwertgefühl ausgestattet – Erfolge dem Glück und günstigen Bedingungen zuschreiben, Misserfolge in erster Linie jedoch der eigenen Unfähigkeit.

Bei differenzierten, möglichst objektiven Analysen bemüht man sich, die Gründe, die zu einem gegebenen Zustand geführt haben, in ihrer gesamten Breite und ihrer kausalen Verkettung objektiv, also auch im Austausch mit anderen Personen, so zu erforschen und zu beschreiben, wie sie tatsächlich waren. Nur so erhält man eine Basis, auf der man entsprechend planen und handeln kann.

Für Führungskräfte ist es unabdingbar, nach jeder Etappe (zum Beispiel: Geschäftsjahr, Berichtszeitraum, Projektende) intensive und möglichst objektive Analysen vorzunehmen – und zwar unabhängig davon, ob man ein positives Ergebnis erforscht (siehe hierzu auch das dritte Kapitel, Abschnitt »Risiko Erfolg: Besonders Sieger müssen lernen«) und daraus seine Schlüsse zieht oder ein negatives. Hilfreich ist es, zwischen Ergebnisfeststellung und Analyse einige Zeit vergehen zu lassen, und zwar abhängig vom Umfang des zu analysierenden Zeitraums. Für ein kleines Projekt mit einem Umfang von einer Woche reicht es schon, »einmal darüber geschlafen zu haben«. Nach einer einjährigen Kampagne muss man das Ergebnis sich etwas setzen lassen, sodass zumindest ein paar Tage vergehen sollten.

Die einzelnen Schritte der Analyse sind folgende:

1. Differenzierte Feststellung des Istzustands.
2. Sammlung der Bedingungen (zum Beispiel mittels Mind-Map, vergleiche Seite 87), die zu diesem Istzustand geführt haben. Zunächst individuell, dann relevante Personen hinzuziehen.
3. Diskussion zur tatsächlichen Relevanz der Bedingungen (= vermeintliche Ursachen) mit relevanten anderen Personen. Dies kann dazu führen, dass zuvor gefundene Ursachen gestrichen und dadurch Teile der Analyse verändert werden müssen.
4. Kategorisierung der Bedingungen.
5. Hierarchische Festlegung der Gründe. (Welches sind die massiven Gründe, welche sind nachgeordnet, welche sind die Konsequenz aus anderen Ursachen?)
6. Einteilung der Gründe nach ihrer Veränderbarkeit. (Was muss auch zukünftig hingenommen werden? Was kann geändert werden?)
7. Konkrete Planung der nächsten Schritte.

- Analysen sollten weitgehend objektiv und detailliert sein.
- Schnelle Erklärungen und Ursachen-zuschreibungen sind zu vermeiden.
- Analysen sollten nicht emotional überlagert sein.
- Zwischen dem eingetretenen Ergebnis und der Analyse sollte ein angemessener zeitlicher Abstand liegen.
- Der eigene Anteil an Erfolg oder Misserfolg muss realistisch und fair beurteilt werden.
- Die konkrete Planung der nächsten Schritte schließt jede Analyse ab.

Planen: Flexibel sein durch Akribie

Ein Beispiel aus der Praxis

Im Frühjahr 2003 waren wir, das erste Mal in der Geschichte des deutschen Hockeysports, Doppelweltmeister: Nach dem Erfolg in Kuala Lumpur 2002 haben wir im Februar 2003 auch den Hallen-WM-Titel errungen. Die letzte Planungs-phase für die Olympischen Spiele 2004 in Athen begann. Diktiert wurde diese Phase von einem außerordentlich, um nicht zu sagen: ärgerlich engen Terminkalender, den der Weltverband FIH bereits im Winter des Vorjahres festgelegt hatte. Im August standen die Europameisterschaften in Barcelona auf dem Programm. Zwei Wochen vorher sollten wir in den Niederlanden gegen die weltbesten Teams um die prestigeträchtige Champions Trophy spielen: sechs Spiele in einer Woche. Fast unmittelbar danach wartete dann die EM, bei der wir uns – falls wir Erster werden würden – direkt für die Olympischen Spiele in Athen qualifizieren konnten. Welch ein Irrsinn! Offenbar stellte die FIH ihre Vermarktungsinteressen, die Interessen der Sponsoren über das Wohl und die Gesundheit der Spieler. Doch es war nicht zu ändern. Seit ich das wusste, im Winter 2002/2003, richtete ich meine strategischen Planungen mit dem Zielpunkt Olympia danach aus. Es galt, mit der wichtigen Zwischenstation Europameisterschaft aus dieser Terminlage die richtigen Schritte abzuleiten, schließlich wollten wir uns unbedingt direkt für Athen qualifizieren.

Meine Analysen nach der WM 2002 hatten ergeben, dass meine Mannschaft die Belastung der beiden großen Turniere, die Europameisterschaft und die Champions Trophy, nicht erfolgreich durchstehen würde – körperlich, vor allem aber psychisch. Damit musste ich rechnen – und mich entscheiden: Ließ ich die Jungs bei der Champions Trophy ihre ganze Stärke als Doppelweltmeister ausspielen und die Weltkonkurrenz ein weiteres Mal in Schach halten? Dann würde die Europameisterschaft aber gewiss nicht zu unserem Ziel, der Olympiaqualifikation, führen. Oder würde ich die Trophy »opfern«, um optimal vorbereitet in die EM zu gehen?

Ich entschied mich für Variante zwei und setzte, gegen erheblichen Widerstand der Funktionäre des Deutschen Hockey-Bundes (DHB), die das Image des Verbandes gefährdet sahen, voll auf die Europameisterschaft mit dem großen Ziel der Qualifikation für Olympia 2004. Im 3. Kapitel im Abschnitt »Außen vor: Warum sich Führungskräfte gelegentlich abschotten müssen« schildere ich diese Umstände detailliert. Ein Planungsschritt mit weitreichenden Folgen, mit dem offenbar niemand gerechnet hatte. Irgendwann rief mich mein holländischer Kollege Jost Bellart an und erzählte mir begeistert, welch ideale Vorbereitung die Trophy für die folgende EM sei. Ich stimmte nicht ausdrücklich zu, ließ ihn aber in seinem Glauben, dass auch ich meine Mannschaft mit voller Kraft auf die Champions Trophy vorbereiten würde.

Stattdessen nominierte ich keinen einzigen Spieler für das Turnier in den Niederlanden, der auch für die EM eingeplant war. Wir gingen also mit einem ehrgeizigen, jungen, aber nicht wirklich konkurrenzfähigen Team in das Trophy-Turnier. Schon im ersten Spiel in Amsterdam gerieten wir gehörig unter Druck, nicht nur auf dem Platz, sondern auch in der Öffentlichkeit. Die Funktionäre des Weltverbandes, aber auch die Zuschauer und die holländischen Medien kritisierten mich sehr heftig ob dieser Entscheidung, lediglich mit dem Perspektivteam zu spielen. Wir verloren mit unserem jungen, überforderten Team fast alle Spiele. Ein Spießrutenlauf in den Pressekonferenzen schloss sich jedes Mal an: Häme, gelegentlich sogar Mitleid, meistens aber reines Unverständnis für meine Entscheidung schlug mir entgegen.

Die Niederländer dagegen, angeführt von ihrem stolzen Trainer im schicken orangefarbenen Blazer am Spielfeldrand, spielten großartig und gewannen, unterstützt von ihrem enthusiastischen Publikum, die Trophy. Wir hingegen schlichen wie geprügelte Hunde aus dem Wagner-Stadion von Amsterdam hinaus. Doch das, was die Zuschauer in Holland von meinem Plan zu sehen bekommen hatten, war nur ein Element einer Strategie, deren ergebnisorientierter Teil sich unterdessen in der Heimat abspielte: Meine Topspieler spulten zu Hause ihr Vorbereitungsprogramm ab: Ich hatte ihnen einen penibel ausgearbeiteten Plan vorgegeben und war mir sicher, dass sie sich mit diesem Programm optimal auf die EM vorbereiten würden.

Die Europameisterschaft in Barcelona begann, es herrschte große Hitze im Stadion auf dem Montjuïc. Unsere Mannschaft spielte ausgeruht, frisch und torgefährlich in den Gruppenspielen. Wir qualifizierten uns für das Halbfinale gegen die Engländer, jene Engländer, die in ihrer Gruppe gegen müde und matte Niederländer sensationell 3:0 gewonnen hatten. Meine Jungs spielten sich mit 5:1 gegen die Engländer im Halbfinale geradezu in einen Rausch. Keiner von ihnen hatte bei der Champions Trophy unsinnig Kräfte gelassen. Im Gegensatz zu den Niederländern: Sie verloren ihr Halbfinale gegen Spanien, dann das Spiel um Platz drei und kurz darauf auch ihren Trainer nach der verpassten Olympiaqualifikation.

Dann das Endspiel Samstagabend in Barcelona. Tropische Verhältnisse noch um 21.30 Uhr! Beide Mannschaften lieferten sich einen grandiosen Fight mit Feldvorteilen für Spanien. Aber mit größter Abwehrdisziplin und einem überragenden Torhüter Arnold gelang es uns, das Unentschieden nach Verlängerung zu retten. Also Siebenmeterschießen zur Entscheidung um den EM-Titel und die Qualifikation für Olympia Athen. Genau für diese Situation hatte ich, die Spieler sind meine Zeugen, einen – diesmal kurzfristigen – Plan: Zur Verblüffung des Publikums, des Gegners und der Medien nahm ich, wie vorher trainiert und geplant, unseren Torhüter Arnold, der das ganze Turnier über bravourös gehalten hatte, aus dem Tor und wechselte Christian Schulte ein, den zweiten Mann, der das ganze Spiel neben mir auf der Bank gesessen hatte. Schulte hielt bravourös zwei entscheidende Siebenmeter, unser jüngster Spieler, Christopher Zeller, verwandelte mit einer ungewöhnlichen mentalen Abgeklärtheit den entscheidenden Strafstoß. Eins-gegen-eins, Torwart gegen Stürmer, es ging um alles, um den Sieg, um die Europameisterschaft, um die Qualifikation für die Olympischen Spiele – und um meine Strategie: Zeller traf, wir waren Europameister und für Athen qualifiziert.

Wären meine beiden Pläne, die Schonung der A-Mannschaft bei der Champions Trophy und der Torwartwechsel zum Siebenmeterschießen, nicht aufgegangen, dann hätte ich ein ernstes, ein doppeltes Problem bekommen: falsche mittelfristige und falsche kurzfristige Strategie, das zusammen hätte mich sehr angreifbar gemacht. Nun aber lobten die Medien, jubelten die Fans und staunten die Funktionäre des

DHB über meine »kluge Planung«. Manche sagen, ich hätte Glück gehabt. Natürlich, den Ausgang eines Siebenmeterschießens kann man nicht planen. Das Belastungsmanagement für meine Mannschaft allerdings, der Plan, auf die Champions Trophy zu verzichten, um bei der EM optimal auftreten zu können, das hatte mit Glück rein gar nichts zu tun. Ich verspüre deshalb ein bisschen Genugtuung gegenüber den vielen Funktionären des DHB und des Weltverbandes, die mich angegriffen hatten. Ich hatte geahnt, nein gewusst, dass der Sieger der Champions Trophy von Amsterdam nicht zwei Wochen später Europameister werden konnte, hatte meine gesamte Planung seit dem Winter 2002/2003 darauf ausgerichtet. Man muss, das hatte ich gelernt, manchmal verlieren, um zu gewinnen.

Flexibel sein durch Akribie

Wer führt, braucht Ziele. Und wer ein Ziel hat, braucht einen Plan. Der Plan ist der Weg zum Ziel. In meinem Fall war das Ziel immer klar definiert: Ich wollte Erfolg, wenn irgend möglich wollte ich gewinnen, jedes Turnier, jedes Spiel. Ich kann das nicht oft genug wiederholen, denn der Wille zum Erfolg ist der Motor jeder Höchstleistung. Doch konnte es, wie das Beispiel oben zeigt, Situationen geben, in denen das kurzfristige Ziel, einen Gegner zu schlagen, zurücktreten musste hinter das langfristige Ziel, ein großes Turnier zu gewinnen. Das nenne ich: planen.

Planung hatte allerdings noch viele andere Aspekte, jedes Training musste geplant werden, buchstäblich jeder Abschnitt eines Jahres: jeder Lehrgang, der Zeitraum zwischen großen Turnieren (Weltmeisterschaften, Olympische Spiele), der mehrere Jahre umfasste. Letztere sind Höhepunkte für jeden Spieler, jeden Trainer. Sie waren immer die Eckpunkte meiner Planung. An diesen, lange im Voraus feststehenden

Daten entlang entwickelte ich meine lang-, mittel- und kurzfristigen Strategien.

Für mich war Planung eine Mischung aus starren, unumstößlichen Eckpunkten wie die Termine des Weltverbandes und einigen im Lauf eines Planungsprozesses sich immer wieder verändernden Komponenten. Nur wer penibel und akribisch geplant hat, kann, wo es ihm sinnvoll und nötig erscheint, überzeugend flexibel reagieren. Der entscheidende Faktor bei meinen langfristigen Überlegungen war das Zyklische: der sinnvolle Wechsel zwischen Anziehen und Lockerlassen, Belastung und Erholung. Nach diesem Prinzip habe ich alle Planungsphasen aufgebaut, die langfristigen, die mittelfristigen (zum Beispiel die Lehrgänge) und die kurzfristigen (jede einzelne Trainingseinheit).

Auch im mentalen Bereich plante ich in Zyklen: Ich forderte die Spieler ganz gezielt in speziellen Phasen, manchmal überforderte ich sie auch. Ich baute Druck auf, indem ich beispielsweise bewusst Konkurrenzsituationen schuf – um sie dann auch in eine bewusste Talsohle der Entspannung zu entlassen, mit ihnen locker zu sein und zu lachen, auch über mich.

Planung hat auch einen ständigen Begleiter, ohne den sie nicht existieren würde, der ihr vorangeht und nachfolgt, der von ihr profitiert und von dem sie abhängig ist: die Analyse (siehe Abschnitt »Analysieren: Keine Maßnahme ohne Grund«). Nur wer präzise und umfassend analysiert hat, kennt die Grundlagen seiner Planung. Umgekehrt gilt das aber auch: Jede Planung muss, nachdem das Ziel erreicht (oder verpasst) wurde, genau überprüft werden.

Im Sinne eines Regelkreismodells kommt es nach Topereignissen wie Olympischen Spielen oder Weltmeisterschaften alle vier Jahre aus einer umfassenden Analyse im nächsten Schritt zu einer neuen umfassenden lang- und mittelfristigen Planung. In vorher festgelegten Perioden wird auch nach Lehrgängen und Testländerspielen das Gesamtbild kurzfristig analysiert – und die Planung den daraus gewonnenen Erkenntnissen angepasst. Kurzfristige Abweichungen von der geplanten Linie dürfen jedoch die langfristige Strategie und Spielphilosophie nicht ins Wanken bringen. Hier war ich als Trainer gefragt. Meine Handschrift, die von mir vorgegebene offensive, aggressive Spielphilosophie musste das Rückgrat der strategischen Planung bleiben.

Kommen wir jetzt zu den einzelnen Modulen meiner Planung. Das Hauptaugenmerk lag dabei naturgemäß auf der Personalentwicklung. Da ging es zunächst einmal um die Spieler: Welcher meiner Jungs würde zu dem erforderlichen Zeitpunkt (WM, Olympia) auf welcher Position seine maximale Leistung abrufen können? Welche Aufgaben sollte er dann optimal erfüllen? Was konnte ich ihm an Vorstellungen und Trainingsanleitungen auf dem Weg dorthin mitgeben?

Die Personalplanung betraf aber auch den gesamten Stab: Welche Spezialtrainer und Betreuer hielt ich für geeignet, mit den Spielern zielführend im Sinne meines Planes zu arbeiten? Dabei stellte sich mir oft die Frage, wie viel »strategische Veränderungen« ich für wichtig hielt, um eingeschliffene Rituale, Trainings- und Umgangsformen aufzubrechen. Es kam in diesem Bereich, besonders nach Olympia 2004, nach einer umfassenden Analyse zu einigen menschlich schmerzhaften Wechseln. An einer anderen Stelle, im Abschnitt »Verändern: Erfolg fordert den nächsten Schritt«, beschreibe ich das ausführlich.

Ich war ein fanatischer Planer, penibel, sicher auch flexibel, aber manchmal plante ich auch des Guten zu viel. Das Programm für die Trainingseinheiten eines Lehrgangs ergab sich aus der Analyse der vorherigen Lehrgänge und der Vision eines optimalen Spiels. Zu dieser Analyse und auch für die sich daraus ergebenden Pläne zog ich natürlich meine Mitarbeiter aus den jeweiligen Fachbereichen, also Ärzte, Physiotherapeuten, den Psychologen, aber auch die Co-Trainer oder Torwarttrainer hinzu. Hatten wir auffällige Schwächen beim Flügelspiel, trug ich in meinen Rahmenplan für die nächste Lehrgangswoche an mehreren Tagen ein: Übungsformen zu Flügelangriffen. Zudem fanden sich pro Trainingseinheit dann auf diesem Rahmenplan fünf bis sechs Stichworte wieder, die für Bereiche standen, die wir zu verbessern hatten: Flügelangriffe, individuelles Abwehrverhalten, Ecken für uns, Abwehr von Ecken gegen uns und so weiter.

Aus diesem Rahmenplan entstanden dann die Pläne für die einzelnen Einheiten. Auf einem Din-A4-Blatt habe ich immer alle Übungen, die ich mit den Jungs vorhatte, aufgemalt, kreuz und quer, mit kleinen Zeichnungen, Abkürzungen und Ausrufezeichen. Meistens hatte ich acht Hauptpunkte und diese waren noch mal unterteilt in zwei bis drei Unterpunkte. Wenn »Flügelangriffe« etwa der Hauptpunkt war, folgten zum Beispiel drei Unterpunkte zur methodischen Entwicklung dieses Flügelspiels. Anhand dieses Zettels gingen wir mit den Co-Trainern vor dem Training den Ablauf und die jeweiligen Aufgaben der verschiedenen Trainer auf dem Platz durch.

Ich hatte immer viel zu viel auf meinen Zettel gepackt, mehr jedenfalls, als die normale Trainingszeit von etwa zwei Stunden zugelassen hätte. Das war aber Teil des Plans. Ich wollte immer mehr, als eigentlich leistbar war, von mir, aber auch von den Spielern. Das führte, jedenfalls ist das meine Schlussfolgerung, dazu, dass wir oft auch mehr geleistet haben, als wir uns vorher vorstellen konnten. Manchmal habe ich auch zu sehr an diesem Plan gehangen und war frustriert, als ich dann zu viel markierte Stellen auf meinem Blatt hatte – um jene Übungen hervorzuheben, die wir nicht mehr geschafft hatten.

Planen, lässt sich zusammenfassend sagen, muss man sich wie eine umgedrehte Pyramide vorstellen: von der breiten Oberfläche der langfristigen Planung spitz zulaufend hin zur kleinstmöglichen Einheit – genau auf den Punkt. Wer mir nun entgegenhält, Erfolg könne man nicht planen, dem will ich entgegnen: Nur wer einen Plan hat, weiß, wann er von ihm abweichen kann. Und dieses Wissen macht den Erfolg jedenfalls wahrscheinlicher.

PLANEN – GRUNDSÄTZLICHE ANMERKUNGEN

Pläne sind allgegenwärtig im Leben des Menschen. Die Begriffe »Plan« beziehungsweise »planen« werden in unzähligen Situationen des Alltags, aber auch des Berufslebens verwandt, vielfach mit anderen, zentralen Begriffen des Lebens kombiniert: Lebensplanung, Familienplanung, Urlaubsplanung, Karriereplanung, Stundenplan, Finanzplan, Fahrplan, Sozialplan, Trainingsplan. Auch in der Umgangssprache spielt der Begriff eine wichtige Rolle: als Schimpfwort (»Der hat ja keinen Plan!«) oder auch als Ausdruck großer Wertschätzung (»Der – oder die – hat noch große Pläne!«). Das Planen steht dabei, nicht nur auf den ersten Blick, im Widerspruch zur Spontanität. Wer feststellt: »Der (oder die) plant ja alles bis ins letzte Detail«, meint das oft eher abwertend. Der Begriff »leidenschaftlicher Planer« scheint ein Widerspruch in sich. Engagierte Planer werden oft in die Nähe von Pedanten oder Spießern gerückt. Meist ist dies ein großer Irrtum.

Auch wenn nicht jeder gleichermaßen zum Planen veranlagt ist, kann kein Mensch auf Dauer überleben, ohne zu planen. Pläne betreffen kognitive Aspekte und Denkprozesse im Leben eines Menschen, das heißt: Wer plant, handelt bewusst. Ob aber eine Person bereit und fähig ist, in einer bestimmten Situation einen aussichtsreichen Plan zu entwickeln, hängt neben kognitiven auch von emotionalen, motivationalen, kulturellen und sozialen Faktoren ab. Führungspersönlichkeiten jedoch müssen all diese Fähigkeiten auf sich vereinen. Wer führen will, muss planen können. Aber kann man planen lernen? Und wenn ja, wie?

Ob kurz- oder langfristig – wann ist ein Plan ein Plan?

Definiert werden kann ein Plan als eine Methode, um ein bestimmtes Ziel oder ein gewünschtes Ergebnis zu erreichen. Der Umfang der planerischen Aktivitäten hängt natürlich davon ab, welchen Zeitraum ein Plan abdecken soll. Der Plan für eine Trainingseinheit ist naturgemäß weniger aufwendig und ausdifferenziert als jener für die zwei Jahre, die zum Beispiel im Hockey zwischen Weltmeisterschaft und Olympischen Spielen liegen. Der Plan für die wöchentliche Abteilungsleiterrunde ist weniger umfangreich als jener für das nächste Geschäftsjahr. Kennzeichnend für jeden Plan, ob kurz- oder langfristig, ist seine Struktur: Ein (Planungs-)Schritt folgt auf den nächsten, ein erreichtes Ziel baut auf dem vorherigen auf. In der Wissenschaft nennt man dies »strukturierte Ereignisabfolge«. Das zweite wichtige Merkmal eines Plans ist seine Präzision: Je detaillierter die Vorgaben, desto klarer definiert ist der Weg ans Ziel. Ein guter Plan dokumentiert genau, was im Einzelnen und wann genau es zu tun ist. Damit ist jedoch noch nichts über die Erfolgsaussichten gesagt. Gerade im Sport mit seinen vielen nicht planbaren Faktoren (zum Beispiel: Plan des Gegners, Tagesform, Schiedsrichter, Wetter) können zu detaillierte Pläne das spontane Reaktionsvermögen behindern und damit die Chancen auf einen Erfolg mindern.

Idealerweise sollte ein Plan nach folgenden beiden Prinzipien entstehen:

- **Nachvollziehbarkeit**
- **Effektivität und Effizienz**

Jeder Plan sollte zunächst nachvollziehbar sein – und zwar nicht nur für denjenigen, der ihn ausgearbeitet hat, sondern vor allem für diejenigen, die sich an ihm orientieren sollen.

Auch für den Plan gilt: »Information entsteht beim Empfänger« (vergleiche »Prolog: Kommunizieren«). Gute Pläne sind daher klar und einfach formuliert, verzichten auf komplizierte Schachtelsätze oder gespreizte Redewendungen. Ein guter Plan sollte sich idealerweise auch optisch, beispielsweise in Schaubildern, Grafiken oder Diagrammen, darstellen lassen: Die Visualisierung verhilft, wie an anderer Stelle ausgeführt, zu einem unmittelbaren Zugang zum menschlichen Gehirn.

Ungleiches Paar und doch beide unentbehrlich – Effektivität und Effizienz

Effektiv und effizient! Diese Anforderungen an einen guten Plan klingen wie eine Selbstverständlichkeit, werden aber oft missachtet. Effektivität bedeutet nichts weniger, als dass – bei Einhaltung des Plans – das angestrebte Ziel mit hoher Wahrscheinlichkeit erreicht wird. Wichtig ist dabei, dass nicht nur das große Ziel ins Auge gefasst wird. Dieses zu erreichen, ist kaum mit Sicherheit zu planen. Die einzelnen Zwischenetappen hingegen, die kleinen Schritte, deren Zusammenspiel den großen Erfolg und Höchstleistungen bedingen, können oft präzise geplant, im Ergebnis vorhergesehen werden: Die Aufgaben, Ziele und Leistungen einzelner Teammitglieder sind effektiv planbar, das Zusammenspiel aller Teammitglieder hingegen nicht im gleichen Maße.

Im Gegensatz zur Effektivität eines Plans bezieht sich die Effizienz auf den Aufwand, der nötig ist, um ein Ziel zu erreichen. Ein guter Plan funktioniert deshalb nach der Methode des geringstmöglichen Aufwands (das ist nicht zu verwechseln mit dem Weg des geringsten Widerstands!). Selbstverständlich orientiert sich dieser Aufwand ausschließlich am Ergebnis. Wird das Ziel nicht erreicht, wird man womöglich feststellen, dass der Aufwand zu gering war. Gerade im Sport ist schon so mancher Plan an einem gut gemeinten, aber übergroßen Trainings- und Betreuungsaufwand gescheitert.

Zusammenfassend lässt sich festhalten, dass Effektivität und Effizienz im Idealfall ein kongeniales Paar abgeben, ein unschlagbares Duo, unverzichtbar für jeden guten Plan(er). Wenn es hart auf hart kommt und beide Faktoren in Konkurrenz zueinander stehen, wird eine kluge Führungspersönlichkeit immer die Effektivität zum Maß der Dinge erheben, denn: Auch ein noch so effizienter Plan wird letztlich immer an seiner Effektivität gemessen.

Individuell und kollektiv – wie kommt ein Plan in die Köpfe?

»Toller Plan!« Dieser Ausruf ist nicht immer als Kompliment zu verstehen, sondern beschreibt häufig auch die geringe Chance auf Realisierung eines Plans. »Super geplant«, schallt es manchem selbst ernannten Großstrategen schadenfroh entgegen, »leider haben ihn nur wenige verstanden und kaum einer hat ihn umgesetzt.« Um eine solche Bilanz zu vermeiden, muss sich jeder, dessen Aufgabe es ist, für andere zu planen, mit der Frage auseinandersetzen: Wie erreicht mein Plan diejenigen, die ihn befolgen, die nach ihm arbeiten sollen?

Drei zentrale Punkte sind dabei zunächst zu berücksichtigen:

1. Die Ausgangslage
2. Die Maßnahmen (Der Weg)
3. Das Ziel

Jeder, der an der Umsetzung des Plans beteiligt ist, muss diese drei Etappen für sich persönlich, aber auch als Teil der Gruppe verinnerlichen. Wie gut bin ich (sind wir) im Augenblick? Was kann, was muss ich (müssen wir) tun, um mich (uns) zu verbessern? Was will ich (wollen wir) erreichen? Ein kluger Planer wird die Mitglieder seines Teams immer einzeln *und* gemeinsam auf die Herausforderungen vorbereiten – er wird also immer mehrere individuelle *und* dazu noch einen kollektiven Plan ausarbeiten.

Im zweiten Schritt werden mögliche Handlungsalternativen beschrieben und gegeneinander abgewogen. Zu unterscheiden ist dabei zwischen zwei Arten von Vorgaben, die ein guter Plan enthalten sollte: Jene, die immer den gewünschten Erfolg bringen. Ein Beispiel aus dem Sport wäre: Hartes Ausdauertraining führt bei vorausgegangener Normalbeanspruchung immer zur Steigerung der konditionellen Leistung. Hinzu kommen dann Vorgaben, deren Ergebnis nicht klar vorhersehbar ist, die oft, aber nicht immer zum Erfolg führen. Im Sport zählt hierzu beispielsweise die Wahl der Taktik oder des Spielsystems einer Mannschaft. Hier können in einem guten Plan auch Alternativen berücksichtigt werden, je nach Entwicklung der einzelnen, ineinandergreifenden Schritte. Beide Vorgaben, ob für den sicheren oder den nicht klar vorhersehbaren Erfolg, führen dann gemeinsam zum dritten Schritt, einem konkreten Handlungsplan, das heißt einer Abfolge konkreter Maßnahmen und Aktivitäten, die dann im Kurzzeitgedächtnis abgespeichert und im Lauf der einzelnen Planungsphasen abgerufen werden. Im vierten Schritt schließlich werden die auf der Planung beruhenden Handlungen begutachtet und bewertet. Mithilfe der Ergebnisse kann es dann zu Korrekturen im weiteren Verlauf der Planung oder – wenn eine Gesamtbilanz gezogen wurde – zu veränderten Planungsvorgaben in analogen Situationen kommen.

Konzentration aufs Wesentliche – wie Pläne umgesetzt werden können

Gerade längerfristige, strategische Planungen bedürfen einer klaren Struktur. Der direkte Weg zum Ziel ist dabei oft verstellt durch nebengeordnete Anreize, die individuellen Planungen konkurrieren mit den Vorgaben für das Team: um Aufmerksamkeit, um Zeit, um Emotionen. Ein kluger Stratege wird daher auf eine Hierarchisierung der Ziele achten und diese klar kommunizieren. Dabei werden Handlungen und Informationen, die dazu dienen, ein vorgegebenes Ziel direkt zu erreichen, abgeschirmt gegen konkurrierende Einflüsse und Ziele, die vom eigentlichen Ziel des Plans ablenken. Zu einem Plan und seiner Umsetzung gehören folglich auch:

- Die Steuerung von Aufmerksamkeit und Informationen: Angeboten und verinnerlicht werden sollten nur jene Informationen, die den verfolgten Absichten unmittelbar nützlich sind – also wenige, präzise, klar formulierte Botschaften. Dies führt zu ungeteilter Aufmerksamkeit und damit zu einer Steigerung der Effizienz (siehe oben).
- Die Steuerung von Emotionen: Nur ein Plan, der mögliche Emotionen berücksichtigt, steuert und kontrolliert, wird erfolgreich sein. Im Sport, im Beruf wie im »richtigen Leben« gilt: Verwirrung der Gefühle führt selten ans Ziel.
- Die Steuerung der Motivation: Anreize, ihn zu erfüllen, gehören zu jedem klugen Plan. Diese können materieller oder ideeller Natur sein: Gehaltserhöhung, Aufstieg, Beförderung, öffentliches Ansehen, Ruhm und Ehre – für den Einzelnen und/oder das Team. Natürlich kann die Aussicht auf Erfolg, das heißt in unserem Fall: auf einen erfolgreich umgesetzten Plan, mehrere dieser Anreize bergen. Der kluge Planer jedoch wird seinen Mitstreitern immer nur jene Anreize aktiv kommunizieren, die unmittelbar zur Steigerung der Motivation führen.

> **!**
> - Planen setzt die Analyse des Iszustands voraus.
> - Wer plant, muss ein definiertes Ziel haben.
> - Entsprechend des Istzustands und der weiteren Umstände müssen mit Blick auf handelnde Personen Wege definiert werden.

- Die Vermittlung der Planung geht mit motivierenden Elementen einher.
- Die Umsetzung der Planung in die Praxis setzt Standfestigkeit und Beharrlichkeit voraus.

Verändern: Erfolg fordert den nächsten Schritt

Ein Beispiel aus der Praxis

Da lag ich nun, auf dem Rücken, hingestreckt mit meinen über eins neunzig, und hielt mir den Fuß. Beim Rückwärtslaufen auf dem Trainingsplatz eine Stange übersehen, umgeknickt. »Wer richtig fit ist, der verletzt sich nie«, hatte ich noch ein paar Stunden vorher wieder mal gepredigt, um die Spieler zu mehr Anstrengungen im körperlichen Bereich zu motivieren. Noch nie ist einer meiner Sätze so häufig zitiert worden wie dieser, in den nächsten Tagen auf dem Lehrgang. Für den Trainer gab es einen Zinkleimverband, Schmerzen, Spritzen – und heftigen Spott: »Wer richtig fit ist, der verletzt sich nie.« Heftig humpelnd musste ich eine der radikalen Veränderungen durchziehen, die ich für unser erstes Treffen nach dem WM-Titel 2002 beschlossen hatte: Vor ein paar Wochen erst waren wir Weltmeister geworden, weil wir die fitteste Mannschaft waren. Und für diese fitteste Mannschaft der Welt hatte ich ausgerechnet einen neuen Athletiktrainer in den Betreuerstab geholt, um auf höchstem Niveau Abwechslung in den Trainingsalltag zu bringen. Ich war mir sicher: Wir mussten uns mit Blick auf Olympia 2004 noch steigern. Mit den bisherigen Methoden, die die Spieler kannten, die sie gewohnt waren, wäre das nicht möglich. Deshalb musste ich etwas verändern. Das leuchtete nicht allen sofort ein. Außerdem hatten die Spieler ohnehin schlechte Laune. Das hatte wiederum mit der Fitness nichts zu tun. Mit ihrer nicht und mit meiner auch nicht.

Wir waren also Weltmeister geworden. Nach unserem Sieg im März 2002 in Kuala Lumpur waren die Spieler und ich am Ziel unserer Träume. Schon dort hatten wir ausgiebig gefeiert, zu Hause waren wir triumphal empfangen worden. Die Medien rissen sich mehr denn je um meine Jungs. Und die genossen es, traten bei Stefan Raab auf, ließen sich in ihren Heimatorten feiern und in den Heimatvereinen bewundern und verehren, manche bekamen Angebote für lukrative Werbegeschichten. Als Hockeynationalspieler waren sie abgereist, als Stars waren sie wiedergekommen. Da bekamen sie Post von mir.

Pfingsten, das war jedes Jahr die Zeit für viertägige Zusammenkünfte, die die Spieler angesichts des übersichtlichen Vergnügungsfaktors als »Schweinelehrgänge« bezeichneten: Klar hatten wir auch Spaß, aber im Vordergrund stand bei diesen Lehrgängen harte, vor allem harte körperliche Arbeit. Die Lehrgänge waren deshalb nicht wirklich beliebt, aber alle wussten, dass sie notwendig waren. Sie ahnten vermutlich schon, als sie den Brief von mir öffneten, dass ihnen auch als Weltmeister wieder ein »Schweinelehrgang« blühen würde. Was sie nicht ahnten, war, dass ich sie dieses Mal an einen Ort bitten würde, der für sie am Ende der Welt lag, weiter weg als Sydney, Karachi oder Kuala Lumpur.

Gerade zu den »Schweinelehrgängen« hatte ich mich bisher immer bemüht, die Jungs in einigermaßen komfortabler Umgebung einzuquartieren, das verbesserte nach den Schindereien am Tage abends die Stimmung. Doch nach der ganzen Feierei und dem Stargehabe wusste ich, dass ich etwas verändern musste, um die Aufmerksamkeit schnell wieder auf 100 Prozent zu bekommen, damit wir uns voll auf die nächste große Aufgabe, die Olympischen Spiele 2004, fokussieren würden.

Wir trafen uns in Köthen, das liegt in Sachsen-Anhalt. Ich mochte diesen alten DDR-Charme, er spricht mich total an, kein Witz. Die Atmosphäre, die dort herrschte, strahlt eine große Ruhe aus, die man in den alten Bundesländern kaum noch antrifft: ideal zum Runterkommen – und zum konzentrierten Arbeiten. Außerdem war ich der Meinung, dass gerade meine Jungs, die fast alle aus bürgerlichen (ehemals westdeutschen) Verhältnissen kamen, kein luxuriöses, aber doch ein gut ausgestattetes Leben führten und die als Sportler jetzt nach dem WM-Sieg mehr denn je umsorgt und gepflegt wurden, dass sie, dass wir zusammen mal sehen sollten, wie es im Land des Weltmeisters auch aussehen kann.

In unserem Hotel, Modell altes FDJ-Heim, roch es damals jedenfalls irgendwie miefig, die Betten, die Duschen, die Möbel, alles noch alter Standard, gerade fürs Nötigste rausgeputzt – aber sehr liebevoll, die Leute hatten sich riesig Mühe gegeben, um es uns so angenehm wie möglich zu machen. Es fehlte an nichts. Unseren Trainingsplatz pflegten drei Rentner, sehr zu Diensten, die uns drei-, viermal am Tag erklärten, wo sie was hingelegt und wie oft sie den Kunstrasen bewässert hatten. Und natürlich seien sie immer sofort da, wenn wir sie brauchten. Am Ortseingang hing ein Schild »Köthen grüßt die Weltmeister«, es gab genau einen Journalisten der örtlichen Presse, der unser Training verfolgte, kein Raab oder *Sportstudio*, keine wichtigen Interviews in der *FAZ*. Dafür ein Empfang beim Bürgermeister in Köthen. Beste Bedingungen also. Die Jungs waren auf hundertachtzig.

»Warum schleifst du uns hier ans Ende der Welt?«, war noch einer der höflicheren Kommentare. »Weil wir hier in Ruhe trainieren können«, war meine Antwort. Und weil wir Veränderung brauchen – hätte ich hinzufügen können, »weil es wichtig ist, gerade, wenn man erfolgreich ist, etwas zu verändern«. Zu Pfingsten, kurz vor den Olympischen Spielen waren wir dann übrigens erneut in Köthen. Es hatte sich nichts verändert.

Erfolg fordert den nächsten Schritt

»Weiter so!« – »Nichts ist erfolgreicher als der Erfolg!«
Was gibt es nicht alles für sprichwörtlich gute Ratschläge,
wenn man gewonnen, das angestrebte Ziel erreicht hat. Da
diese Ratschläge in der Regel von Menschen kommen, überrascht nicht, dass sie auf menschlichen, allzu menschlichen Erfahrungen beruhen. Erfahrungen wie die Sehnsucht
nach Ruhe, wie der wunderbare Zustand der (Selbst-)Zufrie-
denheit, wie der stolze Genuss, ganz oben angekommen zu
sein.

Wer könnte solche Gefühle kritisieren? Niemand kann und
will das, auch ich nicht, aber meine Erfahrung als Trainer
zwang mich, mich mit diesem Phänomen allgemeiner Satt-
heit und Genügsamkeit energisch zu beschäftigen und es, so
hart es klingen mag, als Schwachpunkt zu definieren. Einen
Schwachpunkt, den es, mit Blick auf die nächste Herausforderung, zu analysieren und zu bearbeiten galt.

Für mich hieß es immer: Nach dem Turnier ist vor dem
Turnier. Hatten wir, wie bei mancher Europameisterschaft
oder auch den Olympischen Spielen von Athen, die selbst
gesteckten Ziele nicht erreicht, brauchte ich der Mannschaft und dem Trainerstab nicht ausführlich zu begründen, warum ich verschiedene Dinge verändern wollte. Wenn
man aber Weltmeister wird, wie wir in Kuala Lumpur 2002,
und wenn das noch dazu das erste Mal ist, dass eine deutsche Herrenhockeynationalmannschaft diesen Titel erringt,
dann ist Veränderung nicht selbstverständlich. Und doch so
notwendig.

Es war sicher richtig, nicht nur für die Stimmung im Team,
sondern auch für die strategische Planung, nach einem Toper-
folg bewusst loszulassen, Spannung und Druck herauszuneh-
men. Ja, es war unerlässlich, im Training, aber auch
bei den nächsten Wettkämpfen, eine körperliche, aber auch
mentale Talsohle zuzulassen und einzukalkulieren. Die Moti-

vation der Spieler konnte unmöglich auf dem Niveau gehalten werden, das uns vorher zu Weltmeistern gemacht hatte. Mit Blick auf die nächsten großen Herausforderungen war es in der Konsequenz sogar wichtig, von einem niedrigeren Level aus mit der Arbeit zu beginnen, um gewissermaßen Anlauf nehmen zu können, in Richtung des nächsten großen Turniers.

Und dieses nächste große Welturnier, seien es die Olympischen Spiele 2004 oder – nach den Olympischen Spielen – die WM 2006 in Deutschland, stellte uns immer vor neue Aufgaben. Hierauf musste ich als Trainer reagieren. Ich tat dies durch Veränderungen in vielen Bereichen, eine von ihnen habe ich im Beispiel aus der Praxis beschrieben. Ich hatte gelernt: Erfolg, besonders der Erfolg, erforderte den nächsten Schritt. Diese Erkenntnis lässt sich vom Sport auf andere Bereiche genauso wie auf andere zeitliche Intervalle übertragen: Wer führt, hat Ziele – und wer diese erreicht hat, muss verändern.

Wie in fast allen anderen Bereichen betrifft auch das Kapitel »Verändern« sowohl den faktischen, planerischen als auch den emotionalen Teil der Arbeit einer Führungskraft.

Wir waren 2002 zwar Weltmeister geworden, aber ich hatte mich kritisch zu fragen, wie es gelingen könnte, jene Gier nach Erfolg, die uns ganz nach oben gebracht hatte, jenen unbedingten Siegeswillen zu reaktivieren, obwohl die Jungs ja das maximale Ziel bereits einmal erreicht hatten.

Eine Konsequenz aus dieser Erkenntnis war: Das ganze System der Vorbereitung musste vollkommen neu justiert, der Teambuilding-Prozess wieder gestartet, das Auswahl- und Nominierungsverfahren beim Nullpunkt begonnen werden, mit einer viel größeren Gruppe von Spielern, teilweise neuen, hungrigen Jungs, für die es das erste Mal um alles ging.

Diese neue Zusammensetzung des Kaders war einer der wirkungsvollsten und wichtigsten Veränderungsschritte. Selbst wenn das Team, was nicht der Fall war, komplett und leistungsstark zusammengeblieben wäre, hätte ich eine neue Konkurrenzsituation schaffen müssen. So kam dann auch eine neue Dynamik in die Truppe, es kam zu Provokationen, die Hierarchien wurden aufgebrochen, die Führungsspieler fühlten sich herausgefordert, und die Neuen merkten, dass sie sich ihre Anerkennung mit harter Arbeit verdienen mussten. Im Training gab es Rangeleien, und nicht jedes Wort, das damals fiel, sollte man auf die Goldwaage legen. Natürlich gab es zuverlässige, im Umgang mit ihrer eigenen Psyche und Motivation erfahrene Spieler, die eine solche Herausforderung nicht unbedingt gebraucht hätten, um ihre Leistung zum richtigen Zeitpunkt wieder hochzufahren. Ganz wichtig war jedoch, dass ich diese – meist waren es meine Führungsspieler – nicht anders behandelte als die anderen, sondern sie der neuen Konkurrenzsituation aussetzte, obwohl ich wusste, dass ich auf sie nicht verzichten wollte und würde. Doch galt auch hier letztlich das Prinzip der Individualisierung: Mancher Spieler musste härter herangenommen werden als andere, um zu begreifen, dass sein Weltmeistertitel kein Freifahrtschein für Nachlässigkeiten aller Art war.

Doch es ging nicht nur um Härte. Es ging auch um andere, um neue Herausforderungen. Die vielleicht effektvollste vollzog ich nach dem WM-Sieg 2002. Über Jahre, das konnte man verfolgen, hatten viele unserer Konkurrenten das deutsche Spielsystem, unsere Taktik kopiert oder vollkommen durchschaut. Jetzt schien es mir Zeit für eine spielerische Weiterentwicklung durch Veränderung der Gesamttaktik. So wollten wir in Zukunft das Aufbauspiel in der eigenen Hälfte unberechenbarer machen. Diese von mir sorgfältig vorbereitete Maßnahme hatte dann nebenbei noch den Effekt, dass alle, auch die erfahrenen Spieler, dieses System neu lernen mussten. Es ergab sich folglich eine Situation der Veränderungen, die nach innen wie nach außen wirkte.

Doch betraf dieser Veränderungsprozess bei Weitem nicht nur das Team und die Spieler. Auch in allen anderen Bereichen ging ich nach dem Prinzip der »zielgerichteten Variation« vor. Sowohl nach dem WM-Sieg 2002 als auch nach dem Gewinn der Bronzemedaille bei den Olympischen Spielen in Athen veränderte ich den Mitarbeiterstab um das Team, vor allem um abgeschliffene Kommunikationsformen, eingefahrene Rituale und verlässliche Sympathiebeziehungen aufzubrechen. Die gesamte Gruppe, nicht nur die Mannschaft, musste sich neu finden. Dabei verließ ich für einen gewissen Zeitraum auch eines meiner führungspsychologischen Grundprinzipien, die Verlässlichkeit. Die Spieler und der Trainerstab sollten auch den Cheftrainer neu kennenlernen, auch meiner Person konnte sich für diesen wichtigen, aber überschaubaren Abschnitt keiner mehr wirklich sicher sein. Dass dieser Cheftrainer sich selbst zu Veränderungen in eigener Sache zwang, spürten alle. Auch ich hatte mich gerne an Rituale gewöhnt, an vorhersehbare Abläufe beim Training und an verlässliche Beziehungen. Und so bedeutete »Verändern« nicht zuletzt Arbeit an mir selbst. Ich hatte den nächsten Schritt zu gehen. Dass ich dies für alle sichtbar genauso geradlinig und konsequent anging, wie ich es von anderen forderte, war ein Grund, warum die meisten meiner Maßnahmen angenommen wurden. Führen bedeutet: Andere anleiten, aber gleichfalls sich selbst – das kann man beim Thema »Verändern« besonders gut erkennen.

So kam es auch zur durchaus umstrittenen Wahl des ostdeutschen Städtchens Köthen als Ort für einen unserer harten »Schweinelehrgänge«. Doch war der Wechsel der äußeren Umgebung nur ein Teilaspekt jener breit angelegten Veränderungsstrategie nach der WM 2002 und nach Olympia 2004. Die Zeitpläne für das gesamte Vorbereitungsprogramm, die Steuerung für die einzelnen Trainingsphasen, der Ablauf der einzelnen Trainingseinheit, ja selbst bewährte

Übungen wurden variiert. Der Athletiktrainer, Klaus Brosius, hat, wenn ich mich recht erinnere, nach seinem Amtsantritt nach den Olympischen Spielen 2004 keine einzige seiner Übungen jemals exakt wiederholt. Dabei konnten und mussten wir, er und ich, jede dieser Neuerungen erklären. Das fiel nicht schwer, denn das Vorgehen war keinesfalls beliebig, sondern immer das Ergebnis einer ausführlichen Analyse des vorausgegangenen Erfolgs, die ich gemeinsam mit meinen Mitarbeitern, aber auch im Austausch mit erfahrenen Spielern, unternommen hatte.

Veränderungen nach erfolgreichen Turnieren, das hatte ich zu lernen, konnte zu Missmut – Monotonie, das hatte ich begriffen, konnte nur zu Misserfolg führen.

VERÄNDERN – GRUNDSÄTZLICHE ANMERKUNGEN

Auf die Lehre des griechischen Philosophen Heraklit wird der Ausdruck *panta rhei* zurückgeführt. Frei übersetzt bedeutet er, dass alles ständig im Wandel ist. Manches langsam, anderes schnell mit weiter steigender Tendenz.

Der für viele Menschen äußerst wichtige Wunsch nach Sicherheit und Routine und möglichst wenig Veränderung (zumindest, wenn sie nicht auf eigenes Betreiben herbeigeführt wird) ist nur dann zu erfüllen, wenn Bedingungen konstant bleiben. Durch unzählbar viele Einflüsse verändert sich unsere Welt jedoch ständig, und wir müssen uns anpassen, wenn wir »dabei sein wollen«. Und oft gibt es dazu kaum eine Alternative. Denken wir nur an die enormen Veränderungen, die Computer mit ihren immer leistungsstärkeren Prozessoren und größeren Speichermöglichkeiten in das öffentliche, private und berufliche Leben gebracht haben. Wer die Grundregeln der elektronischen Datenverarbeitung nicht beherrscht, hat zunehmend Probleme, sich in unserer Gesellschaft zurechtzufinden.

Möchte man besondere Leistungen erbringen, wie es für Spitzenkräfte im Sport und in der Wirtschaft unabdingbar ist, gibt es zwei Möglichkeiten, auf den permanenten Veränderungsdruck zu reagieren. Man passt sich sehr schnell neuen Gegebenheiten an (in der Wirtschaft zum Beispiel aktuelle Marktbedingungen oder neue Produktionsmöglichkeiten, im Sport beispielsweise neue Techniken, geänderte Regeln) oder man sorgt selbst für Veränderungen, denen Mitbewerber folgen wollen oder müssen.

Hier liegt eine der ganz besonders stark ausgeprägten Gemeinsamkeiten zwischen Spitzenmanagement und Spitzensport, nämlich die Notwendigkeit, sich immer wieder selbst übertreffen zu müssen. Auch Marktführer und Weltranglistenerste können sich nicht auf dem ausruhen, was sie erreicht haben (vergleiche hierzu auch im 3. Kapitel den Abschnitt »Risiko Erfolg: Besonders Sieger müssen lernen«). Um nicht von anderen übertroffen zu werden, müssen sie sich spätestens mittelfristig selbst übertreffen. Führungskräfte und Manager kennen die Notwendigkeit, trotz eines ausgezeichneten Geschäftsjahres im darauffolgenden Jahr weiter wachsen zu müssen, und potenzielle Weltmeisterschafts- oder Olympiateilnehmer spüren an den vom jeweiligen Sportverband vorgegebenen – in der Regel von Jahr zu Jahr ständig anspruchsvolleren – Qualifikationsnormen, dass die Leistung von gestern heute schon fast nichts mehr wert ist. Die Ausnahme sind Titel oder Medaillen im Sport, insbesondere bei Olympischen Spielen. Wer einmal Olympiasieger war, bleibt es auch in den Köpfen der Menschen (das heißt aber nicht, dass er oder sie sich sicher sein kann, bei den nächsten Olympischen Spielen überhaupt mitmachen zu dürfen!).

In jedem Fall gilt: In der Routine und im Zustand der Ausgeglichenheit sind sportliche und wirtschaftliche Fortschritte kaum zu erreichen. Die Lösung liegt im Herbeiführen eines vorübergehenden Ungleichgewichts. Und hier können sich

Führungskräfte am Leistungssport orientieren: In – oftmals sehr harten – Trainingsphasen bringen sich Sportler ins (körperliche) Ungleichgewicht. Sie investieren für einen bestimmten Zeitraum und können während dieser Phasen ihre besten Leistungen in der Regel nicht abrufen. Sind diese genau geplanten Trainingsphasen (Investitionsphasen) überstanden, haben sie sich meist auf verschiedenen Ebenen verändert, in der Regel verbessert. Je nach Zielrichtung technisch, taktisch, konditionell, kräftemäßig, von der Schnelligkeit her oder auch in ihrem Selbstverständnis als Team. Diese Investitionsphasen sind kein Zuckerschlecken, nicht ohne Grund haben die Hockeynationalspieler ihre diesbezüglich härtesten Lehrgänge »Schweinelehrgänge« getauft. Würde man jedoch einfach nur ein regelmäßiges Training auf relativer Gleichgewichtsebene durchführen, könnte man sich nicht in dem Maß entwickeln, wie es die international ständig steigenden Ansprüche erfordern.

Auch alle Change-Prozesse in Unternehmen sind entweder Anpassungsprozesse an Marktgegebenheiten oder vorauseilende Änderungen, um eine Spitzenposition weiter auszubauen beziehungsweise vorn dabeibleiben zu können. Wie auch im Sport dürfen die Veränderungen aber kein Selbstzweck sein, müssen zielführend geplant und ausgeführt werden. Dabei dürfen die von der Veränderung betroffenen Menschen nicht vergessen werden: Sie benötigen Zeit und eine faire Chance, sich darauf einlassen zu können. Daher liegt das besondere Augenmerk bei Veränderungen in der Kommunikation vonseiten der Führungskraft. Die Kunst besteht darin, die Mitarbeiter mitzunehmen und ihnen die positiven Perspektiven zu zeigen, die diese Veränderung mit sich bringt, und warum es sich lohnt, den gemütlichen Gleichgewichtszustand zu verlassen.

Man mag es neutral betrachten, bedauern oder auch verteufeln, aber die »Spielregeln« lauten für Spitzenleistungen im Sport und im übertragenen Sinne auch in den meisten

Bereichen des Wirtschaftslebens der Industriegesellschaften: schneller, höher, weiter!

> **!** · Eine besondere Gemeinsamkeit zwischen Spitzensport und Spitzenergebnissen in der Wirtschaft ist: Zumindest mittelfristig muss man sich immer wieder selbst übertreffen.
> · Um sich selbst übertreffen zu können, muss man bereit sein, etwas zu ändern.
> · Veränderungen sind Investitionen.
> · In Veränderungsphasen ist die höchste Leistungsfähigkeit aktuell oft nicht erreichbar.
> · Veränderungen sind systemimmanent und notwendig. Sie beinhalten – wenn sie zielgerichtet geplant und ausgeführt werden – Chancen. Diese Chancen müssen von Führungskräften bei der Kommunikation mit ihren Mitarbeitern in den Vordergrund gestellt werden.

Formen: Teams brauchen eine Handschrift

Ein Beispiel aus der Praxis

DEUTSCHER  HOCKEY-BUND e.V.

Bernhard Peters
Gatzenstr. 101a
47802 Krefeld
Telefon + Fax: 02151/560198
E-Mail: BernhardPeters@t-online.de

A-Kader-Spieler
A-Kader-Kandidaten

13.12.02

Lieber Oli, Eike, Atze, Hupe, Björn, Emmel, Schüti, Flo, Sascha, Clemens, Toby, Tibor, Witti, Bechi, Horst, Justus, Timo, Uli, Uli, Oli, Uli, Chrissi, Niki, Tanga, Bene, Max, Niklas, Hannes, Catsche, Oli, Max J., Malte, Michi, Max W. Stefan, Sebastian, Christoper, Philipp, Mike

Was machst du am 13. September 2003?
.
.
.

Was machst du am 28. August 2004?

Du weißt ganz sicher, welche Ereignisse sich hinter diesen Daten verstecken. Ich will mit dir/mit euch das Finale der Europameisterschaft in Barcelona und das Finale in Athen 2004 gewinnen.

Ich stelle mir genau die Siegerehrung vor, wo du auf dem obersten Treppchen total kaputt und schweißnass von der Hitze mit der Goldmedaille stehst und Floh Kunz gerade den hässlichen EM-Pokal entgegennimmt. Der Verlierer des Endspiels steht absolut enttäuscht und traurig neben uns, wir gehen jetzt auf eine unvergessliche Ehrenrunde, sind total platt alle, aber die Zuschauer feiern uns gigantisch!!!!!

Ich habe eine ganz genaue Vorstellung dieser Finale, fühle das Glück in diesem einzigartigen Moment und will alles dafür tun, dass es Realität wird.

Ich will auf keinen Fall wieder erleben, wie die Holländer (wie bei der Champions Trophy in Köln) am Ende jubeln und wir verbissen und blöd danebenstehen.

Wir wollen die Sieger sein, dafür haben wir dieses Bild, auf dem obersten Podest bei der Siegerehrung zu stehen, ganz klar und eindeutig vor unseren Augen.

Wenn du diese Finale zu unseren großen Tagen machen willst, sollten deine Initiative und Verantwortung für das Team mit umfassendem Zusatztraining voll da sein. Von dir geht es aus, aber du wirst gezogen durch das klare Bild der Siegerehrung, jetzt im Winter täglich mit aller Konsequenz zu trainieren.

Wenn wir unser Bild ganz eindeutig und klar vor uns haben, ist uns heute im Training keine Mühe zu viel!!!!!!!!!!!!!

Du darfst keine Zeit verstreichen lassen, daher erinnere ich an die ausgemachten Trainingsinhalte:
Ich weiß von vielen, dass das Krafttraining gut umgesetzt wird, es geht mir aber noch einmal darum, die Bedeutung der ruhigen Ausdauerentwicklung, auch jetzt, wenn es

so bitterkalt ist, hervorzuheben. Du musst bitte regenerativ laufen nach jeder Trainingsbelastung, besonders 20 Minuten nach jedem Krafttraining.

Darüber hinaus sind weitere drei ruhige Läufe pro Woche morgens oder mittags für unseren Erfolg in der kommenden Feldsaison entscheidend. Bitte hier vor allem in der Weihnachtspause, im Zeitraum ohne Hockeytraining, viel laufen.

Intensive Stabilisierungsübungen im Aufwärmen gehören für dich ebenso ins Programm wie Schnelligkeitstraining dienstags.

Es ist ganz klar ausgemacht, dass du für so ein großes Ziel täglich, manchmal auch zweimal am Tag trainieren willst. Dann werden wir, dann wirst du es schaffen!

Wir werden dann am 13. September '03 gemeinsam ganz oben stehen.

Die besten Wünsche für ein schönes Weihnachtsfest von Bernhard

Teams brauchen eine Handschrift

Briefe wie diesen habe ich von Zeit zu Zeit an alle Spieler des erweiterten Nationalmannschaftskaders geschrieben. Natürlich wollte ich damit auch klare Vorgaben machen, was (Sonder-)Trainingsleistung betrifft. Viel wichtiger war mir aber, der Mannschaft insgesamt ein Gefühl der Zusammengehörigkeit zu geben. Ich hätte natürlich – und habe dies auch immer mal wieder getan – an jeden Spieler einen in Ton und Inhalt unterschiedlichen Brief verschicken und damit meine Wertschätzung für die individuellen Stärken dokumentieren können (siehe Abschnitt »Differenzieren: Individuell statt gleich«). Ich hielt es jedoch immer für ganz wesentlich, dass sich das Team, orientiert an der Handschrift des Trainers, vor großen Turnieren eine Identität gibt, seine Visionen formuliert. Für diese Identität, so meine Erfahrung, geben Mannschaften alles, sie verteidigen sie mit Leidenschaft, sie kämpfen für sie bis zur Erschöpfung – häufig bis zum Sieg. Um das Formen von Mannschaften, um Teambuilding soll es in diesem Abschnitt gehen.

Wie auch der Brief an die Spieler zeigen soll, erfordert diese Identitätsstiftung eine permanente Interaktion zwischen einem Team und seinem Anführer. Als Führungspersönlichkeit habe ich dabei die Aufgabe, einen solchen Teambuilding-Prozess zu initiieren, zu moderieren und zu steuern. Es gibt keinen Trainingsplan zur Förderung von Teamgeist, kein Fitnessprogramm für mannschaftliche Geschlossenheit. Mehr noch: Wenn es nicht gelingt, alle Mitglieder des Teams in diesem Punkt zum Mitdenken zu bewegen, dazu, mit eigenen Vorschlägen an der Identitätsbildung mitzuwirken, wird das Projekt »Teambuilding« scheitern.

Es ist nicht schwer zu erahnen, dass auch hier die Kommunikation der Schlüssel zum Erfolg ist. Nur wenn ich als Führungsfigur weiß, was in meinem Team gedacht wird, wie die Stimmung ist, wo es Schwierigkeiten (möglicherweise auch mit mir) gibt, nur dann wird es mir gelingen, aus einer Gruppe Einzelner ein Team zu formen. Ich habe deshalb eine Vielzahl von ritualisierten, aber auch spontanen Gesprächen gepflegt. Jene mit dem Spielerrat und den Führungsspielern, aber auch Einzelgespräche mit den Führungsspielern. Im Einzelnen habe ich im Abschnitt »Kommunikation« darüber berichtet.

Das Formen einer Mannschaft beginnt zunächst mit der Auswahl der Spieler, die ihr angehören sollen. Hier galt für mich immer die Regel: Die Summe der stärksten Einzelspieler ergibt nicht unbedingt das stärkste Team. Das Zusammenspiel der Charaktere, die Mischung aus dominanten und eher

zurückhaltenden Spielern, aus extravaganten und konventio-
nellen Typen, schließlich aus erfahrenen und jungen, das war
der Mix, aus dem ich meine siegreichen Mannschaften zusammenstellte. Glaubte ich, eine gute Mischung an Charakteren gefunden zu haben, war die Arbeit nicht getan, im Gegenteil, dann begann sie erst. Mit welchen Mitteln konnte es mir
gelingen, gemeinsam mit der Truppe eine Identität und damit eine zentrale Voraussetzung für den gemeinsamen Erfolg
zu schaffen?

Hierarchie

Zunächst einmal braucht jedes Team eine Hierarchie. Es
muss Leader geben und Mitläufer, laute und leise Persönlichkeiten, Führungsspieler und Einwechselspieler. Diese Hierarchisierung ist einer der Ausgangspunkte jeder Teamidentität,
sie zu fördern und transparent zu machen ist eine zentrale
Aufgabe für jede Führungspersönlichkeit. Nichts ist schlimmer, als wenn sich Spieler die Frage »Warum ich?« oder
schlimmer noch »Warum nicht ich?« stellen. Hierarchien
können sich durch natürliche oder faktische Gegebenheiten
entwickeln, zum Beispiel durch Erfahrung (viele Länder-
spieleinsätze) oder Erfolg (überragende Leistung). Hierarchien müssen auch bewusst entwickelt und gesteuert werden.
Ich habe sie als Trainer gefordert und gefördert, habe nie einen Hehl daraus gemacht, dass ich Führungsspieler intensiver zurate ziehe als Newcomer. Wichtig ist dabei, dass alle
wissen und anerkennen, dass eine solche Hierarchie, ebenso
wie die Identität einer Mannschaft, sich permanent weiterentwickelt. Durchlässigkeit ist ein Leitmotiv kluger Hierarchien.
So habe ich in meinen Spielerrat oft ganz bewusst auch junge,
weniger erfahrene Spieler aufgenommen. Insofern ist eine
Rangordnung immer subjektiv und wird in der Konsequenz
von einigen auch immer als ungerecht empfunden werden.
Damit sich trotzdem alle dieser Hierarchie und dem daraus

abgeleiteten Teamgeist verpflichtet fühlen, habe ich mir gemeinsam mit den Teampsychologen immer wieder Maßnahmen ausgedacht, um meine Teams aktiv zu formen.

Der Einzelne und die Gemeinschaft

Als Trainer sah ich es immer als meine Aufgabe, nicht allein die körperliche oder taktische Leistung der einzelnen Spieler zu fördern – ich fühlte mich stets auch verantwortlich für das Zusammenleben und Zusammenfinden des Teams. Ich war und bin der festen Überzeugung, dass Teamidentität nicht auf das Spielfeld begrenzt ist oder mit dem Schlusspfiff endet. Denn auch außerhalb des Spielfeldes galt es zu verinnerlichen: Alle, auch jene, die in der Hierarchie des Mannschaftsverbandes nicht oben stehen, werden für den Erfolg gebraucht. Um zu erläutern, was ich meinte, wenn ich von der Stärke unserer Gemeinschaft sprach, habe ich immer wieder die faszinierenden Bilder von Boxenstopps bei der Formel 1 gezeigt. Innerhalb von wenigen Sekunden dokumentiert das Team unter höchstem psychischem Druck seine Stärke – damit der Einzelne siegen kann. Jeder spürt, jeder weiß, dass nur das Zusammenspiel aller in dieser Situation Erfolg verspricht. Oder ich zeigte das reibungslose Ineinandergreifen eines Ruderachters in bewegten Bildern, wie das Boot bei vollstem Tempo und absolut synchroner Schlagarbeit scheinbar ohne Mühe über das Wasser glitt. Diese Metaphern setzten sich in den Köpfen meiner Spieler fest, sie sprachen mich immer wieder darauf an.

Zur gegenseitigen Vertrauensbildung übten wir in kleinen und größeren Gruppen, was es heißt, sich aufeinander verlassen zu müssen. An Steilwänden sicherten sich die Spieler beim Klettern, beim Zweisitzer-Kajak konnte nur miteinander das Ziel erreicht werden. Die Metaphern, die aus solchen Übungen hängen blieben: »sichern«, »vertrauen«, »helfen«, »Abhängigkeit« oder »Partnerschaft« empfand ich als entscheidend für das Teambuilding. Ich bin zutiefst davon überzeugt, dass solche Übungen das Vertrauensverhältnis der einzelnen Teammitglieder zueinander stärken, aber auch das Bewusstsein fördern, dass das Team abhängig ist von der Leistungsfähigkeit jedes Einzelnen, wie die Klettergemeinschaft am Seil an der Steilwand – ob er nun auf dem Spielfeld dabei ist oder zunächst auf der Einwechselbank sitzt oder – ohne die Möglichkeit, eingewechselt zu werden – auf der Tribüne.

Die Stärke der Mannschaft erwächst *nur* aus der Stärke jedes Einzelnen. Das war eines der Grundprinzipien unserer Identität. Jeder konnte das sehen, nicht nur im Gelände oder an der Kletterwand. In unserem Teambesprechungsraum hingen Tafeln, auf ihnen hatte jeder Spieler die Möglichkeit, die Stärken der Kollegen zu beschreiben. Jeder Spieler hatte seine eigene Tafel.

Maßnahme

Eigenverantwortung

Das Angebot an Aktivitäten, das ich als Trainer, gemeinsam mit meinen Mitarbeitern, dem Team immer wieder machte, war nur ein, vermutlich nur der kleinere Teil des Teambuilding-Prozesses. Viel wichtiger war mir, dass die Spieler auch jenseits dieses Angebots, ja auch ohne mich als Trainer, zusammenfanden und aktiv wurden – genau so, wie sie es auch auf dem Spielfeld mussten. Ich versuchte also, Verantwortung zu übertragen – etwa für die Intensität des Trainings (wenn Führungsspieler die mangelnde Trainingseinstellung kritisierten, hatte das eine starke Durchschlagskraft). Natürlich mit dem Ziel, dass dies auch in Wettkampfsituationen dynamisch funktionieren würde. Und in der Tat habe ich mit Genugtuung beobachtet, wie auf und neben dem Feld die Führungsspieler ihre Mitspieler anspornten und positiv pushten, manchmal aber auch heftig angingen. Ich empfand das als extrem wichtig für die Eigendynamik des Teams.

Auch bei den außersportlichen Aktivitäten war mir dieses Eigenleben wichtig. Gerade vor großen Turnieren, wie der WM 2006 in Deutschland, gab es zahllose Möglichkeiten, sich für das Team zu engagieren. So produzierten die Spieler ihre eigene Musik-CD, organisierten Aktionen für die Fans oder unterstützten gemeinsam soziale Projekte.

Leitbilder

Eine mannschaftliche Identität, die sinn- und leistungsstiftende Idee für ein Team, entsteht natürlich nicht an Kletter-Steilwänden. Wirkliches Teambuilding, aus der Mannschaft selbst heraus, muss sich zeigen, indem die Spieler diese Idee formulieren, visualisieren und nach innen wie nach außen kommunizieren. Dabei müssen Fragen beantwortet werden wie: Wie wollen wir auftreten? Was ist uns wichtig? Wie wollen wir von außen, von den Zuschauern und unseren Fans, gesehen werden? Zugegeben, dies alles klar zu formulieren, ist im Sport eher ungewöhnlich.

Entsprechend entwickelte eine Gruppe von Spielern in etlichen Sitzungen ein Leitbild für die Weltmeisterschaft 2006 und stellte es dem Team vor. Sie präsentierten, gewissermaßen als unser Wappentier, einen gefräßigen, torhungrigen Adler. Sie beschlossen, sich als Mannschaft einen Namen zu geben: »Honama«, kurz für HOckeyNAtionalMAnnschaft. »Der aus dem Deutschen stammende mitteleuropäische Raubvogel, Gattung der Adler, gefräßig, angriffslustig, clever: Achtung Torgefahr! Es gibt nur 18!« Der Name »Honama« für das WM-Team 2006 war geboren. Das Tier und seine Eigenschaften begleiteten uns auf all unseren Trainingsklamotten, Taschen, T-Shirts und Kappen. Auch diese Marketingaktionen hatten die Spieler selbst organisiert. Wir waren mehr als ein Team, wir hatten eine Identität, an der wir uns besonders in schwierigen Momenten immer wieder orientieren konnten. Auf viele mag dies albern gewirkt haben, meine Jungs jedoch,

Limburger Manifest

Als Mitglieder der Deutschen Herren-Hockey-Nationalmannschaft bekennen wir uns zu folgendem Ziel:

Wir werden bei der Weltmeisterschaft 2002 in Malaysia die **Goldmedaille** gewinnen und damit erstmals **Weltmeister** werden.

Um dieses Ziel zu erreichen, bekennen wir uns zu folgenden Werten:

- Wir haben einen ausgeprägten <u>Teamgeist</u>. Wir halten zusammen und treten als geschlossene Mannschaft auf.

- Wir bleiben <u>locker</u>, auch in brenzligen Situationen.

- Wir arbeiten nicht nur hart für den Erfolg, wir haben auch viel <u>Spaß</u> dabei.

- Wir spielen ein <u>schnelles, geiles Hockey</u>.

- Wir geben jedem Spieler Raum für seine <u>Individualität</u>.

- Wir spielen <u>aggressiv</u> und zugleich <u>diszipliniert</u>.

Mit meiner Unterschrift bestätige ich, dass ich meine ganze Kraft dafür einsetze, das genannte Ziel zu erreichen und die Werte der Mannschaft zu verwirklichen.

Leipzig, den 1.6.2001

das spürte ich, waren über alle Maßen motiviert. »Honama« war ihr Ding, für (die) »Honama« taten sie alles. Keine noch so gute Idee von mir hätte ähnliche Wirkung gehabt.

Nicht jede meiner Mannschaften wäre in der Lage gewesen, aus eigenem Antrieb heraus eine solche identitätsstiftende Maßnahme zu entwickeln. Bei früheren Turnieren, insbesondere vor unserem ersten WM-Titelgewinn 2002, aber auch vor den Olympischen Spielen 2004, wo wir die Bronzeme-

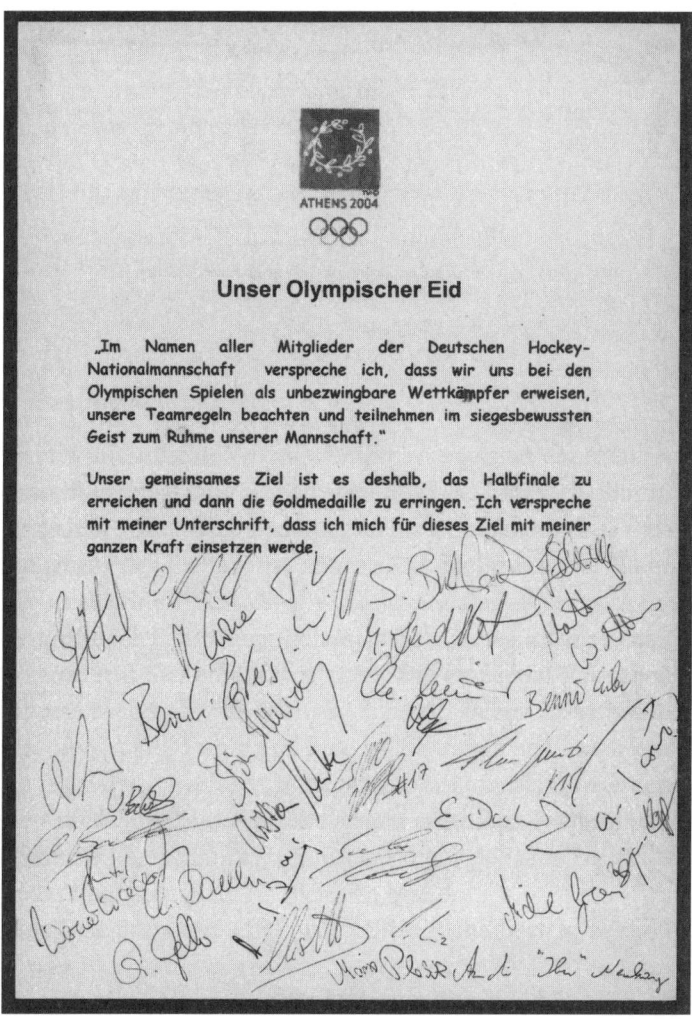

Unser Olympischer Eid

„Im Namen aller Mitglieder der Deutschen Hockey-Nationalmannschaft verspreche ich, dass wir uns bei den Olympischen Spielen als unbezwingbare Wettkämpfer erweisen, unsere Teamregeln beachten und teilnehmen im siegesbewussten Geist zum Ruhme unserer Mannschaft."

Unser gemeinsames Ziel ist es deshalb, das Halbfinale zu erreichen und dann die Goldmedaille zu erringen. Ich verspreche mit meiner Unterschrift, dass ich mich für dieses Ziel mit meiner ganzen Kraft einsetzen werde.

daille errangen, haben wir in unterschiedlicher Form solche Leitbilder und Zielvereinbarungen für das Team gemeinsam mit den Spielern erarbeitet. Vor der WM 2002 ging es dabei eher um das Wesen unseres Spiels, wir einigten uns genau darauf, was für uns Teamgeist bedeutete. Auf einem Lehrgang im Jahr 2001 entstand das »Limburger Manifest«.

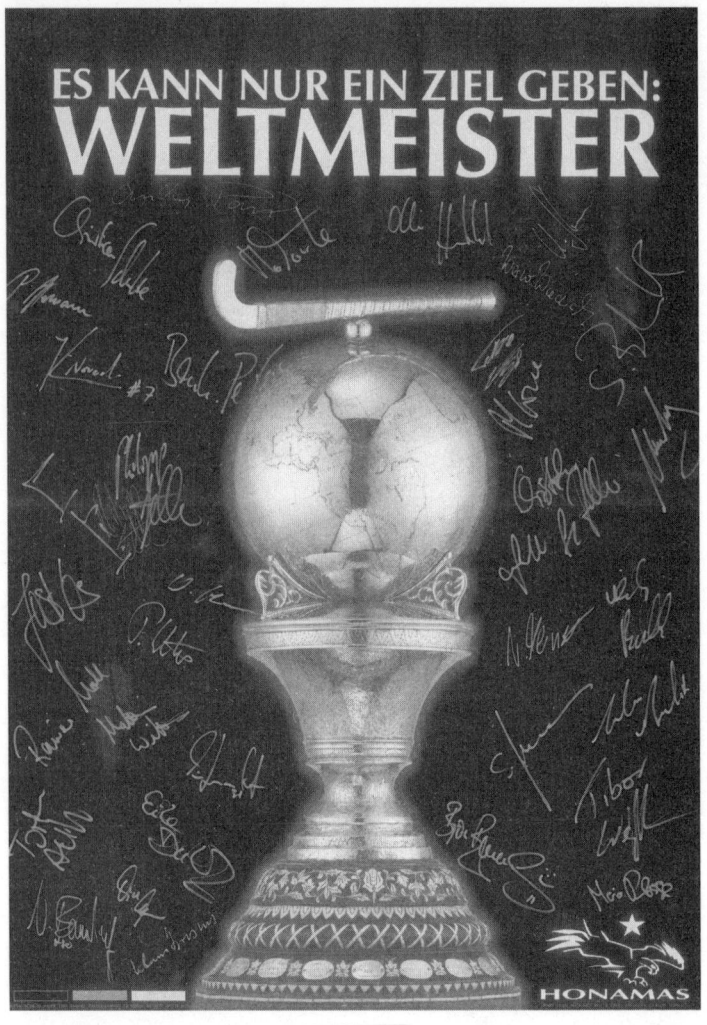

Interessant ist nun der Vergleich mit einer ähnlichen Zielvereinbarung vor den Olympischen Spielen von Athen 2004.
Wir diskutierten intensiv mit dem Team wieder eine schriftliche Zielvereinbarung, wir nannten sie »Olympischer Eid«.

Ich war damit nicht voll zufrieden, denn in dieser Zielvereinbarung war der unbedingte Wille zu siegen eingeschränkt.

Das Halbfinale als Ziel entsprach nicht meiner persönlichen Zielvorgabe, dem Gewinn der Goldmedaille. Einige Mitglieder des Teams hielten diese Vorgabe für unrealistisch, und so habe ich mich gefügt, denn es war mir wichtig, dass auch in diesem Punkt die authentische, ehrliche Gefühlslage des Teams zum Ausdruck kam. Das Ergebnis ist bekannt. Wir wurden Dritter.

Vor dem WM-Turnier 2006 sah die Sache dann schon wieder anders aus. Die Spieler hatten, gemeinsam mit mir, in Indien bei der Champions Trophy knapp ein Jahr vorher, über das Ziel diskutiert. Alle waren sich einig: Wir sind nicht Favorit auf den Weltmeistertitel. Aber wir haben ein tolles junges Team, und wir würden erstmals eine WM im eigenen Land in unserem wunderbaren neuen Stadion spielen. Stürmer Matthias Witthaus fasste dann für alle die Gesprächsrunde, in der wir das gemeinsame Ziel definiert hatten, zusammen: »Es kann nur ein Ziel geben – wir wollen 2006 Weltmeister in Mönchengladbach werden.« Björn Emmerling kam dann mit einem farbigen DIN-A1-Poster zum nächsten Lehrgang. Darauf zu sehen war in großem Format der Weltpokal, darüber stand der Satz: »Es kann nur ein Ziel geben – Weltmeister.« Alle haben auf dem Poster unterzeichnet. Sie haben – wir haben – das Ziel erreicht.

FORMEN – GRUNDSÄTZLICHE ANMERKUNGEN

Wer ein Team erfolgreich führen will, hat zwei zentrale Orientierungspunkte, an denen er im Hinblick auf die Leistungsmaximierung seine Maßnahmen ausrichten sollte. Zum einen jeden Spieler als Individuum, zum anderen das Team als die Summe dieser Individuen. Wem es als Führungspersönlichkeit gelingt, in beide Richtungen zu agieren, die Spieler als Einzelpersonen zu begleiten (vergleiche Abschnitt »Begleiten: Verantwortung weist den Weg«) und das Team als Ganzes zu formen, hat seine Führungsfähigkeiten optimal eingesetzt.

Einen der beiden Bereiche zu vernachlässigen hingegen schwächt sowohl das individuelle als auch das kollektive Leistungsvermögen: Ein Spieler, der nicht weiß, worin seine ganz speziellen, einzigartigen persönlichen Stärken liegen, wird diese im entscheidenden Moment kaum abrufen können und damit immer unter seinen Möglichkeiten bleiben. Er wird als Einzelner keine Höchstleistung erbringen und damit sein Team schwächen (siehe auch Abschnitt »Motivieren: Führung muss bewegen«). Das Gleiche gilt für jede gemeinsam auf ein Ziel hinarbeitende Gruppe, für Mannschaften und Teams. Wer also ein Team zum Erfolg führen will, muss sowohl den einzelnen Mitgliedern als auch der Gruppe zu einer Identität verhelfen. Er muss die Gruppe dabei genauso betrachten wie jeden Einzelnen ihrer Mitglieder. So wird, im Idealfall, die Gruppe stärker sein als die Summe ihrer Einzelteile.

Diesen Prozess nennt man »Teamentwicklung« oder »Teambuilding«, etwas allgemeiner gefasst kann man auch hier von »Personalentwicklung« sprechen.

Kommunikation und Kooperation

Die beiden entscheidenden Komponenten bei der Entwicklung von Teams aller Größen sind Kommunikation und Kooperation.

Auch beim Teambuilding liegt der Schlüssel zum Erfolg in der *Kommunikation*, handelt es sich dabei doch um einen interaktiven Prozess, bei dem die Teammitglieder und die Führungsperson immer wieder ihre Rollen wechseln. Mal sind sie »Sender«, mal »Empfänger«. Es handelt sich hierbei also um einen nur beschränkt hierarchischen Führungsprozess, wobei die Führungspersönlichkeit die Pflicht des ersten (kommunikativen) Schritts hat. Und nicht nur das: Durch die

Auswahl der Teammitglieder werden sowohl die Kommunikation als auch die Maßnahmen zur Teamentwicklung entscheidend geprägt. Daher spielt auch die zweite Komponente eine entscheidende Rolle: die *Kooperation*. Sie findet sowohl zwischen den einzelnen Teammitgliedern als auch zwischen dem Team und seinem Anführer statt. Dieser versteht sich in jedem gut funktionierenden Teambuilding-Prozess als Impulsgeber, nicht als Diktator, als Anstifter, nicht als Kontrolleur. Er greift dabei auf seinen »Wissensvorsprung« zurück: Nur er kennt alle Spieler oder Mitarbeiter einzeln wirklich gut und somit auch die Schnittmenge ihrer Anlagen und Eigenschaften. Er wird daher immer versuchen, die Truppe in Richtung dieser Schnittmenge zu steuern. Die Identität eines Teams voller aufstrebender, selbstbewusster Mitglieder wird eher eine fordernde, aggressive sein, wie die Hockeynationalmannschaft aus dem WM-Jahr 2006 beweist. Werden die eigenen Möglichkeiten eher geringer bewertet, wird sich ein Team eher zurückhaltender zum eigenen Selbstverständnis äußern, wie die Zielvereinbarungen vor den Olympischen Spielen 2004 beweisen. Als Anführer eines Teams ist man gut beraten, dieser Selbsteinschätzung der Spieler zu folgen – auch wenn die eigenen Ziele manches Mal anders gesteckt sein können.

Zu unterscheiden ist dabei zwischen klassischen Zielvereinbarungen für das Team (wie oben beschrieben: »Es gibt nur ein Ziel – Weltmeister 2006!«) und der die Identität eines Teams beschreibenden und fördernden Maßnahmen (wie das »Honama«-Selbstverständnis, Teambuilding-Aktivitäten). Erstere dienen vor allem dazu, Leistungsbereitschaft und Ehrgeiz anzustacheln, Letztere eher dem Zusammenhalt der Gruppe. Nur die Kombination aus beidem verspricht maximalen Erfolg.

> ❗ • Alle Teammitglieder sollten die Ziele, die sich
> das Team gesetzt hat, unterstützen, sich zu ihnen
> bekennen. Diese Ziele können ein konkretes
> Leistungsziel, aber auch das Wesen der Mann-
> schaft als solches, ihr Auftreten und ihr Selbst-
> verständnis beschreiben.
>
> • Diese Ziele sollten klar formuliert, realistisch,
> zeitlich überschaubar und beständig sein. Eine
> Korrektur der Ziele schadet dem Teambuilding-
> Prozess.
>
> • Die Ziele sollten visualisiert, buchstäblich für
> jeden ersichtlich sein (Tafeln, Schaubilder in den
> Gruppenräumen).
>
> • Ein regelmäßiges Feedback ins Team hinein ist
> notwendig: Wo stehen wir? Was müssen wir tun,
> um die Ziele zu erreichen?
>
> • Identitätsstiftende Maßnahmen müssen weiter-
> entwickelt, mit immer neuen Inhalten gefüllt
> werden (Freizeitaktivitäten, Symbole etc.).

Begleiten: Verantwortung weist den Weg

Ein Beispiel aus der Praxis

Jamie Mülders kam 1990 im Alter von zwölf Jahren aus
dem kleinen Ort Büderich nach Krefeld zu meinem Heimat-
verein, dem CHTC Krefeld. Ich war damals dort Trainer der
A-Jugend.

Nicht nur mir fiel sofort die ungeheure Begabung auf, die
Jamie mitbrachte. Er war ein heiterer, sensibler Junge mit
dunkler Hautfarbe, sein Vater stammte aus Äthiopien, seine

Mutter war Deutsche. Jamie wuchs ab dem dritten Lebensmonat bei seiner Oma auf, die sich hingebungsvoll um ihn kümmerte, ihm aber den Halt einer intakten Familie naturgemäß nicht bieten konnte. Diese komplizierte Situation hatte, davon war ich überzeugt, großen Einfluss auf sein Wesen: Er war schnell zu begeistern, reagierte oft über, war in Wahrheit wenig selbstbewusst, äußerst sensibel, leicht verletzlich und daher oft schon bei kleinen Schwierigkeiten am Boden zerstört. Aufgrund seiner Hautfarbe wurde er oft gehänselt, teilweise beschimpft. Nicht nur mir fiel auf: Jamie fehlten Geborgenheit, Stetigkeit, Ruhe, Anerkennung und eine Portion Durchhaltevermögen – im Sport wie im Leben.

Ich weiß nicht, ob es Zufall war, jedenfalls habe ich seinen sportlichen Weg von Anfang an begleitet: als Jugendtrainer in Krefeld, später in den Auswahlteams des Deutschen Hockey-Bundes. Doch das war es nicht, was unsere Beziehung ausmachte. Ich spürte, dass seine Entwicklung nur dann erfolgreich sein würde, wenn es in beiden Bereichen, dem Sport und dem Alltag, gleichermaßen bergauf gehen und Jamie als Persönlichkeit auf dem Platz wie im Leben reifen würde. So beschloss ich, den Lebensweg des Jamie Mülders mit zu begleiten.

Heute weiß ich, wie anmaßend und zugleich wie richtig das war. Jamies sportliche Ziele waren klar: Er wollte ein Hockeyspieler der Weltklasse werden. Seine Pläne für Schule und Ausbildung hingegen waren mehr als diffus. Schon dass er – nach unendlich viel Zureden – das Fachabitur bestand, war keine Selbstverständlichkeit. So ging es im Sport Schritt für Schritt voran: Er spielte in der Nationalmannschaft der unter 18 Jahre alten Spieler (U18), später dann in der von mir geführten U21. Die Späher der großen Vereinsmannschaften wurden auf ihn aufmerksam. Als er ein Angebot des UHC Hamburg erhielt, zog es ihn – gegen meinen Rat – dorthin.

Meine Skepsis sollte sich – leider – schnell bestätigen: Es war im Frühjahr 1996, als Jamie mir offenbarte, dass ihm

»alles über den Kopf« wachse. Der Start in Hamburg, die neue Umgebung, der anspruchsvollere Verein, nicht zuletzt die Handelsschule, an der er sich ausbilden ließ. Hinzu kam, dass ich ihn immer wieder ermahnt hatte, sich zwischen den Lehrgängen – zusätzlich zum Training im Verein – für die Nationalmannschaft mit Extraeinheiten weiterzuentwickeln.

Unser Gespräch damals ist ihm und mir noch ganz präzise in Erinnerung, denn für uns beide stand viel auf dem Spiel. Jamie erinnert sich: »Direkt nach dem Länderspiel gegen Pakistan in Hamburg hast du mich zur Seite gezogen und mir erklärt, ich solle mich jetzt erst mal nur um die Schule und mich selbst kümmern.« Ich hatte mich entschlossen, diesem Jungen eine Sonderrolle im Team zu gestatten, sein Leben als Ganzes zu begleiten und nicht nur seine sportliche Entwicklung: »Wenn du die Schule packst, bist du auf alle Fälle bei der Europameisterschaft im Sommer dabei«, sagte ich ihm. Ich hatte gerade einen Spieler nominiert, von dem ich nur vermuten konnte, wie er sich persönlich und sportlich entwickeln würde. Später wurde mir klar, dass dies keine Geste der Mitmenschlichkeit, sondern eine – zugegeben risikoreiche – Form von Führung war.

Ich wollte es wissen: Bei jedem Lehrgang und in regelmäßigen Telefonaten habe ich Jamie auf die Noten in der Handelsschule und seine komplizierte persönliche Situation in Hamburg angesprochen. Ich fragte ihn immer wieder konkret nach seinen schwierigsten Fächern, bot dafür Nachhilfe an, ließ mir seinen genauen Wochenplan zeigen und versuchte ihn weiter positiv zu steuern. Es gelang mir in seiner Hamburger Phase noch nicht! Ich war mit mir unzufrieden.

Bald merkte Jamie selbst, dass diese Stadt ihn sportlich wie menschlich überforderte, und er wechselte 1997 nach Berlin. Nach der Junioren-WM im selben Jahr wurde Jamie durch Paul Lissek, den damaligen Bundestrainer, nicht für das A-Team nominiert. Er war als Nationalspieler der Junioren für sein Team eine Autorität gewesen, jetzt aber drohte mein Projekt der Lebensbegleitung zu scheitern: Jamie schmiss wieder seine Ausbildung. Als ich dann 2000 selbst Bundestrainer wurde, wusste ich, dass ich Jamie unbedingt in mein Team zurückholen wollte.

Doch knüpfte ich diese Einladung an knallharte Bedingungen. Sowohl im Beruflichen als auch im Privaten durfte die Zusatzbelastung keine Krisen auslösen. Dies ließ ich mir von ihm und auch seinem privaten Umfeld bestätigen. Außerdem bekam er von mir die Aufgabe, außerhalb der normalen Trainingseinheiten viele Extraschichten zu schieben, da die Intensität des Trainings bei einem Zweitligisten wie Blau-Weiß Berlin nicht ausreichte, um das Leistungsniveau der Nationalmannschaft wiederzuerlangen.

Nach weiteren Irrfahrten und nach langen Diskussionen mit mir erkannte er, dass auch dies für ihn nicht das Richtige sei. Jetzt musste ich alles auf eine Karte setzen: Gemeinsam mit ihm wohlgesinnten Menschen gelang es uns, für ihn in Berlin eine Stelle als hauptamtlicher Jugendtrainer und sportlicher Leiter für den Hockeybereich von Blau-Weiß Berlin zu schaffen.

Neben der praktischen Ausbildung zum Hockeytrainer, das war mir wichtig, forderte ich von ihm auch den theoretischen Teil des Diplom-Trainer-Studiums an der Kölner Trainerakademie. Es schien mir unerlässlich, dass er sich nicht allein auf seine Leistung auf dem Platz konzentrierte, sondern auch an der Entwicklung seiner Persönlichkeit jenseits des Sports arbeitete.

In der Arbeit mit den Jugendlichen hat er jetzt seit 2002 seine Berufung gefunden, das Studium an der Akademie in Köln betreibt er gleichzeitig mit vollem Einsatz.

Oft hat Jamie mir gesagt, wie dankbar er mir sei. Doch auch ich habe profitiert: Ich habe erfahren, was es bedeutet, als Trainer, als Vorgesetzter einen Spieler als Menschen ständig intensiv zu begleiten. Ich wollte hohe Verantwortung übernehmen, bin ein erhebliches Risiko eingegangen – wir haben gemeinsam einen Weg gefunden. Am 9. März 2002 stand Jamie Mülders als linker Verteidiger im Team des Deutschen Hockey-Bundes, das Weltmeister wurde. Heute sind wir weiter gute Freunde. Und auch, wenn wir beide keine gemeinsamen sportlichen Ziele mehr haben, fragt Jamie mich noch oft um Rat.

Verantwortung weist den Weg

Ich habe die Geschichte von Jamie Mülders erzählt, um aufzuzeigen, was »begleiten« als Führungsform bedeutet, welch überaus große Wirkung das über den Sport hinausgehende Engagement eines Trainers auf die Leistung eines Spielers haben kann. Ich habe diese Geschichte nicht erzählt, um den Eindruck zu erwecken, dass zu der ohnehin emotional aufwendigen Führungsarbeit notwendigerweise auch intensive Zuwendung bei persönlichen Problemen gehört. Eine Situation wie jene mit Mülders hatte ich so intensiv in meiner ganzen Laufbahn kein zweites Mal.

»Begleiten« ist für mich eine ganz zentrale, ganz und gar nicht zufällige Form der emotionalen Führung. »Begleiten« lässt sich daher keinesfalls auf die persönliche Umfeldbetreuung reduzieren. Das Begleiten der Spieler ging einher mit der Übernahme von Verantwortung für sie auch jenseits des Sports. Dies hatte, neben der zwischenmenschlichen, vor allem immer auch eine dezidiert ziel- und leistungsfördernde Komponente – und war damit Teil meines ganzheitlichen Führungsansatzes. Da sich diese »Methode« im Lauf meiner Trainerlaufbahn auf ganz unterschiedliche Weise aber immer wieder bewährt hat, konnte ich daraus für mich eine Theorie herleiten. Diese Theorie gründet auf drei ganz grundsätzlichen Annahmen.

Erstens: Nur wer die Menschen, für die er als Führungsfigur verantwortlich ist, als Gesamtpersönlichkeiten wahr- und ernst nimmt, wird sie zu maximaler Leistung motivieren können. Die letzten zehn Prozent Engagement, die über das normale Maß hinausgehende Leistungsbereitschaft, auf die es im entscheidenden Moment ankommt, liefert das Herz.

Zweitens: Die Betätigungen der Spieler jenseits des Sports, die Ausbildung, der Beruf, die Partnerschaft, auch Hobbys, all dies sollte ein Trainer nicht nur tolerieren, er sollte vielmehr jede Tätigkeit und Beschäftigung aktiv unterstützen und begleiten, die der Horizonterweiterung und damit der geistigen Flexibilität seiner Spieler dient. Daraus ergibt sich:

Drittens: Ein Spieler, der sich neben seinem (Leistungs-)Sport noch an anderer Stelle im Leben engagiert und exponiert, wird unter extremer Belastung auf dem Spielfeld die richtigen Entscheidungen fällen, aufkommendem Druck besser standhalten und sich auch auf überraschende Situationen flexibler einstellen.

Die Mehrdimensionalität eines Lebensentwurfes schlägt sich folglich ganz unmittelbar auf dem Spielfeld nieder. Ein kluger Trainer wird also entsprechende Wünsche seiner Spieler nach geistiger oder auch sozialer Betätigung nicht mit dem Verweis auf seine Ansprüche im sportlichen Bereich abzuwenden versuchen – er wird sie stattdessen fördern und sich bemühen, das außersportliche Engagement des Menschen mit seinen Anforderungen an die Leistung des Spielers in Einklang zu bringen. So habe ich es immer gehalten – und für mich das System einer »dualen Laufbahnplanung« entwickelt.

Die Schnittmenge zwischen der Ausbildung im Sport und jener im Studium oder im Beruf ist dabei ganz offensichtlich: Verantwortung, Disziplin, soziale Kompetenz, Teamfähigkeit, Solidarität und Flexibilität sind die Schlüsseltugenden in allen leistungsorientierten Lebensbereichen. Wer diese Tugenden in den jeweiligen Bereichen seines Lebens – auf durchaus unterschiedliche Weise – ausbildet, wird davon auf allen Ebenen profitieren: Das Ganze wird größer als die Summe der

Teile. Das »Niveau« der Tätigkeit spielt dabei im Übrigen gar keine Rolle: Eine Schreinerlehre kann eine solche Entwicklung ebenso befördern wie ein Medizinstudium, ein freiwilliges soziales Jahr, ein Sprachkurs ebenso wie die Ausbildung auf einem Eliteinternat.

Der Umgang mit Druck ist dabei vielleicht das unmittelbar einleuchtendste Beispiel. Wer sich in seiner Lebenswelt außerhalb des Sports fordert, eigene, ambitionierte Ziele verfolgt, der wird sich mit »eindimensionalem« Stress auf dem Spielfeld leichter tun. Auch mit Konkurrenzsituationen werden Spieler, die eine exponierte Identität außerhalb des Sports haben, leichter umgehen. Eine andere, offensichtlich leistungsfördernde Folge des »dualen Laufbahnprinzips« liegt im Bereich der Flexibilität: Wer gezwungen ist, auch außerhalb des Spielfelds Entscheidungen zu treffen, wer in seinem Kopf – mindestens – zwei verschiedene Lebens- und Entscheidungsbereiche koordinieren muss, der ist natürlich auf die zahlreichen unvorhersehbaren Situationen, die ein Mannschaftssport wie Hockey mit sich bringt, ausgezeichnet vorbereitet – und auf entsprechende Anforderung in Studium oder Beruf ebenso.

Das Ventil öffnet sich also idealerweise in beide Richtungen. Ein doppelter »Selbstbewusstseins-Transfer« in Richtung Sport und vom Sport ins »richtige Leben« ist die Folge. Nach konzentrierten Ausflügen in geistige oder jedenfalls nicht körperliche Betätigungen habe ich die Spieler oft mit freiem Kopf und hoher Motivation bei Lehrgängen oder Länderspielen in Empfang genommen. Folglich habe ich diese »Nebentätigkeiten« der Spieler aktiv gefördert, nicht nur toleriert. Der Aufbau und die Begleitung einer zweiten Identität jenseits des Sports waren also ein strategisch wichtiger Baustein in meiner streng leistungsbezogenen Arbeit. Das Ergebnis gab mir recht: Das Selbstwertgefühl der jungen Persönlichkeiten entwickelte sich über die Grenzen der beiden Identitäten hinweg.

Spätestens jetzt ist es aber Zeit, darauf hinzuweisen, dass diese »duale Laufbahnplanung« für alle Beteiligten eine ungeheure Disziplin, ein penibles Zeitmanagement erfordert und zwischenzeitlich durchaus Entbehrungen mit sich bringt: Wer die zweite Identität eines Sportlers fördert, muss gelegentlich – beispielsweise, wenn Prüfungen im Studium anstehen – auf ihn verzichten.

Zwei Beispiele können verdeutlichen, dass es beim »Begleiten« eben nicht nur, wie im Fall von Jamie Mülders, um sehr persönliche Lebensplanung gehen muss:

Björn Michel, unser Top-Eckenschütze, absolvierte bis zu den Olympischen Spielen 2004 parallel zu seinem Leistungssport sein Medizinstudium. In den heißen Monaten vor der WM 2002 lernte er für das Physikum. Heute ist er schon lange ein angesehener Mediziner. In dieser Zeit der Prüfungsvorbereitung hatte er, geschützt durch mich, eine Sonderrolle im Team. Ich verpflichtete ihn lediglich, an den Trainingseinheiten teilzunehmen, von den wichtigen täglichen Besprechungen und den gemeinsamen Freizeitprogrammen stellte ich ihn frei. Da zog er sich zurück, um zu studieren. Alle wussten das, alle tolerierten das. Ich erkundigte mich immer wieder nach dem Fortgang seines Studiums und dokumentierte damit mein ehrliches Interesse, ihn auf diesem »Doppelweg« zu begleiten. Er war in der Lage, sich auf beiden Feldern intensiv mit den Anforderungen auseinanderzusetzen. Die Erfolge in beiden Bereichen sind der Beleg.

Dann gab es noch Philipp Crone, mit 342 Länderspielen bis heute Rekordnationalspieler. Er besuchte bis 2004 einen Studiengang zum Diplom-Biologen, um sich danach an der renommierten Journalistenschule in München einzuschreiben. Er fehlte bei etlichen Lehrgängen immer wieder einige Tage, so auch Ende 2005 und 2006 vor der Weltmeisterschaft. Ich hatte da als Trainer einige Kompromisse zu machen, weil er mir natürlich auch als Führungsspieler für unser junges

Team im Trainingsprozess stark fehlte. Philipp Crone übernahm die große Verantwortung für sich und seine Leistung, die ich ihm übertragen hatte, mit Bravour, trainierte gezielt für sich alleine, bestand außerdem alle Prüfungen an der sehr fordernden Journalistenschule. Auch in seinem Fall interessierte ich mich nicht nur für die Sonderschichten, die er schob, um sich fit zu machen. Vielmehr haben wir oft und intensiv über die Herausforderungen im journalistischen Bereich gesprochen. Philipp gehörte dann zu den großen Leistungsträgern beim Gewinn der Weltmeisterschaft 2006. Heute kann er zwischen Angeboten unterschiedlicher Medien auswählen, um sich seinen Berufswunsch »Journalist« zu erfüllen.

Der naheliegendste und gleichzeitig unsinnigste Einwand gegen das Prinzip der »dualen Laufbahnplanung« ist übrigens der Hinweis auf den Profisport als vermeintliche Vollzeitbeschäftigung. Gewiss, Hockey ist in seiner ganzen Struktur keine Vollerwerbstätigkeit, trotzdem ist der Aufwand für Spieler, die internationalen Maßstäben gerecht werden wollen, äußerst hoch, mit dem von professionellen Athleten durchaus vergleichbar. Sehr viel häufiger als beispielsweise bei den Fußballprofis gibt es an vielen Tagen im Jahr Lehrgänge, Turniere und Länderspiele. Andererseits zeigt mir mein in diesem Punkt doch hinreichender Einblick in den Profifußball, dass die meisten Spieler dort weit entfernt von einem »Fulltime-Job« sind. Wer also als Trainer von Berufssportlern das Prinzip der »dualen Laufbahnplanung« für sich als leistungsfördernd erkennt, der wird, nach meinem Eindruck, Wege finden, um seinen Schützlingen dies zu ermöglichen – auf dass diese sich weiterbringen wie auch ihr Team.

Wie schön es war, Weltmeister zu werden: Peters, glücklich, nach dem WM-Triumph zum Abschluss seiner Laufbahn

Trainer brauchen Trainer: Peters mit Co-Trainer Torsten Althoff

Schluss! Aus! Vorbei! Nach dem WM-Sieg 2006 im Hockeypark in Mönchenglad-bach lässt die Hockey-Nationalmannschaft ihren Trainer Bernhard Peters hochleben und eine Ehrenrunde drehen.

Keine Maßnahme ohne Grund: Peters beim Einzel-Coaching mit Tibor Weißenborn.

Verantwortung weist den Weg: Der Trainer setzt dem Führungsspieler Emmerling den Hut auf.

Wer führen will, muss sich führen lassen:
Peters referiert vor Managern aus der freien Wirtschaft

Wer mit Menschen arbeitet und sie führen soll, muss auch deren Persönlichkeitsstruktur berücksichtigen, um mit ihnen einen Weg gemeinsam zurücklegen zu können und ein gemeinsames Ziel zu erreichen. Den Vorgang der Personalführung und -entwicklung soll hier mit dem Begriff »Begleiten« umschrieben werden.

Der Vorgang des »Begleitens« basiert auf einigen Prämissen, an denen sich jede Führungspersönlichkeit orientieren kann:

- Jeder Mensch weist in seiner Persönlichkeit Merkmale auf, die seinen Aufgaben, den an ihn gestellten Anforderungen gegenübergestellt werden können.
- Jeder Mensch strebt danach, dass seine Interessen und Bedürfnisse durch das, was er tut, befriedigt werden.
- Durch den beschleunigten Wandel in zahlreichen Lebensbereichen wird von jedem Einzelnen die Fähigkeit und Bereitschaft abverlangt, sich an Veränderungen von außen anpassen zu können und aus ihnen zu lernen, um sich weiterzuentwickeln.

Die klassische Form der Personalentwicklung, des Begleitens von Teammitgliedern, erstreckt sich auf vier Kernkompetenzfelder, die eine Führungspersönlichkeit abdecken muss:

- Fachkompetenz (die Fähigkeit, alle für das Fachgebiet notwendigen Informationen zu speichern und zu transferieren)
- Methodenkompetenz (kognitive Fähigkeiten, die es ermöglichen, flexibel und langfristig auf sich verändernde Konstellationen reagieren zu können)
- Sozialkompetenz (die Fähigkeit, die sich auf kommunikative und kooperative Aspekte zwischen Teammitgliedern und Führungsperson bezieht)

- Personkompetenz (die Fähigkeit, die eigenen Handlungen, aber auch jene der Teammitglieder emotional steuern zu können)

Die ersten beiden Punkte werden als selbstverständliche Fähigkeiten vorausgesetzt. Ohne fachliche Kompetenz und ohne die Fähigkeit, auf sich verändernde Konstellationen angemessen zu reagieren, sollte man niemandem zutrauen, ein Team zu führen. Und niemand sich selbst.

Das, was die Wissenschaft als »Sozialkompetenz« und »Personkompetenz« beschreibt, macht dann allerdings den Unterschied aus – von der Vorgehensweise, aber auch vom Ergebnis. »Begleiten« bedeutet: Sich einlassen können auf die Persönlichkeit eines jeden Teammitglieds, auf sein soziales Umfeld, seine individuellen Erfahrungen und Möglichkeiten. Begleitung endet dabei nie in dem Moment, wenn gemeinsam ein Ziel erreicht ist. Wer Teammitglieder *dauerhaft* zu Höchstleistungen motivieren will, muss sie auch zwischen den Zeitpunkten begleiten, an denen von ihnen Leistung erwartet wird: Durch wertschätzende Kontaktaufnahmen per Telefon, Mail, SMS, durch persönlichen Kontakt und in speziellen Fällen auch durch einen Brief. Eine besondere Form der Begleitung entsteht, wenn auch in sportfernen Bereichen Unterstützung aller Art angeboten wird. Als Begleiter ist und bleibt eine Führungspersönlichkeit glaubwürdig. Sie kann höchsten Einsatz und absolute Leidenschaft einfordern, da diese auch von ihr selbst erbracht werden. Dennoch sollte Begleitung nie allein als Strategie zur Leistungssteigerung angewandt werden.

Diese Form des Führens ist einerseits (heraus-)fordernd, gleichzeitig drückt sie aber auch höchste Wertschätzung und Respekt gegenüber den Teammitgliedern aus. Das individuelle Vorgehen gibt der begleiteten Person das Gefühl: »Du bist (mir) wichtig.« Diese Botschaft steigert ihre Wirkung noch mehr, wenn sie transportiert wird, obwohl gerade kein

Leistungshöhepunkt oder eine für das Team wichtige Phase unmittelbar bevorsteht. Genau in solchen Momenten vermittelt man besonders glaubhaft: Das Interesse gilt nicht in erster Linie der maximalen Leistung, sondern der persönlichen Entwicklung der begleiteten Person, ihren mittel- und langfristigen Perspektiven. So wird signalisiert, dass man nicht aus einem egoistischen, rein leistungsmaximierenden Motiv heraus handelt und entsprechende Reaktionen hervorruft (»Ja, jetzt, wo er etwas von mir braucht, kümmert er sich um mich«), sondern auch aus echtem Interesse an der Person. So eingesetzt wird Begleitung zu einer starken, äußerst motivierenden Form der Personalführung.

Natürlich kann es auch vorkommen, dass Menschen diese Art der Führung ablehnen oder praktisch nicht darauf reagieren. Dann darf eine Führungspersönlichkeit auf keinen Fall beleidigt oder offen enttäuscht reagieren. Begleiten ist keine Holschuld der Angesprochenen, sondern eine Bringschuld der Führungskraft. Wird das Angebot nicht angenommen, sollte man einen zweiten Versuch wagen. Gibt es wiederum keine Resonanz, verstehe ich das als ein Signal, dass der Lebensentwurf ein anderer ist und man ihn oder sie in dieser Form nicht erreicht. Das ist einerseits eine wichtige Information, andererseits aber auch eine Entscheidung. Begleitung sollte man nicht aufdrängen.

- Sozial- und Personkompetenz sind Voraussetzung, um durch Begleiten führen zu können.
- Begleiten ist ein Prozess, der auf Wertschätzung beruht und gerade auch in Phasen ohne unmittelbaren Leistungsanspruch erforderlich ist.
- Der Begleitende handelt mit Blick auf das soziale Umfeld und die individuellen Möglichkeiten des Einzelnen.

Begleiten heißt nicht belagern, sondern kontinuierlich, mit zeitlichen Abständen den Kontakt auf
verschiedenen Wegen suchen.

• Dauer und Intensität der Begleitung sollten vor
allem vom verbalen oder nonverbalen Feedback
abhängig gemacht werden.

Differenzieren: Individuell statt gleich

Ein Beispiel aus der Praxis

Scharowski. Justus Scharowsky. Das erste Mal nominierte ich
ihn, den damals 22-Jährigen, nach seiner Juniorenzeit für das
Mittelfeld im Jahr 2003. Er war nicht der Überspieler. Begabt,
okay, aber kein Genie am Ball, kein Konditionswunder, keiner, der seine Gegner niederrannte oder geniale Spielzüge
einleitete. Er war auch kein Torjäger. Was war er eigentlich?
Worin bestand sein Wert für das Team? Warum nominierte
ich ihn, wenn er nicht verletzt war, seit diesem ersten Mal fast
immer, wenn ich meinen Kader zusammenstellte? Warum?
Dies ist keine rhetorische Frage, sondern eine, die mir von
vielen Menschen in meinem Umfeld, meinen Trainerkolle-
gen, aber auch von Scharowskys Mannschaftskollegen immer
wieder gestellt wurde. Deshalb kann ich an der Person Justus
Scharowsky am besten erklären, was ich – in der Praxis – unter dem Prinzip des »Differenzierens« verstand.

Ich bin ein sehr pünktlicher Mensch. Manche Leute in meiner Umgebung sagen, ich sei geradezu »preußisch«, wenn es
um das Einhalten von Terminen geht. Unser Teammanager
und mein Freund Dieter Schuermann wagt sogar die These,
dass ich Personen, die knapper als fünf Minuten vor dem ver-

abredeten Termin eintrafen, bereits strafend angesehen hätte. Das kann ich leider nicht zurückweisen. Justus Scharowsky kam nie pünktlich, niemals. Wir hatten uns für Zuspätkommer ein Strichesystem ausgedacht. Pro Minute ein Strich, pro Strich ein Euro in die Mannschaftskasse. Bei einem Fünf-Tage-Lehrgang kassierten wir von Scharowsky meistens mindestens 70 Euro. Normalerweise hätte ich ihn, da diese Art der Bestrafung bei ihm offensichtlich zu keinerlei Lerneffekt führte, nach wenigen Lehrgängen wegen Disziplinlosigkeit feuern müssen – schon allein aus Gründen der Glaubwürdigkeit.

Ich tat es nicht. Ich mochte diesen Scharowsky. Und ich gestattete mir, dass ich dieses Gefühl mit zum Maßstab meiner Entscheidung machte. Er war ein Exot, er war anders als die anderen. Er brachte schon mal 100 sogenannte Wasserbomben, also Luftballons, die man mit Wasser füllen und dann als Wurfgeschosse gebrauchen konnte, mit ins Dorf bei den Olympischen Spielen in Athen – um zur großen Gaudi aller dann eine Wasserschlacht gegen das dänische Damenhandballteam anzuzetteln. Er ließ schon mal alle seine Papiere im Flieger in Johannesburg liegen, woraufhin er den Anschlussflug nach Paris verpasste. Er schlief vor seinem Flug nach Genf nach einem harten Lehrgang um 9.30 Uhr morgens direkt auf einer Bank vor dem Abfluggate ein, verpasste den Flug, wachte nachmittags um 16.30 Uhr wieder auf und bezirzte dann die Leute von der Fluglinie, ihn abends doch noch nach Genf mitzunehmen.

Kurz vor einer Abreise nach einem Turnier in Santiago (Chile) nahm er sich ein Taxi, um in ein kleines »Eingeborenen-Dorf« zu fahren und dort eine dieser Mützen zu erstehen, die auch in Deutschland südamerikanische Straßenmusikanten tragen. Endlich zurück im Hotel stellte er fest, dass er sein Portemonnaie mitsamt allen Papieren bei den Dorfbewohnern liegen gelassen hatte. Und ab ging es, wieder ins Taxi, eine Stunde pro Strecke. Das Portemonnaie war tatsächlich noch da und Scharowsky dann auch irgendwann wieder zurück. Das ganze Team kochte vor Wut, weil alle warten mussten. Einmal erschien er ohne jede Ausrüstung zu einem Lehrgang in Leipzig, weil er am Sonntagabend in Hamburg noch feiern wollte und dort alles vergaß. Ohne, dass ich es bemerkte, musste er sich von Schuhen, Schienbeinschonern bis zum Schläger alles von den Mitspielern leihen, wie er mir einige Jahre später gestand.

Scharowsky blieb allein schon deshalb eher Außenseiter, weil er nie mit der Mannschaft, sondern immer alleine zu Lehrgängen, Länderspielen oder großen Turnieren anreiste.

Aber Scharowsky war auf seine Weise auch genial. Er studierte, neben dem Hockeysport, internationale Wirtschaft in Oxford, Madrid und Paris. Er sprach fünf Sprachen fließend. Und obwohl er seine Mitspieler und den ganzen Betreuerstab oft unendlich nervte mit seinen Extrawürsten, war er im Team beliebt. Ich merkte, dass seine Mitspieler sich an ihm rieben, dass seine Energie auf und jenseits des Platzes etwas Unberechenbares hatte, etwas unheimlich Kreatives, Beflügelndes, Stimulierendes. Etwas, was sonst keiner beisteuern konnte. Meine Führungsspieler, allen voran Florian Kunz und Philipp Crone, nahmen sich ihren Kollegen Justus ein ums andere Mal zur Brust, um ihn auf seine offensichtlichen Disziplinlosigkeiten hinzuweisen. Sein Schuldbewusstsein ist legendär. Die Folgenlosigkeit desselben auch.

Ich hielt an ihm fest, obwohl er selten wichtige Tore geschossen oder entscheidende Vorlagen geliefert hat, wie mir immer wieder vorgehalten wurde. Scharowsky war ein Künstlertyp, wie man nur wenige in einem Team brauchen kann, aber diese wenigen sollte man tolerieren. Dass für ihn in gewisser Weise Sonderrechte galten, habe ich in Kauf genommen, obwohl genau dies für eine Führungsfigur äußerst kompliziert zu kommunizieren war. Ich stand dazu und habe gegenüber allen Kritikern meine Theorie des Differenzierens verteidigt – bis keiner mehr fragte, aber viele, das weiß ich, hinter meinem Rücken den Kopf schüttelten.

Es gab in der Mannschaft und unter den Betreuern unterschiedliche Theorien, weshalb ich so unverbrüchlich an Scharowski (der im Übrigen manchmal richtig starke Leistungen auf dem Platz brachte, dann mal wieder nur Mitläufer war) festhielt. Eine lautete: In jedem Jahrgang gibt es ein oder zwei Ausreißer. Da muss man Bernhard einfach lassen, da ist er stur. Genau, würde ich antworten, so ist es: Die, die ihr Ausreißer nennt, machen das Salz in der Suppe aus. Eine andere Theorie lautete: Bernhard hat Justus deshalb so gemocht, weil er in seinem tiefsten Innern sein wollte wie er, aber wusste, dass er das nie schaffen würde. Auch da, würde ich sagen, ist etwas dran. Aber ich will doch entgegenhalten, dass es mir immer nur um das Wohl und den Erfolg der Mannschaft ging, nicht um meine eigene Psyche.

Übrigens: Seit meinem Abschied als Bundestrainer im Herbst 2006 gab es bis zum Ende des Jahres 2007 etliche Länderspiele und die Europameisterschaft in Manchester. Immer gehörte Justus Scharowsky zum Kader.

Individuell statt gleich

Hockey ist ein Mannschaftssport. Wie in allen Mannschaftssportarten, ja in Teams in allen Bereichen des Lebens besteht zwischen dem Kollektiv und dem Individuum ein Verhältnis wechselseitiger Abhängigkeit. Je stärker die einzelnen Spieler, desto stärker das Team. Doch schon die nächste, vermeintlich genauso zwingende Verbindung zwischen Kollektiv und Individuum ist komplizierter: Die Mannschaft als Ganzes kann sich verbessern, das ist meine feste Überzeugung, aber der entscheidende Fortschritt hängt immer von der Verbesserung der Leistung der einzelnen Teammitglieder ab. So ist das Team, das Kollektiv, gewissermaßen nur ein virtuelles Gebilde. Die Existenz, das Auftreten, die Leistung, der Erfolg dieses Kollektivs sind abhängig von der Entwicklung der Spieler als Individuen. Diese Individuen auszuwählen, zu fördern und zusammenzufügen, wie die Steine eines Mosaiks oder die Töne eines Musikstücks, ist die Aufgabe eines Trainers oder jeder Führungsfigur, die mit einem Team arbeitet.

In meiner Arbeit als Trainer habe ich auf dieses Verfahren immer enorm viel Zeit, Aufmerksamkeit und Energie verwendet. Auswählen – das bedeutete für mich nie das Zusammenrufen der stärksten Spieler. Auswählen, das bedeutete für mich genaueste Beobachtung und Analyse der Stärken und Schwächen der infrage kommenden Spieler – im sportlichen, aber auch im charakterlichen Bereich.

Auswahl bedeutete also nicht Gleichmacherei, nicht gleiches Recht für alle, Auswahl bedeutete: Differenzieren.

Ich legte für jeden Spieler ein individuelles Profil seiner Anlagen, seiner Qualitäten und auch seiner Defizite an. Diese Profile waren dann die Koordinaten des Gesamtsystems »Mannschaft«.

Welches aber waren die Kriterien für die Bewertung der einzelnen Spieler? Der Ausgangspunkt meiner Überlegungen in diesem Bereich war immer die Individualität. Bei einem Kader von 25 Spielern hatte ich es mit 25 ganz eigenen Charakteren und Biografien zu tun. Diese Biografien nicht nur zu kennen, sondern die Spieler aus dieser Kenntnis heraus differenziert zu führen, war immer mein Ziel. Wie waren die Jungs aufgewachsen, in welchem familiären Umfeld fanden sie zu ihrer Sportart, wie verlief die Ausbildung in der Schule, welche Erfahrungen sammelten sie in Freund- und Partnerschaften, schließlich: Wie kam, meistens ja in der Phase der Pubertät, ihr Entschluss zustande, den entbehrungs- und risikoreichen Weg in den Leistungssport einzuschlagen? Daraus zog ich Rückschlüsse auf die Möglichkeiten meiner Spieler in den wichtigen Bereichen der Teambildung und der Kommunikation, aber auch auf ihr Sozialverhalten in der Gruppe. Doch natürlich ging es in diesem Auswahlverfahren keinesfalls ausschließlich um das psychisch-soziale Profil. Die Unterschiede in den Möglichkeiten und Anlagen betrafen vor allem auch die technischen, taktischen und körperlichen Begabungen und Perspektiven.

Aus der Summe dieser Anlagen zog ich dann meine Schlüsse für die Zusammenstellung des Kaders. Und auch für meine Arbeit, für meinen Umgang mit den Spielern. Bis hierher würde ich mein Verfahren als gut begründbar und schlüssig bezeichnen. Der nächste Schritt jedoch erforderte von meiner Umgebung ein hohes Maß an Verständnis und Toleranz. »In jedem Jahrgang gab es ein oder zwei Spieler, das waren deine Lieblinge, die konnten sich rausnehmen, was sie wollten«, hat mir mein Rekordnationalspieler Philipp Crone gerade vor Kurzem wieder, noch immer kopfschüttelnd, vorgehalten. Irgendwie hatte er recht. Aber natürlich ist die mir damit unterstellte Willkür bei der Auswahl auch eine komplette Fehleinschätzung. Ja, es gab sie, die Spieler, die sich mehr rausnehmen konnten, gerade in Fragen der Disziplin, als andere. Justus Scharowsky, von dem im Beispiel aus der Praxis die Rede war, gehörte definitiv dazu. Doch diese Individuen leisteten auf andere Weise, durch ihre soziale Kompetenz, durch ihren Humor oder aber durch ihre eigenwillige Ausstrahlung auf dem Platz nach meiner Überzeugung einen so großen Beitrag zum Gelingen des Gesamtprojekts, dass ich ihnen diese Freiheiten lassen konnte. Ja lassen musste, denn – wie im Fall Scharowski – diese Freiheiten bedingten enorme Leistungssteigerungen.

Ein höheres Maß an Freiheiten war jedoch nur eine und gewiss nicht die entscheidende Komponente in meinem Programm der »Differenzierung«. Natürlich ist Höchstleistung auch ein Ergebnis individueller Ansprache und Fürsorge, von Nicht-Gleichbehandlung und Sonderrechten. Vor allem ist Höchstleistung aber ein Ergebnis harter Arbeit auf dem (Trainings-)Platz. Deshalb habe ich die Ansprüche und Anforderungen an die Spieler in diesem entscheidenden Bereich immer individualisiert. Für die Ecken-Spezialisten gab es vor dem eigentlichen Mannschaftstraining ein Ecken-Sondertraining, es gab im Training spezielle Blöcke nur für die Abwehrspieler oder nur für die Stürmer, es gab Phasen, in denen in ganz kleinen Dreiergruppen nur Übungen für eine spezielle Position, beispielsweise des linken Verteidigers, angeboten wurden. Diese Übungen wurden dann nach einer Stärken-Schwächen-Analyse des Spielers auf ebendieser linken Verteidiger-Position entworfen und mit ihm speziell trainiert. Diese Individualisierung auf dem Platz war für mich, neben der Achtung psychischer, zwischenmenschlicher Besonderheiten, das Kernstück meiner Methode des »Differenzierens«.

Ich setzte diese Differenzierung auch in den Zeiten fort, in denen die Spieler wieder in ihren Vereinen trainierten, ich sie also nicht täglich um mich hatte. Gemeinsam mit meinen Spezialtrainern und den Athletiktrainern der Vereine arbeiteten wir für jeden Einzelnen Pläne für zusätzliche Übungen aus, mit denen die individuellen Stärken trainiert oder ihre Defizite behoben werden konnten. So arbeiteten einige Spieler mit den von mir eingesetzten Spezialtrainern auch während der Bundesligasaison frühmorgens vor dem Start ihres Arbeitstages an den beschriebenen, ganz speziellen Übungen für ihre Spielposition in der Nationalmannschaft.

Doch geht es beim Vorgang des Differenzierens nicht vorrangig um die Ausnahmen von der Regel. Es geht zunächst um eine differenzierte Ansprache jedes Einzelnen. Diese Ansprache gehört zu den wichtigsten Führungsaufgaben. Mit einem hochsensiblen, neu zur Mannschaft gestoßenen, vielleicht noch jungen Spieler muss ich anders umgehen als mit einem alten, selbstsicheren Haudegen, der alle Formen meiner verbalen Ausbrüche kennt und erlebt hat. Ein Spieler, der in einer emotionalen Hochphase ist, weil er frischverliebt ist, ist anders zu behandeln als jemand, der gerade von seiner Freundin verlassen worden ist. Wer gerade vor Abitur oder Examen steht, erfährt durch den Trainer mehr Nachsicht im Vergleich zu den Kollegen, die sich gerade im normalen Studienalltag oder in der Sportfördergruppe der Bundeswehr eher routiniert bewegen.

Das ist doch selbstverständlich? Mag sein. Aber dieses Verfahren ist weit aufwendiger, als es scheinen mag, und es erfordert von Führungsfiguren viel, nämlich den Mut zur Ungerechtigkeit. Denn natürlich kann man nicht jeden Sonderstatus öffentlich zur Diskussion stellen, zumal es ja in vielen Punkten auch um vertrauliche Dinge geht, die im großen Mannschaftskreis nichts verloren haben. Die Kunst des Führens in diesem Bereich ist, ein so großes Vertrauen in der Mannschaft aufzubauen, dass alle wissen: Es geht dem Trainer im Endeffekt nicht um Sonderrechte und Lieblingsschüler, sondern um das Wohl der Mannschaft. Erfolge sind für den Aufbau dieses Vertrauens natürlich der beste Nährboden. Aber selbstverständlich warb ich immer, besonders bei den Führungsspielern, für meine Maßnahmen und erläuterte meine Motive. Differenzieren, so war und ist mein Credo, ist Ausdruck höchster Wertschätzung jedes Einzelnen, ein Zeichen von Fürsorge, nie von Willkür.

Ein Kader mit 25 gut funktionierenden, gleichgeschalteten, disziplinierten Hochleistungsmaschinen wird, wenn es hart auf hart kommt, nicht erfolgreich sein, so gerecht der Trainer seine Spieler auch behandelt haben mag. Um optimal zu funktionieren, braucht ein Team Hierarchien, beispielsweise, wenn es um das Übertragen von Verantwortung durch die Führungsfigur geht. Nicht jedes Teammitglied ist gleichermaßen in der Lage, diese Führungsverantwortung zu übernehmen. Ich nenne das »vertikale Hierarchie«. Ein erfolgreiches Team braucht jedoch auch eine »horizontale Hierarchie«. Darunter verstehe ich die Notwendigkeit, Ungleichheiten im

Wesen der einzelnen Teammitglieder, dem Verhältnis Einzelner zum Trainer zu akzeptieren. Voraussetzung für beide Hierarchie-Konstellationen ist dabei das gemeinsame Ziel. Dass dies immer im Blick aller bleibt, dafür trägt der Trainer die Verantwortung. Nur dann kann er sein Prinzip der »Differenzierung« glaubwürdig vermitteln.

Differenzieren bedeutet also, das Zentrum zu pflegen und gleichzeitig die Ränder in ihrer Individualität zu kultivieren. Die Kunst des Führens ist, die Ränder wachsen zu lassen, ohne dass das Zentrum, das Herz des Teams in Mitleidenschaft gezogen wird. So wird über die Ränder Kraft ins Zentrum geleitet, eine Kraft, die entscheidend sein kann, wenn es darauf ankommt. Ohne die Ränder wirst du immer Zweiter! Nur mit den Rändern kannst du gewinnen. Ganz oben, wenn es um alles geht, um den ganz großen Triumph, um die großen Gefühle, um die letzten fünf Prozent, dort, wo die Luft ganz dünn ist, dort macht Differenzieren den Unterschied.

Differenzieren – grundsätzliche Anmerkungen

Jeder Mensch ist einzigartig und reagiert individuell auf seine Mitmenschen und seine Umwelt. Es gibt unzählig viele Bereiche, in denen sich Menschen voneinander unterscheiden können, zum Beispiel in ihrem Aussehen, ihrer Gestik und Mimik, ihrer Denkweise, in Sprache und Verhalten. Jeder Mensch weist eigene charakteristische Merkmale auf, die sich in seinen persönlichen Vorlieben, Routinen, Plänen, Werten und Interessen, Eigenschaften oder in den Zielen, die er anstrebt, widerspiegeln. Der amerikanische Psychologe Joy Paul Guilford definiert die Persönlichkeit eines Individuums als dessen einzigartige, unverwechselbare Persönlichkeitsstruktur, als die Summe der »Persönlichkeitszüge«, der Wesensmerkmale. Diese Merkmale einer Persönlichkeit werden als stabile Faktoren gesehen, die in vergleichbaren Situationen kontinuierlich zu gleichen oder jedenfalls ähnlichen Verhaltensweisen und Neigungen führen. Diese Verhaltensweisen und Neigungen sind wiederum individuell und markieren so weitere Unterscheidungsmerkmale zwischen Menschen. Diese Merkmale zu erkennen, sie zu verstehen und zu verinnerlichen ist eine wichtige Aufgabe für Führungskräfte, denn die Förderung dieser Merkmale steht in unmittelbarem Zusammenhang mit der Leistungsfähigkeit der jeweiligen Person. Wie aber lassen sich diese Persönlichkeitszüge erkennen, kategorisieren und – im Verhältnis zur Umwelt und zur jeweiligen Situation – beeinflussen? Darum soll es im Folgenden gehen.

Die Differenzielle Psychologie als Teilbereich der Psychologie beschäftigt sich mit den Unterschieden zwischen Individuen oder Gruppen. Es werden dabei nicht nur die Differenzen zwischen zwei oder mehreren Personen zu einem bestimmten Zeitpunkt betrachtet, sondern auch unterschiedliche Verhaltensweisen einzelner Personen in verschiedenen Situationen und zu unterschiedlichen Zeitpunkten. Die Differenzielle Psychologie versucht, Antworten auf die Frage nach den Ursachen solcher Unterschiede zu finden. Und auf die Frage, wie sich diese Differenzen durch Training oder Veränderungen der Umwelt beeinflussen lassen. Ziel ist eine möglichst hohe Übereinstimmung zwischen den Persönlichkeitsmerkmalen des betreffenden Menschen und den Anforderungen, die an ihn gestellt werden – als Teil einer Firma, einer Mannschaft, einer Familie.

In den letzten 20 Jahren hat sich in der Persönlichkeitspsychologie die Auffassung durchgesetzt, dass sich die wichtigsten Persönlichkeitseigenschaften angemessen durch das sogenannte *Fünf-Faktoren-Modell der Persönlichkeit* abbilden lassen. Dieses Modell geht von fünf Faktoren zur Beschreibung der Persönlichkeit eines Menschen aus, den sogenannten Big Five (nach Lewis Goldberg).

1. Extraversion*
2. Verträglichkeit
3. Gewissenhaftigkeit
4. Emotionale Stabilität und Neurotizismus**
5. Offenheit für Erfahrungen

Zahlreiche Wissenschaftler bezeichnen die fünf Persönlichkeitsfaktoren als stabil und universell, sie gehen von einer unbeeinflussbaren Basis der Big Five aus. Die Big Five dienen also der Definition und der Beschreibung der menschlichen Persönlichkeitsmerkmale. Außerdem kann man durch sie neue Erkenntnisse gewinnen: So können die fünf Faktoren für anwendungsorientierte Zwecke herangezogen werden wie für die Eignungsdiagnostik und die Analyse von Persönlichkeitsstörungen. Geht es um Erfolg im Beruf und um Teamfähigkeit, gilt unter den Big Five die Gewissenhaftigkeit als dominierendes Kriterium, zum Teil auch die emotionale Stabilität. Wer allerdings versucht, das (Team-)Verhalten eines Menschen vorherzusehen, sollte sich darüber sein Bild vor allem aus vergangenen, vergleichbaren Situationen machen. Also daraus, wie sich jemand in zurückliegenden, ähnlichen Situationen verhalten hat. Denn die Bedeutung der jeweiligen Situation ist dabei von großer Relevanz, sie ist für das Verhalten von Menschen ebenso maßgeblich wie die Persönlichkeitsstruktur.

* Der Begriff der Extraversion (synonym: Extroversion) geht auf den Psychoanalytiker Carl Gustav Jung zurück. Umgangssprachlich wird auch häufig vom »extravertierten (extrovertierten) Typ« gesprochen. Damit sind jene Menschen gemeint, die sich in ihren Verhaltensweisen stark nach außen wenden und auch schneller wahrgenommen werden.
** Emotionale Stabilität und der sogenannte Neurotizismus sind hier die beiden Pole der Emotionalität. Damit wird der Grad der psychischen Labilität (= hoher Neurotizismus-Wert) beziehungsweise Stabilität abgebildet.

Das Kräfteverhältnis zwischen der handelnden Person und dem Einfluss der Umwelt, in der sie agiert, wird in der Wissenschaft unterschiedlich bewertet. In den psychologischen Handlungstheorien nimmt eine Person eine aktive Rolle in der Wechselwirkung von Person und Umwelt ein. Hier lautet die These: Jede Person interpretiert, wählt und formt Situationen gemäß ihrer Persönlichkeitsstruktur. Menschen gestalten ihre Umwelt in Abstimmung mit ihren Bedürfnissen, Werten und Interessen, wobei die Umwelt wieder auf die Menschen zurückwirkt und diesen Identität und Sinn vermittelt. Persönlichkeitsfaktoren können die Wirkung von Situationsfaktoren stark beeinflussen, sie können sie sowohl verstärken als auch dämpfen.

Wie können diese Erkenntnisse nun im Sinne effizienter, ergebnisorientierter und vor allem emotionaler Führung eingesetzt werden? Wer unter Führung vor allem die Beziehung zwischen Menschen versteht, muss die Personen, welche er zu führen hat, in der Unterschiedlichkeit ihrer Persönlichkeitsstrukur erfassen, sich auf diese Unterschiede einlassen und sie analysieren – um dann differenziert mit ihnen umgehen zu können. Besonders in emotional aufgeladenen Situationen, bei Stress oder Konflikten im Team, ist das Differenzieren eine unabdingbare Voraussetzung intelligenter Problemlösung. Aber auch für die Bereiche der Motivation, der Emotionalisierung, des Begleitens und nicht zuletzt der Kommunikation gilt: Differenziertes Vorgehen ermöglicht es, jeden Einzelnen adäquat zu führen, zu begleiten und zu entwickeln. Mittel- und langfristig wird nur so jeder Einzelne für das Team sein Bestes geben.

!

- Da Persönlichkeiten unterschiedlich sind, sollten sie individuell geführt werden.
- Differenziertes Führen wird nur gelingen, wenn die Führungskraft sich intensiv mit möglichst vielen Facetten der von ihr geführten Menschen auseinandersetzt.
- Differenzieren kann phasenweise auch zu subjektiven Ungerechtigkeiten bei anderen Teammitgliedern führen.
- Differenziertes Vorgehen eröffnet Chancen in der Stress- und Konfliktbewältigung.
- Differenziertes Führen beinhaltet in der Konsequenz die große Chance, dass jeder sein Bestes für das Team gibt.

Vertrauen: Durch Nähe zum Erfolg

Ein Beispiel aus der Praxis

Der Spieler Jan-Marco Montag fiel mir bereits als 16-jähriger Junge bei Sichtungsspielen auf, zu denen die begabtesten Spieler eines Bundeslandes eingeladen werden. Er spielte in Köln, war ein groß gewachsener Junge, technisch versiert. Vor allem aber strahlte er schon in jungen Jahren ein großes Selbstbewusstsein aus, gab seinen Mitspielern lautstark Kommandos und sich so klar als Führungsspieler zu erkennen. Das gefiel mir. Montag wurde U18-Nationalspieler, er wurde U21-Nationalspieler, die beschriebenen Stärken entwickelte er weiter, hatte aber nach wie vor deutliche Defizite im Bereich der Athletik, war nicht schnell, nicht wendig genug. Es war klar: Er arbeitete nicht ausreichend an sich.

Im Jahr nach den Olympischen Spielen von Athen rückte er dennoch in den neu formierten, jungen Kader der A-Nationalmannschaft auf. Ich wollte sehen, ob er unter meiner Führung die Kurve bekommen würde. Eines Tages eröffnete Jan-Marco mir, dass er, nach bestandenem Abitur, große Probleme habe, seinen Sport und die Ausbildung zum Immobilienkaufmann unter einen Hut zu bekommen. Das war ein ausgesprochener Vertrauensbeweis. Ich mochte den Jungen, wie er spielte, wie er sich langsam zu einer Führungspersönlichkeit entwickelte. Ich mochte aber auch sein offensives Wesen. Ich ahnte, dass ihm vor allem Vertrauen fehlte, mein Vertrauen in seine Entwicklung, seine Leistung.

Und ich wusste: Seine Probleme mit der Ausbildung und dem Hockeysport hatten auch mit mir zu tun. Ich forderte von ihm, dass er zweimal pro Tag trainierte, morgens vor Dienstantritt, abends dann entweder mit seiner neuen Vereinsmannschaft in Mönchengladbach (zu der er gewechselt hatte, um sich weiterzuentwickeln) oder, nach meinen Vorgaben, in einer individuellen Spezialeinheit. Im Sommer bekam ich ein erschütterndes Feedback: »Bernhard, ich kann nicht mehr«, erklärte er mir, »die machen mir Druck in der Firma, ich darf nicht mehr so oft fehlen, ich stehe morgens um sieben Uhr auf dem Platz und übe Ecken, ich habe kaum Zeit zum Mittagessen, dann hetze ich zum Training und bin abends um 23.30 Uhr zurück. Ich bin körperlich total geschlaucht, für mich selbst habe ich keine freie Minute mehr. So geht es nicht weiter. Ich bin total am Ende!«

Er war verzweifelt, wollte seine Ausbildung nicht aufgeben und kämpfte um seine Hockeykarriere. Gemeinsam mit anderen gelang es mir, ihm einen etwas weniger zeitintensiven Ausbildungsplatz zu verschaffen, der ihm mehr Freiraum für das Training in Mönchengladbach ließ. Jan-Marco gehörte dann zu der Mannschaft, die im Dezember 2005 in Madras um die Champions Trophy spielte. Vier Wochen vorher hatte ich mit ihm eine Zielvereinbarung erarbeitet. Wie alle Spieler ließ ich ihn die wichtigsten Defizite, die es zu verbessern galt, selbst formulieren. Im Kern ging es um die Verbesserung seiner Schnelligkeit, darum, dass sein Körper stabiler und robuster werden sollte.

In Indien hatte er diese Ziele offensichtlich noch nicht erreicht, die Stürmer liefen ihm oft einfach davon. Jetzt musste ich um mein Vertrauen in ihn kämpfen und um seines in mich. In unzähligen Gesprächen besprachen wir in Madras seine Situation. Und dann nahm ich ihn mir doch richtig zur Brust: »Wenn du deine Schnelligkeit, deine gesamte Körperstabilität nicht auf ein ganz anderes Niveau bringst, dann hast du keine Chance, bei der WM in Deutschland dabei zu sein«, erklärte ich ihm. Es folgte eine Fehleranalyse der drastischeren Art: »Du fällst einfach zu oft herum, du hast eine Körperstabilität wie ein Sack Muscheln, so kannst du dich nicht präsentieren in Mönchengladbach bei deiner WM. Willst du, dass die Leute dich auslachen?«

Als ich merkte, wie er in sich zusammensackte, zeigte ich ihm, wie sehr ich ihm vertraute: »Du bist mein Mann, ich will, dass du es zur WM im nächsten Jahr schaffst, ich weiß, dass ich mich hundertprozentig auf dich verlassen kann, ich bin überzeugt, dass du jetzt den entscheidenden Schritt machst. Ich will mit dir hier diesen Weg gehen!« Seine Antwort kam, nach einer Pause: »Bernhard, ich will das schaffen, gib mir den Winter, ich werde dir das beweisen!«

Ich erklärte ihm, dass ich mich bei seinen Athletiktrainern nach seinen Fortschritten erkundigen würde. Nicht als Zeichen des Misstrauens, wohl aber, um letztlich Sicherheit darüber zu bekommen, ob wir von diesen gemeinsam erarbeiteten Zielen die gleiche Vorstellung, das gleiche Verständnis hatten.

So arbeitete Jan-Marco Montag das erste Mal in seinem Leben mit voller Konsequenz, pünktlich, engagiert, morgens und abends. Seine Athletiktrainer gaben mir bald Rückmeldung: »Montag ist immer da und gibt Vollgas!« Die Fortschritte ließen nicht lange auf sich warten. In Athletik-Tests, aber auch in Spielen zeigte sich klar: Montag war jetzt schneller, sein Körper hatte eine ganz andere Spannung als zuvor. Ich habe ihn dafür hin und wieder gelobt, ihn aber ab und zu noch an die kritische Situation in Madras erinnert.

Ab dem 5. September 2006 spielte Jan-Marco Montag, der in Madras an seinem sportlichen Scheideweg gestanden hatte, eine großartige WM. Er kam in allen Spielen zum Einsatz. Kein Stürmer lief ihm davon. Ich konnte ihm vertrauen.

Durch Nähe zum Erfolg

Die Geschichte von Jan-Marco Montag habe ich erzählt, weil in ihr alle Komponenten enthalten sind, die Vertrauen als Teil einer Strategie emotionaler Führung ausmachen: Vertrauen ist, erstens, immer bilateral, ein aktiver Vorgang ebenso wie ein passiver. Durch Vertrauen zum Erfolg kommen wird daher nur,

- wer vertraut *und* wem vertraut wird,
- wer Nähe sucht *und* Nähe gibt.

Vertrauen ist, zweitens, individuell und allgemein zugleich. Die vertrauensvolle Beziehung zu einzelnen Spielern, wie beispielsweise zu Jan-Marco Montag, ist ebenso wichtig wie das Vertrauen in die gesamte Mannschaft, den Trainerstab und das nahe Umfeld. Beide Formen des Vertrauens müssen unterschiedlich gepflegt werden, basieren aber auf der gleichen Grundannahme, dem Glauben daran nämlich, dass ein intensives emotionales Verhältnis, eben die Nähe zwischen Trainer und Spielern, zwischen Führungspersönlichkeit und seinem Team, unmittelbar leistungsfördernd wirkt.

Und, drittens: Vertrauen birgt immer das Risiko der Enttäuschung. Wer dieses Risiko nicht eingeht, wird niemals durch sein Vertrauen motivieren und überzeugen.

Für einen eher verschlossenen Menschen wie mich war also Vertrauen in vielerlei Hinsicht eine große Herausforderung. Das galt aber mindestens ebenso für meine Umgebung. Auf der einen Seite war ich der autoritäre Trainer, der forderte, bisweilen überforderte, der laut war, der auf dem Trainingsplatz das Gegenteil von Nähe schaffte, der dort vielfach seinen eigenen Vorstellungen vertraute und diese mit bedingungslosem Einsatz umsetzen wollte, kurz: niemand, dem man zu nahe kommen wollte. Auf der anderen Seite war ich väterlicher Freund und Gesprächspartner, ein zugänglicher Begleiter, der mit den Spielern und dem Trainerstab um richtige Konzepte rang, der Anregungen aufgriff und umsetzte, der buchstäblich rund um die Uhr erreichbar war, auch für private Sorgen und Probleme, der Fehler machte und diese, jedenfalls nach einer Weile, auch zugeben konnte.

Besonders junge Spieler, die neu zum Team hinzustießen, hatten mit meinen beiden unterschiedlichen Gesichtern am Anfang Probleme. Das hatte manchmal Missverständnisse, in seltenen Fällen auch Enttäuschungen zur Folge. Kamen Spieler wie Oliver Hentschel oder Carlos Nevado von den Junioren oder dem Perspektivteam in die A-Mannschaft, waren sie teilweise schockiert von meinem recht aggressiven, rüden Grundton im Training. Dies blockierte zunächst extrem ihre Leistungsentfaltung. Es brauchte am Anfang viel Einsatz, diese Jungs vom »anderen«, vom »doppelten Peters« zu überzeugen. Immer und immer wieder habe ich das Gespräch mit ihnen gesucht, um ihnen zu erklären, wie ich ticke. Niemals jedoch stellte ich die Methode »Durch Nähe zum Erfolg« infrage. Diese Methode verlangte von mir die Ausbildung von wechselseitigem Vertrauen auf unterschiedlichen Ebenen.

1. Vertrauen zum (Trainer-)Stab

Ein erster Punkt in Sachen Vertrauen soll hier nicht unerwähnt bleiben, obwohl er im dritten Kapitel dieses Buches, wo es um meine eigene Traineridentität geht, ausführlicher beschrieben wird: das Vertrauen in kompetente Menschen im Trainer- und Betreuerstab. Ich war schon immer der Überzeugung, dass es richtig sei, mich mit Mitarbeitern zu umgeben, die mir auf ihren jeweiligen Fachgebieten voraus und somit auch überlegen waren. Aus meiner Erfahrung schwindet dadurch die eigene Autorität nicht, im Gegenteil, sie steigt. Ob im medizinischen Bereich, im Feld der Psychologie, der Athletik und Trainingssteuerung, ja selbst bei der Ausbildung einzelner Mannschaftsteile und Spielformen (»Stürmertrainer«, »Eckentrainer«) griff ich auf Experten zurück, die diese Dinge dann eigenständig mit den Spielern übten und besprachen – selbstverständlich in enger Abstimmung mit mir. Und auch das hat vor allem mit Vertrauen zu tun. Die Mitarbeiter, aber auch die Mannschaft hätten sofort gemerkt, wenn ich in diesen Bereichen nicht wirklich abgegeben, den Kollegen nicht vertraut hätte. Und auch hier konnte Vertrauen nur funktionieren, da es auf Gegenseitigkeit beruhte: Ich vertraute in die Maßnahmen der Kollegen – und sie umgekehrt darauf, dass ich aus der Summe all ihrer Maßnahmen die richtigen Schlüsse und Entscheidungen ableitete.

Die Beziehung, die mich mit dem Trainerstab, mit den Betreuern rund um die Mannschaft verband, war für den gesamten Vertrauensbildungsprozess eine besonders wichtige. Wichtig auch deshalb, weil sie, wie jede Form des Vertrauens, einem Wachstumsprozess ausgesetzt war: Mit jedem Erfolg, den wir gemeinsam feiern konnten, wuchs die Sicherheit, dass es richtig sei, mir als dem letztlich Verantwortlichen zu vertrauen. Auf dieser immer weiter gewachsenen Vertrauensbasis konnten wir dann gemeinsam mit Fehleinschätzungen, auch meinen eigenen, offen umgehen und unsere Lehren daraus ziehen. Beispiele dafür gab es viele. Im März 2006 fuhren wir zur intensiven Vorbereitung auf die WM-Saison wieder nach Südafrika in unser zehntägiges Trainingslager. Mein Programm war oft mit drei Trainingseinheiten bis an den Rand gefüllt. Zu diesem Programm gehörte auch eine Reihe von Tempoläufen über eine Distanz von 1000 Metern. Sie schienen mir extrem wichtig für die körperliche Entwicklung der Spieler. Doch meine Kollegen im Trainerstab rieten davon dringend ab: Die Gesamtbelastung würde genau durch diese Läufe zu hoch – und in der Konsequenz leistungsmindernd. Die notwendige Regeneration nach diesen Läufen, so argumentierten sie unter anderem, würde uns von anderen, wichtigeren Trainingsinhalten abhalten. Es war ein hartes Ringen, aber ich habe mich überzeugen lassen, nach der Devise der Kollegen: »Weniger ist mehr!« Ich habe ihnen und ihrem Sachverstand vertraut und bin gut damit gefahren.

Dieser Zusammenhalt innerhalb des Trainerstabes war so etwas wie die Keimzelle eines Vertrauens-Kreislaufs, der sich daraus entwickelte. Mit dem Vertrauen, das mir entgegengebracht wurde, wuchs mein eigenes Vertrauen in die Maßnahmen und Fähigkeiten, die wir beschlossen. Diese Gewissheit wiederum strahlte auf die Mannschaft ab.

2. Vertrauen zu Mannschaft (und Führungsspielern)

Auch das Vertrauensverhältnis zur Mannschaft insgesamt und zu den einzelnen Spielern war, das ist nicht zu leugnen, erfolgsabhängig. Spielten wir überzeugend und gewannen, war es für mich leichter, loszulassen und Raum zu geben für eigenverantwortliches Handeln. Dann ließ ich jedenfalls den erfahrenen Spielern zwischen den Lehrgängen viel Spielraum bei der Frage, welchen Belastungen sie sich im Training in ihren Heimatvereinen oder in Sonderschichten aussetzen. Auf gelegentliche Kontrollanrufe waren sie aber vorbereitet.

Doch auch während wir bei Lehrgängen zusammen waren, überließ ich ihnen Teile der Zeit zwischen den von mir geleiteten Trainingseinheiten. Morgens um sieben begannen sie den Tag mit einem leichten Ausdauerlauf, den die Spieler selbstständig absolvierten. Kontrolliert habe ich das nicht, genauso wenig wie es einen vorgegebenen Zeitpunkt für die Bettruhe gab. Auch, wenn die Mannschaft an den wenigen freien Abenden in Gruppen loszog, stand ich nicht an der Hoteltür und wartete, bis sie wieder zurückgekommen waren. Ich vertraute darauf, dass sie wussten, wie sie sich und ihren Körper optimal vorbereiteten. Spielten wir schlecht, so wurde das Vertrauen in die Eigenständigkeit der Spieler einer großen Belastungsprobe unterzogen. Natürlich waren dann meine Vorgaben klarer. Ich hoffte jedoch, dass die Spieler dies als notwendige Unterstützung und nicht als Vertrauensentzug betrachteten. Ganz sicher bin ich dabei rückblickend nicht.

Besonders den Führungsspielern übertrug ich im Lauf der gemeinsamen Jahre auch Aufgaben, die ich als Trainer so nicht hätte wahrnehmen können. Die Entwicklung eines Teams musste sich, davon war ich überzeugt, auch ohne das unmittelbare Mitwirken des Trainers, phasenweise auch ohne seine physische Präsenz vollziehen. Ein bisschen ist das wie bei der Erziehung von Kindern. Was man ihnen als Eltern vormacht, wird – im günstigen Fall – übernommen. Viel nachhaltiger jedoch wirken positive eigene Erfahrungen, Erfolgserlebnisse ohne offensichtliche Steuerung und Kontrolle der Eltern. So legte ich wesentliche Teile des so wichtigen Teambuilding-Prozesses in die Hände erfahrener Spieler, wie Florian Kunz, Philipp Crone, Timo Wess oder Björn Emmerling. Sie nahmen diese Herausforderung an, wollten mir beweisen, dass sie in der Lage waren, sich für die nächsten Aufgaben sehr gut vorzubereiten, auch ohne den Trainer ständig im Nacken zu haben. Ich erinnere mich daran, dass die Führungsspieler bei der Champions Trophy 2006 in Madras nach unserem ersten desaströsen Spiel gegen Australien, das wir mit 1:4 verloren hatten, eine interne Sitzung ohne Trainer mit dem Team durchgeführt und ihre Mitspieler sehr eindringlich auf den weiteren Weg in Richtung WM 2006 eingeschworen hatten. Ich spürte, dass nach diesen Sitzungen die Motivation und die Leistungsbereitschaft auf besondere Weise gestärkt worden waren. Nie habe ich erfahren, was genau besprochen wurde, trotzdem habe ich den Führungsspielern vertraut. Wenn ich merkte, wie die Mannschaft mein Vertrauen nutzte, sich selbst zu motivieren, empfand ich das als ungeheure Bestätigung meiner Führungsmethode.

Doch so leicht, wie ich das jetzt im Rückblick aufschreibe, war das beileibe nicht immer. Ich gebe zu, dass ich auch hier viel lernen musste, vor allem von meinen Spielern. Hatte ich ihnen einen Trainingsplan für die Zeit zwischen den Lehrgängen mitgegeben, konnte es passieren, dass ich trotzdem noch des Öfteren per SMS nachfragte, ob der Plan erfüllt sei. Nicht wirklich ein Beweis für mein Vertrauen in sie. Gerade Leader wie Kunz oder Emmerling haben mir dann immer mal wieder offen gezeigt, was sie von solchen Kontrollaktionen hielten. Emmerling zum Beispiel hat mich an diesem wunden Punkt erwischt, als er einmal ganz klipp und klar formulierte: »Vertrau mir einfach, wiederhole deine Forderungen zum Trainingsplan nicht immer wieder. Es enttäuscht mich, dass du mir offenbar nicht vertraust, du muss doch wissen, dass du dich voll auf mich verlassen kannst.« Das saß! Ich versuchte mich zu bessern, inwieweit das gelungen ist, müssen letztlich die Spieler beurteilen, doch glaube ich, dass ich immer mehr loslassen und meinen Führungsspielern echtes Vertrauen schenken konnte.

Ein weiterer Lehrmeister in Sachen Vertrauen war Florian Kunz, mein Kapitän über lange Jahre bis zu den Olympischen Spielen von Athen. Kunz war ein Spieler, der auch gerne die fröhlichen Seiten des Lebens genoss und ab und zu, auch während der Lehrgänge, abends noch ein Bier trank, obwohl er wusste, dass ich das eigentlich nicht schätzte. Am folgenden Lehrgangsmorgen eröffnete Kunz das Gespräch immer mit der Bemerkung, dass er und einige andere Spieler leider am Vorabend wieder einen über den Durst trinken gewesen seien. Kunz war einer derjenigen, denen ich – nicht nur – in Sachen Lebenswandel voll vertraute. Jedenfalls dachte ich das. Wenn er dann aber mit einem breiten Grinsen vor mir stand und über die nächtlichen Vergnügungen sprach, merkte ich, wie schwer es mir fiel, nicht doch zu fragen: Stimmt das jetzt, Flo, oder nimmst du mich auf den Arm? Es erforderte von mir enorme Disziplin, aber ich verkniff mir die Frage – und lernte dadurch, was es heißt, wirklich zu vertrauen. Bis heute weiß ich übrigens nicht, ob seine Schilderungen nicht ab und zu doch der Wahrheit entsprochen haben. Später habe ich ihn mal danach gefragt. Da hat er, mit demselben Grinsen wie an jenen Morgen, mit einer Gegenfrage geantwortet: »Bernhard, habe ich dein Vertrauen missbraucht?« Hatte er nicht. Mehr noch, er hat mich gelehrt, was Vertrauen bedeutet: Nämlich auch zu akzeptieren, dass Dinge anders laufen, als ich sie gerne gehabt hätte – und trotzdem in der Summe zum bestmöglichen Ergebnis führen.

Doch natürlich war es, wie das Beispiel von Jan-Marco Montag zeigt, besonders wirkungsvoll, einzelne Spieler direkt durch die Führungsmethode »Vertrauen« stark zu machen. Gerade vor wichtigen Spielen, während großer Turniere, habe ich den Spielern oft intensiv eingeimpft, wie sehr ich ihnen und ihrer Stärke vertraute. Das sollten meine Jungs ruhig wissen. So habe ich unsere erste wichtige Besprechung unmittelbar vor der WM 2006, am 4. September in Mönchengladbach, mit den Worten eröffnet: »Ich bin mir sehr sicher, dass ich mit diesen 18 Spielern genau die richtigen für unsere WM ausgesucht habe. Ich vertraue voll in diese Konstellation, mit diesen spezifischen Stärken von jedem von euch!« Dann habe ich die speziellen Stärken der Mannschaftsteile und zum Schluss die besonderen Fähigkeiten eines jeden herausgehoben und genau beschrieben. Dazu habe ich ihre besonderen charakterlichen Vorzüge gepriesen und den unbedingten Willen der Einzelnen zur Leistungsbereitschaft vor dem Team herausgestellt: Dieser sei, neben ihren sportlichen Fähigkeiten, ein ausschlaggebender Grund für die Nominierung gewesen. Ich wusste, nein, ich hoffte, dass sie sich diesem Vertrauensvorschuss nicht würden entziehen können. Kein Einziger hat mich enttäuscht und dieses Vertrauen missbraucht.

Diese Teamsitzungen vor einem entscheidenden Event zeigten im Verhältnis zwischen mir und dem Team, davon bin ich überzeugt, besondere Wirkung: weil sie der End- und Höhepunkt meiner vertrauensbildenden Maßnahmen waren, die die Spieler auch aus weniger angespannten Phasen kannten. Sie konnten also darauf vertrauen, dass ich es ernst meinte mit meinem Vertrauen in sie und sie nicht nur kurzfristig hochpushen wollte. Nur so konnte es gelingen, die Spieler meistens zu erreichen: Besonders auch in schwierigen Phasen, in denen es nicht so gut lief und ich nicht immer so überzeugt von ihnen war, wie ich es ihnen dann trotzdem vermittelte.

VERTRAUEN – GRUNDSÄTZLICHE ANMERKUNGEN

Vertrauen stellt die Basis dar für nahezu alle Formen des Austausches zwischen Menschen. Wenn von Vertrauen die Rede ist, bezieht sich das in den allermeisten Fällen auf private, oft sehr persönliche Situationen und Momente. Es geht im sozialen Kontext um (große) Gefühle: Man vertraut den Eltern, man vertraut dem Lebenspartner, man vertraut sich guten Freunden an. Vertrauen ist eines der wertvollsten und fragilsten Gefühle, die es zwischen Menschen gibt. Man spricht daher von »blindem Vertrauen« als einem Zustand kaum steigerbaren Einvernehmens zwischen Menschen. Der Missbrauch von Vertrauen auf der anderen Seite stellt oft einen irreparablen Schaden in der Beziehung zwischen Menschen dar. Kurz: Wo Vertrauen ist, sind Emotionen; wer vertraut, ist in hohem Maße verletzlich. Aber was ist gemeint, wenn im Zusammenhang mit Höchstleistungen und Hierarchien über Vertrauen gesprochen wird?

Die Antwort lautet: Genau jenes Gefühl von Verlässlichkeit und Partnerschaft ist auch hier gemeint. Es geht auch hier um eine sehr besondere Form der Beziehung zwischen Menschen, es geht um das Zulassen von Gefühlen und Verletzlichkeit. Vertrauen als Führungsform ist deshalb ein ganz entscheidender Faktor, gewissermaßen ein Alleinstellungsmerkmal, ein »Unique selling point« der emotionalen Führung. Planen, Entscheiden, Motivieren, auch Analysieren oder Kommunizieren, all dies sind Fähigkeiten, die jede Führungspersönlichkeit auf irgendeine Weise beherrschen muss. Vertrauen hingegen werden nur jene in das Repertoire ihres Führungsstils mit aufnehmen, die sich zur Form der emotionalen Führung bekennen, die fest davon überzeugt sind, dass die Emotionen »die letzten fünf Prozent« ausmachen, das entscheidende Plus, wenn es um Höchstleistungen geht.

Was heißt hier schon »Vertrauen«?

Es ist nicht ganz leicht, diese ja sehr persönliche und individuelle »Methode« theoretisch zu fassen und Ratschläge zu erteilen. Ich versuche es dennoch: Vertrauen wird in der Psychologie ganz unterschiedlich definiert. Trotzdem lassen sich drei Kernaspekte festhalten, die das Wesen des Vertrauens bedingen und ausmachen:

1. Ungewissheit, Risiko
2. Freiwilliger oder erzwungener Kontrollverzicht
3. Zukunftsbezogenheit

Diese Aspekte lassen sich unmittelbar auf Vertrauen als Führungsfähigkeit beziehen. Nur wer bereit ist, für einen gewissen Zeitraum auf die Möglichkeit, Kontrolle auszuüben, zu verzichten, kann Vertrauen als Mittel zur Leistungssteigerung einsetzen. Der wahre Kern, der der Redewendung »Vertrauen ist gut, Kontrolle ist besser« innewohnt, muss in diesem Fall vernachlässigt werden. Vertrauen ist schließlich immer ein Wechsel auf die Zukunft. Es gibt keine Garantie, dass das in eine Person gesetzte Vertrauen den gewünschten Effekt hat, schon gar nicht innerhalb eines kurzen Zeitraums. Man sieht, dass der Anspruch, vertrauen zu können, an Führungspersönlichkeiten sehr hohe Anforderungen stellt. Vieles, was zu ihrem Standardrüstzeug gehört, was eigentlich nicht zur Disposition gestellt werden sollte, muss umgelernt werden.

Vertrauen schenken, Vertrauen empfangen

Vertrauen erfordert von der Führungspersönlichkeit in aller Regel mehr Disziplin als von den ihr anvertrauten Menschen. Vertrauen zu schenken ist ein weit komplexerer Vorgang, als Vertrauen zu empfangen. Vertrauen bedeutet nicht zuletzt, anderen Menschen Sicherheit zu geben, denn in einer Atmosphäre der Bedrohung kann kein Vertrauen entstehen. In jedem Fall aber braucht es Signale des Vertrauens, verbale und auch nonverbale, wie oben geschildert. Diese auszusenden genügt allerdings nicht – sie müssen auch ankommen (vergleiche »Prolog: Kommunizieren – Information entsteht beim Empfänger«). Und genau hier scheitert das Projekt »Vertrauen« häufig, ohne dass die Führungsperson dafür verantwortlich sein muss. Denn ob eine Person fähig ist, Sicherheitssignale zu empfangen, ist abhängig von einer Vielzahl von nicht beeinflussbaren Faktoren. Diese können biografisch bedingt sein (gute/schlechte Erfahrung) oder auch aus aktuellen Entwicklungen abgeleitet werden (zum Beispiel

Konkurrenzsituation innerhalb eines Teams). Daraus ergibt sich eine klare Schlussfolgerung: Nicht jedes Teammitglied kann mit Vertrauen zu einer Leistungssteigerung veranlasst werden. Neben der Biografie des Einzelnen muss die Führungsperson auch die Situation innerhalb der Gruppe berücksichtigen.

Das Ziel von Vertrauen muss demzufolge sein, das Gefühl der Bedrohung bei einer Person zu minimieren, besser noch: ganz zu eliminieren. Oft fühlen sich Personen bedroht, obwohl tatsächlich keine Gefährdung besteht. Der Job ist sicher, *obwohl* ein neuer Kollege eingestellt wird. Die Position in der Mannschaft ist nicht gefährdet, *obwohl* der Trainer individuelle Sonderschichten verlangt. An dieser Stelle kommt das *Drei-Phasen-Modell des Vertrauensaufbaus* von Franz Petermann zum Tragen. Es unterteilt sich in die folgenden Phasen:

Phase 1: Herstellen einer verständnisvollen Kommunikation

Phase 2: Abbau bedrohlicher Handlungen

Phase 3: Gezielter Aufbau von Vertrauen

In diesem Modell ist die jeweils vorausgehende Phase notwendig für die nachfolgende, nicht jedoch hinreichend. Das bedeutet, dass das Durchlaufen der vorherigen Phase nötig ist für das Durchlaufen der nächsten Phase, nicht aber zwangsläufig zur nächsten Phase führen muss. In der ersten, der »konstituierenden« Phase wird die Basis gelegt für den weiteren Weg. Es kommt zu »vertrauensbildenden Maßnahmen«. In einem Zweiergespräch, mit intensivem Blickkontakt, vorausgesetzt, eine entsprechende Vertrautheit besteht bereits und ist der Situation angemessen. Unterstützt durch punktuellen Körperkontakt (Hand auf die Schulter) kann die persönliche Zuwendung ausgedrückt und das Vertrauen buchstäblich greif- und fühlbar gemacht werden. In einem solchen Gespräch müssen die bedingungslose Unterstützung, das Vertrauen in die Entwicklungsfähigkeit, aber auch das Ziel, die Leistungssteigerung, klar benannt werden. Niemals darf der letztlich professionelle, zielführende Charakter einer solchen Maßnahme aus dem Blickfeld geraten – bei beiden Teilnehmern des Gesprächs. Dies erfordert von der Führungsperson ein hohes Maß an Konzentration und Empathie. Niemals sollten solche Gespräche unter Zeitdruck oder zwischen anderen, emotional beanspruchenden Terminen stattfinden. Nur wer seinem Gegenüber in diesem entscheidenden Augenblick die volle, ungeteilte Aufmerksamkeit widmet, wird den Grundstein für weitergehendes Vertrauen legen können.

Phase zwei dient dann dem Abbau von als bedrohlich empfundenen Handlungen. Natürlich kann eine solche vertrauensbildende Maßnahme einem Teammitglied gegenüber nicht zu einer offensichtlichen Sonderbehandlung führen. Im Kontext der Gruppe muss also auf maximale, nicht auf absolute Gleichbehandlung geachtet werden. Dadurch kann das individuelle Vertrauensverhältnis belastet werden (Näheres dazu im Abschnitt »Differenzieren: Individuell statt gleich«). Die Führungsperson signalisiert in dieser Phase immer wieder, dass der eingeschlagene Weg fortgesetzt wird, erläutert über das normale Maß hinaus die Motive des eigenen Handelns und fordert aber auch ein entsprechendes Feedback ein: Wird noch Bedrohung empfunden? Gibt es noch Verunsicherungspotenzial?

Die dritte und letzte Phase betrifft schließlich den gezielten Vertrauensaufbau. Dazu bedarf es eines ausgeklügelten, auf die Bedürfnisse und Möglichkeiten abgestimmten »Leistungskatalogs«. Dieser muss für den Betroffenen transparent, er muss aber vor allen Dingen überprüf- und bewältigbar sein. Nur wer die subjektive Erfahrung einer Leistungssteigerung macht, wird auch das durch einen Vorgesetzten in ihn gesetzte Vertrauen als gerechtfertigt betrachten – und sich auf diese Weise zu weiteren Leistungssteigerungen veranlasst sehen. Vertrauen gründet also in hohem Maße auch auf Selbstvertrauen.

Vertrauen, das lässt sich zusammenfassend sagen, ist als Führungsmethode fragil. Im Gegensatz zu anderen Themen dieses Buches können hier nur bedingt konkrete Verhaltensvorschläge gemacht werden. Vertrauen versteht sich – auch im Bereich der Führung – als Prozess, der viele Gefahren birgt, nicht zuletzt eine besonders gravierende, nämlich die der Enttäuschung. Besonders für Menschen, die in oder mit Gruppen arbeiten, ist Vertrauen eine enorme Herausforderung – berührt sie doch den sensibelsten Punkt einer solchen Konstellation: die Beziehung zum Einzelnen als Individuum im Kontext, ja in Konkurrenz der Beziehung zur Gruppe als Gemeinschaft.

Vertrauen, so wie ich es hier beschrieben habe, kennt nur wenige Regeln, es ist individuell, fordert und fördert Gefühle, ist nicht immer gerecht, braucht Nähe und birgt erhebliche Gefahren. Vertrauen ist kein Allheilmittel für die Arbeit mit Teams. Wer jedoch bereit ist, das Wesen des Vertrauens zu nutzen, um sich und andere gezielt herauszufordern, der wird erleben: Vertrauen bedeutet mehr Gewinn.

> **!**
> - Mit Vertrauen können nur jene Führungskräfte arbeiten, zu deren Menschenbild Vertrauen zu schenken ebenso passt wie Vertrauen empfangen zu können.
> - Wo Vertrauen ist, sind Emotionen.
> - Vertrauen beinhaltet Risiko und ist zukunftsorientiert.
> - Erlebtes Vertrauen fördert die Selbstmotivation und damit die Leistung.
> - Vertrauen lohnt sich.

Entscheiden: Wer auswählt, verletzt

Ein Beispiel aus der Praxis

Da saß ich also nun auf meinem Fahrrad und fuhr wie fern- gesteuert durch den Stadtwald von Krefeld. Vor ein paar Mi- nuten hatte ich bei mir zu Hause den Telefonhörer aufgelegt. Also, eigentlich hatte nicht ich ihn aufgelegt, der Hörer wurde mir gewissermaßen aufgelegt, von meinem Gesprächspart- ner nämlich, der unser Telefonat beendet hatte. Es war schon unser zweites Telefonat an jenem Tag gewesen. Schon das erste war hart, vielleicht das härteste, das ich als Trainer je- mals geführt hatte, aber ich wusste, es würde noch ein zweites geben. Jetzt aber, als Mike Green den Hörer aufgelegt hatte, wusste ich: Die schwerste Entscheidung meines Trainerle- bens war vollzogen.

Green, ein farbiger Deutsch-Amerikaner, war einer meiner Spieler, die ich am längsten kannte, die ich am meisten mochte und denen die Mannschaft und ich am meisten ver- dankten. Wir waren zusammen zweimal Weltmeister gewor- den, mit den Junioren und dann 2002 in Kuala Lumpur. Green war ein Außenverteidiger, wie ich vorher noch keinen gesehen hatte: ein hundertprozentig zuverlässiger Abwehr- spieler. Mit verblüffender Intelligenz und Cleverness griff er den besten Stürmern die Bälle ab, mit einem siebten Sinn ahnte er brenzlige Situationen voraus, besonders in ganz en- gen Situationen kam keiner an ihm vorbei. Ein »Abwehr- brett«, wie wir sagten. Green war groß gewachsen, sah beste- chend gut aus, die Frauen lagen ihm zu Füßen, die Medien liebten ihn. Auch in der Mannschaft war er äußerst beliebt. Zuletzt hatte er das wieder 2003 bewiesen bei der Europa- meisterschaft, als er unseren Sieg im Finale rettete. Zu die- sem Zeitpunkt war er bereits Assistenzarzt am Krankenhaus in Hamburg-Eppendorf. Neben seiner Karriere als Hockeyna- tionalspieler hatte er sein Medizinstudium durchgezogen, auf den Flügen mit der Mannschaft um die Welt hat er sich auf Physiologie- und Anatomieprüfungen vorbereitet, er joggte viele Kilometer von zu Hause ins Klinikum und wieder zurück, um sich fit zu halten, quälte sich mittags dort im Kraftraum. Zuletzt hatte er sich sogar von seinem Chefarzt beurlauben lassen, um sich ganz auf seinen letzten großen Traum vorzubereiten: die Teilnahme an den Olympischen Spielen von Athen. Es sollte sein letztes großes Turnier werden, der große Abschied eines großen Spielers.

All dies geschah nicht. Gerade eben hatte ich ihm diesen Traum zerstört. In zwei Telefonaten. Ich hatte ihm mitgeteilt, dass ich mich gegen ihn entschieden hatte und stattdessen für Eike Duckwitz, einen jungen, vergleichsweise unerfahrenen, schüchternen, verschlossenen Mann, der weder in der Mannschaft noch bei der Presse noch im Hockey-Verband eine Lobby hatte. Die Maßgaben für meine Entscheidung hatte ich vor den beiden Konkurrenten, auch vor der Mannschaft, transparent gemacht. Beide spielten als linke Verteidiger, beide konnten auf keiner anderen Position spielen, beide waren im vorläufigen Kader für Olympia, sie wechselten sich in der Vorbereitung ab, es kristallisierte sich ganz klar ein Zweikampf um diese Position heraus. Klar war: Ich würde nur einen der beiden mitnehmen. Du kannst, habe ich mir gesagt, zu Olympia nur 16 Spieler nominieren. Du kannst da nicht zwei gebrauchen, die nur auf einer Position einsetzbar sind, zwei Verteidiger mit äußerst durchschnittlichem Angriffsverhalten. Und genau hier erwarb sich Duckwitz leichte Vorteile. Er lernte mehr dazu, entwickelte sich weiter und machte durch viel Spezialtraining, durch viele zusätzliche Schichten ganz gezielt Fortschritte in der Offensive, seiner Schwachstelle. Und wir waren uns sicher, dass bei Mike eben diese Entwicklung nicht mehr kam. Ich schreibe: wir. Weil ich mich natürlich mit meinen Kollegen aus dem Trainerstab abstimmte. Ich schreibe nicht »wir«, weil ich mich bei dieser Entscheidung hinter irgendjemand verstecken kann oder will.

177

Als sich meine Entscheidung abzeichnete, habe ich mit einigen meiner engen Mitarbeiter gesprochen, alle, fast alle haben mir empfohlen: Nimm Green. Auch in der Mannschaft gab es eine klare Tendenz für den erfahrenen Abwehrspieler. Ich aber hielt mit meinen Zweifeln, ja mit der sich abzeichnenden Möglichkeit, auf Green zu verzichten, nicht hinterm Berg.

Meine Umgebung nahm das zur Kenntnis und versuchte ab einem gewissen Moment nicht mehr, mich umzustimmen. Und auch Green spürte natürlich, dass das kein Selbstläufer war, wieso hätte er sonst von sich aus gesagt: »Bernie, du weißt ja, wenn es darauf ankommt, ist der alte Green da und räumt die Dinger weg.« Ganz ruhig hat er gesprochen und mich angeschaut mit seinem gewinnenden Lächeln. Auch aus seiner Miene sprach zweierlei: Er wusste, es wurde eng, aber er glaubte niemals daran, dass er den Kürzeren ziehen würde.

Dann kam das Turnier in Amsterdam, das letzte Spiel, bevor ich mich festlegen musste. Der Moment der Entscheidung. Es war ein grandioses Endspiel: Deutschland – Holland! Und wir haben gewonnen. Nach dem Spiel standen schon kleine Busse für die Jungs bereit, diejenigen, die nach Hause fliegen mussten wie Green, hatten die Flüge schon eine Dreiviertelstunde nach Spielende. Ich hatte mich für Duckwitz entschieden, konnte Green das aber, in der Hektik nach Spielende, nicht mehr mitteilen. »Ich ruf dich an«, habe ich ihm hinterhergerufen. Er wusste, was ich meinte, aber nicht, wie ich es meinte.

Am nächsten Morgen, ich hatte kaum geschlafen, hatte ich mir dann ein paar Stichworte aufgeschrieben und Atemübungen zur Beruhigung gemacht. Er war sofort am Apparat und er hörte meine Stimme: »Ich habe mich für Duckwitz entschieden und gegen dich. Ich weiß, wie beschissen das für dich ist, aber ich glaube, dass wir mit Eike in der Offensive in Athen besser aufgestellt sind.« Schweigen. Green war kurz sprach-, dann fassungslos: »Ich kann gar nicht glauben, was du mir erzählst. Wir haben doch schon so viele Dinger zusammen geschaukelt. Du weißt, dass du dich total auf mich verlassen kannst, wenn es darauf ankommst, das weißt du doch.« Ich glaube, ich habe ihn einfach reden lassen, an die Wand gedrückt, wie ich mich fühlte. »Ich muss darüber noch mal nachdenken. Wir können heute Nachmittag noch mal telefonieren« – das war Greens letzter Satz in diesem Gespräch. Er fühlte sich immer noch irgendwie als Herr des Verfahrens.

Am Nachmittag klingelte dann tatsächlich das Telefon: »Hier ist Mike.« Noch einmal hat er versucht, mich umzustimmen. Ich versuchte, genauso vergeblich, ihm zu erklären, wie schwer ich es mir gemacht hatte. Dann legte er auf. Und ich ging zum Fahrradfahren.

Wer auswählt, verletzt

Nach 20 Jahren als Hockeytrainer, nach einem Jahr als Sportdirektor und als vierfacher Vater weiß ich: Wer führen will, muss entscheiden können, wer entscheidet, muss verletzen können, jedenfalls, wer sich zwischen Menschen entscheiden muss. Hunderte solcher Entscheidungen musste ich in meiner Trainerlaufbahn fällen, vor jedem Turnier, vor jedem Lehrgang, vor jedem Länderspiel. Die Entscheidung gegen den Spieler Mike Green war menschlich die härteste in meiner Karriere, vom Prinzip her lief sie aber genauso ab wie alle anderen. Entscheidungen dieser Art sind ein spezifischer Bestandteil einer Beziehung zwischen Trainer und Spielern. Entscheidungen müssen vorbereitet werden. Fünf Punkte habe ich dabei immer besonders beachtet:

1. Klarheit über die Meinungsbildung des Entscheiders
Wann und wie ich eine Entscheidung letztlich kommuniziert habe, das hing von vielen, den Entscheidungsprozess beglei-

tenden Faktoren ab (siehe unten). Dass eine Entscheidung anstand und ein Meinungsbildungsprozess im Gange war, legte ich immer sofort offen. Bei Green und Duckwitz habe ich Monate vor der Entscheidung in Mannschaftssitzungen, aber auch in Einzelgesprächen darauf hingewiesen, dass das Rennen um die Position des linken Verteidigers offen sei. Natürlich wurde diese, wie jede Entscheidung, letztlich von mir getroffen und auch kommuniziert. Doch war es wichtig, dass die Mannschaft wusste, mit wem ich mich beraten, wen ich einbezogen hatte. Natürlich hatte ich mich mit den Fachleuten aus meinem Stab ausgetauscht, meinen Co-Trainern, dem Arzt, den Physiotherapeuten, den Psychologen, teilweise auch mit den Vereinstrainern und nicht zuletzt mit den Führungsspielern. Aber alle wussten: Entscheiden musste ich allein.

2. Klarheit über die Kriterien der Entscheidung

Während den Zeitspannen zwischen den Wettkämpfen haben die Spieler immense Belastungen auf sich genommen, nicht nur im Training, sondern auch in ihrem »normalen« Leben, haben nicht weniger ehrgeizig ihre Leistung in Beruf, Schule oder im Studium gebracht. Obwohl es um den Erfolg auf dem Platz ging, musste ich bei der Entscheidung für oder gegen einen Spieler eine Reihe von Kriterien einbeziehen, harte Fakten, aber auch soziale und emotionale Komponenten. Ich konnte eben nicht, wie ein Leichtathletiktrainer, Zeiten messen und die Schnellsten nominieren. Ich wollte, neben der Leistung, die soziale Kompetenz der Spieler in meine Entscheidung mit einfließen lassen. Alle, vor allem natürlich jene Spieler, die von einer bevorstehenden Entscheidung unmittelbar betroffen waren, haben gewusst, worauf es mir ankam. Dieses Erwartungsmanagement war das Herz einer jeder von meinen Entscheidungen. Nur weil ich selbst wusste, was ich erwartete, konnte ich die Konsequenzen meiner Entscheidungen richtig einschätzen.

Ich habe mir das immer ganz nüchtern vor Augen geführt. Die wichtigsten Fragen, die ich mir dabei stellte, waren:

a) *Welches sind die Aufgaben, die die Spieler zu erfüllen haben, was erwarte ich von ihnen?*

Hier galt es zu unterscheiden zwischen den subjektiven Kriterien wie der Beurteilung der komplexen taktischen Spielintelligenz und den messbaren athletischen Werten. Die subjektiven Kriterien der Spielleistung waren in dem Entscheidungsprozess viel höher zu bewerten als die messbaren Unterschiede in den athletischen Werten. Ich versuchte, durch individuelle Zielvereinbarungen die Anforderungsprofile, subjektive wie objektive, zu schärfen.

b) *Welche Qualitäten zeichnen den Einzelspieler aus, wie wirken diese sich auf die Leistung der Gruppe aus?*

Nicht jeder geniale Solist ist auch für die Mannschaft eine Verstärkung. Wie sind die soziale Intelligenz, der Charakter und die Rolle in der Gruppe zu beurteilen? Eigentlich habe ich nie die 18 (bei Welt- oder Europameisterschaften) oder 16 (bei Olympischen Spielen) individuell stärksten Spieler nominiert, immer waren es jene, von denen ich als Team die beste Leistung erwartete.

c) *Welche Besonderheiten sind zu berücksichtigen?*

Hat eine Verletzung, Krankheit, ein persönlicher Lebensumstand oder eine studienbedingte Belastung dazu geführt, dass ein Spieler zum Nominierungszeitpunkt die erforderliche Leistung nicht bringen kann? Kann, darf das meine Entscheidung beeinflussen? Hier beginnt die wichtige Differenzierung zwischen objektiven und intuitiven Entscheidungskriterien, auf die ich weiter unten noch detailliert zu sprechen kommen werde.

3. Klarheit über den Zeitraum der Beurteilung

Es wäre unredlich, wenn zur Begründung einer Entscheidung plötzlich Qualitäten oder Schwächen aus fern liegenden Zeiten herangezogen würden. Die Dauer einer Konkurrenzsituation muss folglich definiert und kommuniziert werden. Vor Olympia 2004 war klar, dass die Nominierungsphase mit dem ersten Lehrgang nach der WM in Kuala Lumpur 2002 beginnen und mit jenem im Beispiel aus der Praxis beschriebenen Turnier in Holland enden würde.

4. Klarheit über den Moment der Verkündung

Im Lauf einer Saison verkleinerte ich den Kreis der Kandidaten für große Turniere Zug um Zug. Der erweiterte Kreis der Nationalspieler umfasst in der Regel etwa 30 Akteure. Es gab immer einige, die aus diesem Kreis schon recht früh ausschieden, weil sie den Anforderungen nicht genügten. Die letzten beiden, die Spieler Nummer 19 und 20 (oder bei Olympia die Spieler Nummer 17 und 18), allerdings schieden, wie Mike Green, immer erst kurz vor Turnierbeginn aus. Grundsätzlich hielt ich es wie folgt: Steht eine Entscheidung unwiderruflich fest, sollte sie so rasch wie möglich kommuniziert werden.

Eine frühe Nominierung erfolgte dann, wenn Klarheit über die Leistungsunterschiede bestand, ebenso, um einzelnen Spielern Sicherheit zu verleihen und Unruhe zu minimieren. Zu einer relativ späten Nominierung zwang mich ein sehr ausgeglichenes Leistungsniveau oder die Gefahr, dass Ehrgeiz und Engagement durch die entstandene Sicherheit nachlassen würden.

Ein Randaspekt, der allerdings unvermittelt große Bedeutung bekommen kann, ist das Interesse der Öffentlichkeit. Zwar nicht ganz so aufgeregt wie bei Jürgen Klinsmanns Torwart-Entscheidung zwischen Kahn und Lehmann, doch begleitete auch meine Entscheidung zwischen Green und Duckwitz die interessierte (Hockey-)Öffentlichkeit. Immer wieder wurde mir signalisiert, dass die sogenannte öffentliche Meinung eindeutig zu Green tendiere. Ich habe mich davon weder beeinflussen noch drängeln lassen. Es kann aber durchaus vorkommen, dass öffentlicher Druck den Entscheidungsprozess beschleunigt. Eine wochenlange Debatte in den Medien kann selbst das stabilste Mannschaftsgefüge aus dem Gleichgewicht bringen.

5. Klarheit im Moment der Verkündung

Die Entscheidungsvorbereitung und die Entscheidungsfindung gehörten zu den spannendsten Erfahrungen meines Trainerlebens. Den Nicht-Nominierten dann die Entscheidung mitzuteilen, das war dagegen immer ein extrem schwerer, mich belastender Gang, zu dem ich aber immer voll gestanden habe. Stets habe ich die »Aussortierten« zuerst in Kenntnis gesetzt und meistens das Vieraugengespräch auf der Bettkante des Spielers in dessen Zimmer im Mannschaftsquartier gesucht. Ich hatte mir in solchen Situationen angewöhnt, ohne Umschweife und in kurzen Sätzen zu erklären, warum ich mich gegen den jeweiligen Spieler entschieden hatte. Die Spieler wollten diese klare, ehrliche, prägnante Erklärung ohne Sentimentalitäten. Das haben sie mir oft gesagt. Die Enttäuschung stand dem betroffenen Spieler jedes Mal ins Gesicht geschrieben. Es waren harte Momente, besonders auch, weil sie wussten, dass sich – ein paar Augenblicke später – Mannschaftskollegen ein paar Türen weiter im Trainingslager über ihre Nominierung freuen und dieser Freude auch Ausdruck verleihen würden. Oft schlug mir bei diesen Gesprächen Respekt für meine Entscheidung und doch Unverständnis entgegen. Viele Spieler haben dabei auch geweint. Ich hingegen durfte meine Gefühle nicht zeigen. Zumindest nicht vollständig. Schließlich hatte ich entschieden.

Richtige Entscheidungen zu treffen ist sicherlich eine der schwierigsten Aufgaben im Leben. Das gilt für alle Menschen, nicht nur für Trainer und Führungskräfte. Aber entscheiden ist Kern jeder Führungsaufgabe. Nur wer entscheiden kann, ist als Führungskraft geeignet, wird als solche anerkannt und sich durchsetzen können. Wem des Entscheiden schwerfällt, wer sich das nicht zumuten will, der sollte um seiner selbst und der von ihm Abhängigen willen keine Führungsposition anstreben. Nicht nur deshalb, weil man Entscheiden (-Können) nicht wirklich lernen kann. Entscheiden ist eben auch eine Frage der Persönlichkeit, des Charakters. Der Vorgang einer Entscheidung ist kein statischer Prozess, er fordert den Entscheider, belastet und motiviert ihn, denn: Entscheiden (können) bedeutet Macht ausüben (können). Wer entscheidet, muss mit Starken und mit Schwachen umgehen können, mit Stärken und mit Schwächen, den eigenen und denen anderer. Starke (Führungs-)Persönlichkeiten stehen zu den von ihnen getroffenen Entscheidungen, sie kommunizieren negative Entscheidungen selbst und dokumentieren auch bei positiven Entscheidungen durch die persönliche Übermittlung, wie wichtig ihnen dieser Vorgang ist – und die Menschen, die ihre Entscheidungen betreffen.

Entscheiden ist das Bindeglied zwischen Denken und Handeln. Das kann sich auf die Auswahl einer Handlung aus einer Menge an Möglichkeiten beziehen, dann steht der eigentliche Entschluss zu einer Handlung im Vordergrund. Oder man versteht darunter einen Prozess von Entscheidungsschritten. Charakteristisch für eine Entscheidung ist stets, dass die entscheidende Person vor mindestens zwei verschiedenen Handlungsmöglichkeiten steht und sich aufgrund bestimmter Kriterien für eine der Optionen entscheiden muss. Führungskräfte allgemein, so auch Trainer im Leistungssport, müssen sich zwischen Personen, zwischen Objekten oder auch zwischen Vorgehensweisen oder Strategien entscheiden. Klar ist dabei: Die Auswahl einer Option zieht jeweils Konsequenzen nach sich. Geht es dabei um Menschen, sind diese Konsequenzen anders zu bewerten als bei Entscheidungen, von denen unmittelbar keine Personen betroffen sind. Meistens, jedoch nicht immer, sind diese Konsequenzen bei Menschen, gegen die entschieden wurde, schmerzhaft. Es gibt jedoch auch – zugegeben seltene – Fälle, in denen Führungspersönlichkeiten sich gegen Menschen entscheiden – und jenen damit zu einer ungeahnten Erleichterung verhelfen.

Der Weg zur Entscheidung

Menschen treffen Entscheidungen nicht immer nur unter dem Aspekt der Nutzenmaximierung. Anstelle von rein rational getriebenen Entscheidungen stehen oft »Weisheiten«, Erfahrungen oder einfache und natürliche Denkweisen im Vordergrund. Ein nicht nur im Sport gern verwendeter Satz, der Entscheidungen aufgrund von Erfahrungen auf den Punkt bringt, lautet: »Never change a winning team.«

Dieses Erfahrungswissen ist sehr hilfreich und nützlich für den Entscheidungsträger, kann es ihm doch zeitgerecht zu einer befriedigenden Entscheidung verhelfen. Dennoch stellen Erfahrungen oft auch Vereinfachungen dar und können daher zu systematischen Verzerrungen oder falschen Wahrnehmungen führen. Daher sollte vor einer endgültigen Entscheidung stets diskutiert werden, ob im vorangegangenen Entscheidungsprozess Fehler oder Verzerrungen eine Rolle gespielt haben.

Durch das Fällen von Entscheidungen soll ein unbefriedigender Ausgangszustand in einen erwünschten Endzustand überführt werden. Dieser Prozess besteht aus der Abfolge von Phasen, die sowohl für Entscheidungen zwischen zwei oder mehreren Personen als auch für solche, die ganze Gruppen betreffen, angewandt werden können:

1. Problemdefinition

2. Suche nach Handlungsmöglichkeiten

3. Bewertung der Handlungsmöglichkeiten

4. Interne Entscheidung

5. Umsetzung der Entscheidung

6. Beurteilung der Entscheidung

Problemdefinition

Im ersten Schritt, der Problemdefinition, muss dreierlei erreicht werden: Zunächst muss die Entscheidungssituation genau beschrieben werden. Dann, zweitens, muss die Situation, in der die Entscheidung zu treffen ist, umfassend analysiert, und drittens das Ziel, welches mit der Entscheidung verfolgt wird, klar definiert werden. Zur Definition der Entscheidungssituation gehört die Zusammenstellung aller für eine Entscheidung relevanten Sachverhalte. Daraus sollte sich die Notwendigkeit einer Entscheidung ableiten lassen. Es soll schon vorgekommen sein, dass eine genaue Prüfung des Sachverhalts Entscheidungsprozesse stoppte, noch bevor sie wirklich begonnen hatten.

Zeigt sich jedoch auch nach Prüfung des Sachverhalts, dass eine Entscheidung unumgänglich ist, müssen – in der Situationsanalyse – die Rahmenbedingungen, unter denen die Entscheidung zu treffen ist, abgesteckt werden. Zu klären ist dabei neben anderem, welche Personen von den Folgen betroffen sein könnten. Auch mögliche Einschränkungen der Entscheidungsfreiheit, die verfügbaren Ressourcen wie Zeit oder finanzielle Mittel können dabei eine Rolle spielen. Außerdem muss geklärt werden, wen der Entscheider in den Entscheidungsprozess mit einbinden will, wer ihn berät, wie sein Umfeld insgesamt »aufgestellt« ist. Mit der Zielanalyse schließlich werden die Ergebnisse bestimmt und benannt, die mit der anstehenden Entscheidung erreicht werden sollen.

Suche nach Handlungsmöglichkeiten

Im zweiten Schritt, bei der Suche nach Handlungsmöglichkeiten, werden verschiedene Wege zum Ziel definiert. Dazu müssen Informationen eingeholt und Ideen entwickelt werden, welche den Entscheidungsprozess voranbringen können. Der Kreis der Zulieferer sollte möglichst klein gehalten werden und unbedingt vertrauenswürdig sein. Ein Musterbeispiel für eine solche Entscheidungsvorbereitung lieferte Jürgen Klinsmann während der WM 2006, als er mit seinem Co-Trainer Joachim Löw, dem Torwarttrainer Andreas Köpke und Manager Oliver Bierhoff in einer geradezu idealtypischen Runde seine Entscheidungen vorbereitete. Bei öffentlich nicht derartig im Fokus stehenden Entscheidungen empfiehlt es sich, auch externe Berater hinzuzuziehen, die mit der Materie als solcher nicht wirklich vertraut sind, aber Erfahrung als Entscheider mitbringen. Auch eine Methode, die als »Hausfrauentest« in die Sprache Einzug erhalten hat, kann in solchen Situationen zur Anwendung kommen: Wie reagieren Menschen im privaten Umfeld, die weder in professionellen Führungspositionen noch fachlich mit der Materie vertraut sind?

Bewertung der Handlungsmöglichkeiten

Bei der Bewertung im dritten Schritt des Entscheidungsprozesses werden die gefundenen Handlungsmöglichkeiten beurteilt und gegeneinander abgewogen. Dabei können zu erwartende Kosten ebenso eine Rolle spielen wie Risiken und Konsequenzen für die betroffenen Personen, nicht zuletzt für den Entscheider selbst. Ein letztlich dominierender Faktor bei der Bewertung der Entscheidungsalternativen ist naturgemäß die Erfolgswahrscheinlichkeit. Eine noch so preiswerte, risikoarme und menschlich verträgliche Lösung verliert unter

Umständen erheblich an Reiz, wenn der Entscheider dabei das definierte Ziel, also den Erfolg, aus den Augen verliert.

Die bisherigen Schritte stellen die sogenannte Vorentscheidungsphase dar, die nicht ohne Spannungen für den Entscheidungsträger abläuft. Es ist auch die Phase, in der eine Führungspersönlichkeit sich mit anderen austauscht, Erfahrungen und Meinungen einholt, in der sie sich aber noch nicht festgelegt hat, sich noch nicht festgelegt haben sollte.

Interne Entscheidung

Im vierten Schritt nun steuert der Prozess auf seinen Höhepunkt zu, es muss ausgewählt, es muss entschieden werden: Der Entscheidungsträger wählt eine Lösung, die ihm zielführend erscheint. Ob er sich für den Weg entscheidet, der auch in seinem Umfeld favorisiert oder ihm von engen Vertrauten nahegelegt wurde, ob es sich um die sprichwörtliche »einsame Entscheidung« oder gar eine Festlegung gegen den Rat aller handelt, eine Konstante des Entscheidungsprozesses ist dabei unabänderlich: Die Entscheidung fällt der Entscheider letztlich allein.

Umsetzung der Entscheidung

Im fünften Schritt wird die getroffene Entscheidung vollzogen und damit von der Theorie in die Praxis überführt, in die Realität umgesetzt. Ein wichtiger Punkt dabei ist die Kommunikation der Entscheidung, insbesondere, wenn es um die Entscheidung zwischen Menschen geht. Soll eine solche Entscheidung nicht bereits in der ersten Phase beschädigt werden, müssen Voraussetzungen geschaffen, Fragen beantwortet werden – und zwar bevor die Entscheidung bekannt gegeben wird. Nur so wird eine »erfolgreiche« Kommunikation wahrscheinlich. Die wichtigste unter den zu stellenden Fragen ist: Wen betrifft die Entscheidung, wer hat Konsequenzen zu tragen? Daraus ergibt sich dann eine Kommunikations-Hierarchie: Jene Personen, die durch die Entscheidung die erheblichsten Konsequenzen zu erwarten haben, sollten zuerst informiert werden. In jedem Fall sollte eindeutig und klar kommuniziert werden, Einfühlungsvermögen und andere psychologische Kriterien spielen in dieser Situation eine nachgeordnete Rolle. Zu Beginn eines solchen Gespräches sollte die Entscheidung explizit formuliert werden, ebenso die wichtigsten, maximal drei Gründe. Klar sollte auch sein, wer die Entscheidung gefällt hat: »Ich habe mich (für oder gegen) ... entschieden, und das aus folgenden Gründen ...«

Dieses Kommunikationsmuster ist sowohl beim Überbringen positiver als auch beim Verkünden negativer Nachrichten anzuwenden. Bei der Form der Mitteilung, dem Ablauf des Kommunikationsprozesses, muss der Entscheider allerdings unterscheiden zwischen zwei im Ergebnis unterschiedlichen Konstellationen:

- **Individuell negative Entscheidungen**
  Hier sollte zunächst der engste denkbare Kreis gewählt werden, das Zweiergespräch, wenn irgend möglich »face to face«, nur im Notfall am Telefon oder in Schriftform, lieber einen Tag später, dafür ohne Zeitdruck, aber nicht »open end«, besser im Sitzen als im Stehen. Die Wortwahl sollte den Inhalt der Entscheidung und die Konsequenzen für die Betroffenen berücksichtigen: ruhig, verbindlich, einfühlsam – unbedingt unterstützt von Augenkontakt. Dabei sollte der Entscheider auf keinen Fall »wackeln«, damit nicht der Eindruck entsteht, über die Entscheidung könnte noch diskutiert werden.
  Wenn möglich und nötig, sollten bei der Kommunikation die fachlichen und die persönlichen Gründe für die Entscheidung voneinander getrennt angesprochen werden. Sind eher emotionale Gründe ausschlaggebend gewesen, sollte das klar benannt und nicht durch scheinbar klar herleitbare Argumente kaschiert werden. Dabei können persönliche Eindrücke und Gefühle des Entscheiders durch-

aus als Begründung angeführt werden, zum Beispiel mit dem Satz »Ich möchte es einfach mal auf diese Weise versuchen«. Wenn möglich, sollten in einem solchen Gespräch dem Betroffenen Perspektiven für dessen Entwicklung aufgezeigt werden. Bei alledem sollte der Respekt vor der Person, der die individuell negative Entscheidung zu überbringen ist, im Vordergrund stehen. Die getroffene Entscheidung muss in ihrer Endgültigkeit beschrieben und darf nicht infrage gestellt werden, die bevorstehende Kommunikation sollte der Gruppe (Mannschaft, Abteilung, Unternehmen) dann angekündigt und mit geringem zeitlichen Abstand auch vollzogen werden. Die zu erwartende Minderung des Selbstwertgefühls geht einher mit der Statusminderung in der Gruppe. Beides müssen Führungspersönlichkeiten im Moment, da sie eine individuell negative Entscheidung kommunizieren, bei den Reaktionen der betroffenen Person berücksichtigen. Die persönliche Enttäuschung der Betroffenen auszuhalten, ja auch die dadurch womöglich eintretende eigene Belastung zu verarbeiten, das gehört zu den wichtigsten Führungsaufgaben.

- **Individuell positive Entscheidungen**
  Bei individuell positiven Entscheidungen spielt die Reihenfolge (Information des Einzelnen – Information der Gruppe) eine untergeordnete Rolle, ja, die »frohe Botschaft vor versammelter Mannschaft« kann durchaus für den Einzelnen eine noch größere Bestätigung bringen, sein Selbstwert und der Status in der Gruppe durch die Bekanntgabe vor aller Augen noch gesteigert werden. Die Folgen einer solchen »Erhöhung« sollte der Entscheider allerdings sorgfältig abwägen (Neid, Missgunst auf der einen, Überheblichkeit auf der anderen Seite). Voraussetzung bei alledem ist selbstverständlich, dass jene, die durch die Entscheidung individuell negativ betroffen sind, bereits vorab informiert wurden.

Beurteilung der Entscheidung

Der sechste Schritt schließlich, die Beurteilung der Entscheidung, rundet den Prozess ab: Die getroffene Entscheidung wird noch einmal überprüft. Die Qualität einer Entscheidung basiert auf dem Wissen des Entscheidungsträgers im jeweiligen Entscheidungsgebiet, seiner Motivation und seiner Fähigkeit, die notwendigen Schritte einer rationalen Entscheidung durchzuführen. Einmal getroffen, ist sie als unabänderlich zu akzeptieren – von den Betroffenen, aber auch vom Entscheider selbst. Der Prozess des Analysierens und der Folgebewertung gehört ins Vorfeld, nicht zur Nachbearbeitung einer Entscheidung. Dennoch können unvorhersehbare Ereignisse die Entscheidung vor oder während ihrer Umsetzung infrage stellen. Hier gilt: In den seltensten Fällen sind die Folgen einer Korrektur weniger gravierend als jene der ersten getroffenen Entscheidung, oft werden Schwachpunkte durch neue Schwachpunkte ersetzt. Entschließt sich der Entscheider aber zur Korrektur oder gar zur Rücknahme, wird mit der neu getroffenen Entscheidung genauso umgegangen wie mit der ursprünglichen: Sie wird zügig kommuniziert und nicht mehr hinterfragt. Aus Entscheidungsprozessen zu lernen gehört zur Substanz einer jeden Entscheidung – und zu den notwendigen Fähigkeiten jedes versierten Entscheiders. Zu jenen gehört jedoch auch, die Enttäuschung oder die Freude der Betroffenen und nicht zuletzt die eigenen Emotionen zu antizipieren.

Zusammengefasst führt der ideale Weg zu einer weitreichenden Entscheidung zunächst über die Bestimmung des Beraterumfelds zu einer definierten Ausgangsposition (Problem). Der Definition des gewünschten Endzustands folgt die Zusammenstellung möglicher Lösungswege. Nach einer Beurteilung und Bewertung dieser Lösungswege müssen die Folgen antizipiert werden: soziale, fachliche, finanzielle und andere. Eine abschließende zielführende Diskussion in kleiner Runde mündet in einer möglichst eindeutigen Entscheidung. Die von der Entscheidung Betroffenen sollten dann differenziert, wenn möglich individuell, unterrichtet werden. Eine zügige Umsetzung schließt den Entscheidungsprozess ab.

> **!**
> - Entscheiden zu können ist (auch) eine Frage der Persönlichkeit.
> - Nur wer von seinem Naturell her auch in schwierigen Situationen in der Lage ist zu entscheiden, sollte Führungspositionen anstreben.
> - Entscheidungen verknüpfen das Denken mit dem Handeln.
> - Weitreichende Entscheidungen sollten erst am Ende eines Entscheidungsprozesses gefällt werden.
> - Entscheiden bedeutet (fast immer) handeln.

KAPITEL 3

Erfolgreich sein, erfolgreich bleiben: Was Führungskräfte brauchen, um dauerhaft Höchstleistung zu bringen

Vorbemerkung

Nachdem ich im zweiten Kapitel hauptsächlich meine Prinzipien emotionaler Führung beschrieben habe: wie ich mit meinem Team und mit den einzelnen Spielern umgehe, wie ich versucht habe, sie als Menschen zu begeistern, ein Team zu formen und mit ihnen das Siegen lernte, will ich nun vor allem von mir und meinem Umgang mit mir selbst berichten. Es geht dabei um Stärken und Schwächen, um Schwierigkeiten und Erfolgserlebnisse, um meinen ganz persönlichen Stil, auch um Gefühle. Um alles also, was in meinem Trainerleben ganz unmittelbaren Einfluss auf meine Arbeit hatte. Und in der Folge darum, wie diese Arbeitsweise auf andere wirkte.

Wer diese Erfahrungen auf seine eigene Situation übertragen kann und will, sollte das tun. Die Themen sind zum Teil sehr persönlich – und doch unglaublich wichtig für den beruflichen Erfolg. Es geht also recht persönlich zu im Folgenden, und doch wäre ich niemals so vermessen, meine ganz individuellen Erfahrungen hier auszubreiten, wenn ich nicht davon überzeugt wäre, dass viele Menschen sich in dieser Beschreibung wiederfinden. Am Ende eines jeden Abschnitts habe ich deshalb meine Erfahrungen zu Empfehlungen zusammengefasst. Für alle, die Verantwortung tragen.

Der weise Diktator: Pedant, Partner, Psychologe

Wer Menschen führen will, sollte seine eigenen Stärken kennen, seine Schwächen – und seine Grenzen. Nur wer in der Lage ist, sich selbst ehrlich einzuschätzen, wird auch die Menschen, die es zu führen gilt, richtig und gerecht beurteilen. Wer sich zutraut, ein Team zu formen, ihm eine Identität zu geben (wie ich es im zweiten Kapitel im Abschnitt »Formen: Teams brauchen eine Handschrift« beschrieben habe), muss sich als Führungspersönlichkeit über seine eigene Identität im Klaren sein. Das klingt logisch und ist doch verdammt schwer.

Denn eine Identität ist keinem in die Wiege gelegt, man muss sie erst suchen, und es ist auch nicht gesagt, dass man sie findet. In jedem Fall ist eine solche Suche ein aufwendiger, oft mühsamer, meistens aber gewinnbringender Prozess. So war es jedenfalls bei mir. Ich wusste, dass ich nach außen oft anders, meist ruppiger wirkte, als ich das in meinem Innern beabsichtigte.

Meine emotionalen Schwankungen waren legendär. Ich erinnere mich an meine Anfangsjahre als Trainer: Nach Niederlagen war ich oft tagelang nicht ansprechbar. Erst in der letzten Phase meiner Arbeit als Bundestrainer war ich in der Lage, diese Gefühle und ihre Schwankungen besser zu kontrollieren – und damit ein Vorbild zu sein für meine jungen Spieler, die ja weit weniger Erfahrung im Umgang mit emotionalen Extremsituationen hatten als ich.

Dies war das Ergebnis eines langen Lernprozesses. Auf welche entscheidende Weise ich mir dabei von anderen helfen ließ, schildere ich ausführlich in diesem Kapitel im Abschnitt »Trainer brauchen Trainer«. Keine Hilfe brauchte ich, um zu erkennen, dass es für mich wie für jede Führungspersönlichkeit am einfachsten ist, die eigenen Interessen und Vorgaben aus der Position des Stärkeren von oben herab in die Gruppe hinein zu kommunizieren. Jahrelang habe ich mich daran gehalten. Unnachgiebig habe ich streng analytisch und leistungshierarchisch gearbeitet: Wer seine Leistung nicht brachte, wurde aussortiert. Dies entsprach meiner damaligen Identität als Trainer: Ich glaubte daran, dass Höchstleistung, was die Spieler betraf, in erster Linie eine Frage von Einsatzwillen und Disziplin war. Und, was die Arbeit des Trainers betraf, vor allem das Ergebnis penibelster Planung. »Nur wenn ich gut geplant habe, bin ich in der Lage zu improvisieren, wenn ich muss!« So lautete meine Devise. Bevor diese Einstellung im Lauf der Zeit in einem ganzheitlichen Denken, meiner Philosophie der emotionalen Führung, aufgehen konnte, musste eine wesentliche Voraussetzung erfüllt sein: Ich selbst musste meine Identität verändern.

Wer seine Identität verändern will, so hatte ich zu lernen, darf die alte nicht verleugnen. Nein, aus mir würde nie ein leiser, diplomatischer, ausgeglichener Trainer werden. Ich würde von meinen Jungs immer vollen Einsatz verlangen, wie auch von mir selbst. Ich würde immer laut werden, wenn mir Dinge nicht passten, und auch vom Leistungsprinzip würde ich nicht lassen. Das wusste ich. Ich wusste allerdings auch, dass ich diese unabänderlichen Teile meines Charakters ergänzen musste und konnte – durch andere Facetten, die den Bereich der Gefühle stärker betonten. Mein Ziel waren menschliche Verlässlichkeit *und* professionelle Strukturen, ich wollte lernen, über mich zu lachen, und wusste doch, dass ich als Trainer nie »fünf gerade sein« lassen konnte. Ich wollte erfolgreich sein durch Planung *und* Emotion.

Dies war ein schwieriger Prozess. Es gab immer wieder Phasen, in denen ich merkte, dass Ungeduld oder Aggressivität aus mir herausbrachen und mein Bestreben, auch die emotionalen Aspekte, die »weichen Faktoren« zu berücksichtigen, überlagerten. Gerade beim Umgang mit den Spielern nach Fehlern bei der Trainingsarbeit oder nach schwachen Spielen erkannte ich oft erst im Nachhinein, dass ich mit meiner Kritik überzogen hatte. Immer wieder habe ich alle erinnert: »Wenn ich ruppig bin, gilt das nur eurer Leistung, ich

kritisiere euch als Spieler, nie als Menschen.« Der Meinungs-
austausch wurde trotzdem oft sehr persönlich.

Mein Spieler Carlos Nevado zum Beispiel hat das erfahren,
ein sehr sensibler Junge, der, als er im Alter von 21 Jahren zur
Nationalmannschaft kam, psychisch noch nicht so stabil war.
Ich erinnere mich an eine Trainingseinheit, er hatte sich tau-
sendmal festgedribbelt, statt meinen taktischen Vorgaben zu
folgen und rechtzeitig abzuspielen. Irgendwann platzte es aus
mir raus. Vor allen Mitspielern brüllte ich ihn quer über den
Platz an: »Wenn du jetzt nicht endlich dazulernst, kannst du
dir deine Tasche holen und abhauen. Wenn du den Druck
nicht aushältst, du Weichspüler, bist du hier falsch.« Total
entgeistert, blass und traurig blickte er mich an. Für ein paar
Sekunden herrschte Stille auf dem Platz. Dann ging das Training weiter. Carlos blieb.

Als er dann, immer noch wenig Farbe im Gesicht, nach
dem Training schweigend vom Feld schlich, ging ich auf
ihn zu und legte ihm den Arm um die Schultern: »Du weißt
doch, wie ich das meine. Du bist so ein starker Spieler, wir
brauchen dich hier, aber du musst einfach weiterkommen
und lernen.« Ich sah in seinen Augen und in einem kleinen
erwiderten Lächeln, dass er meine Botschaft verstanden hatte
und meine Flüche jedenfalls nicht mehr zu persönlich nahm.
Das hoffte ich jedenfalls. Dieter Schürmann, unser Manager
und mit meinen Stärken und Schwächen bestens vertraut,
hat dann später zu Nevado gesagt: »Solange er dich anbrüllt,
hat er großes Interesse an dir und ist überzeugt, dass es sich
lohnt, mit dir zu arbeiten.« Heute weiß ich, dass ohne Ver-
mittler wie Schuermann und andere Mitstreiter mancher
meiner Ausbrüche weit negativere Nachwirkungen gehabt
hätte. Und ich weiß, dass der Rat und das Feedback meiner
Mitarbeiter, auch meiner Führungsspieler, den Weg zu meiner eigenen Traineridentität maßgeblich geebnet haben.
Trotzdem muss ich einräumen: Auch wenn ich wusste, dass
sie mit ihrer Kritik richtig lagen, dauerte es meist bis zum

nächsten Tag, bis ich in der Lage war, dies mir selbst, aber auch ihnen gegenüber zuzugeben. Erst dann korrigierte ich mein Verhalten gegenüber den betroffenen Spielern, gelegentlich habe ich mich auch entschuldigt.

So änderte ich Schritt für Schritt mein Kommunikationsverhalten – auf dem Weg vom »Diktator« zum »weisen Diktator«. Schon immer habe ich mich, auch in meinen frühen Jahren, mit Menschen umgeben, die in ihren jeweiligen Fachgebieten besser Bescheid wussten als ich. Schon immer habe ich den Rat von Führungsspielern eingeholt. Doch erst in den letzten Jahren meiner Trainerarbeit war ich in der Lage, diesen Rat auch wirklich an mich heranzulassen, ihn nicht nur rational zu akzeptieren, sondern auch zu verinnerlichen. Die Folgen waren frappierend: Nicht nur die Ratgeber in meiner Umgebung waren plötzlich weitaus motivierter – spürten sie doch, dass ihre Anregungen nicht nur als Teil eines ausgetüftelten Plans angenommen und (aus)genutzt, sondern von mir auch verinnerlicht und mit großer Emotionalität weitergegeben wurden. Auch auf die Spieler hatte meine größere Offenheit stimulierende Wirkung. Fast schien es, als würden sie sich noch mehr engagieren für unsere gemeinsamen Ziele, weil sie nun, jedenfalls mittelbar, den Weg zu diesen Zielen mit beeinflussen konnten.

So wurde die »Transparenz« zu einem der zentralen Begriffe meiner weiterentwickelten Identität. Hatte ich jahrelang Trainingspläne, nach ausführlicher Beratung mit Mitarbeitern, doch stets letztlich für mich allein entwickelt (und dann auch Spiegelstrich für Spiegelstrich durchgezogen), stellte ich mich später darauf ein, auch im laufenden Betrieb, während Trainingseinheiten oder Lehrgangswochen, meine Pläne zur Diskussion zu stellen und sie gegebenenfalls auch über den Haufen zu werfen. Dass dies nicht als Schwäche registriert wurde, sondern als eine meiner besonderen Stärken, gehörte zu den wichtigsten Lernprozessen auf dem Weg zu meiner Identität als Trainer.

Wer die Emotionen zu einem zentralen Gegenstand seiner Führungsphilosophie und seiner Traineridentität erhebt, der ist gut beraten, sich besonders mit den buchstäblich naheliegendsten Gefühlen intensiv zu beschäftigen: den eigenen. Das beginnt schon mit der oft nicht leicht zu ertragenden Erkenntnis, dass diese Emotionen situations- oder tagesbedingten Schwankungen unterliegen. Und es endet mit der Erkenntnis, dass die Launen von Führungspersonen ganz unmittelbar Einfluss nehmen auf das Team – und so letztlich auch auf die Leistung. Wenn es gelingt, diese Emotionen nicht nur so gut es geht zu kontrollieren, sondern sie bei der eigenen Arbeit aktiv zu berücksichtigen, dann ist viel gewonnen. Das krampfhafte Überspielen persönlicher Emotionen hilft dabei gar nichts. (Mögliche Wege, das eigene Gefühlsleben im Gleichgewicht zu halten, beschreibe ich im Abschnitt »Wechselspiel: Zwischen Anspannung und Entspannung«.)

Noch wichtiger als die Kontrolle der Gefühle ist die Erkenntnis, dass bei eigener Übellaunigkeit die Spieler kaum, wie gefordert, im Training leidenschaftlich und eigeninitiativ zu Werke gehen können. Umgekehrt ist ein ausgeglichener, entspannter Trainer ein unmittelbarer Leistungsmotor. Ich brauchte lange, bis ich diese eigentlich leicht verständlichen Zusammenhänge erkennen und vor allem nutzen konnte. Ich wollte unbedingt der Ausgangspunkt für positive Energien sein. Es bedurfte oft einer ungeheuren Anstrengung, aber ich spürte eine unendlich große Befriedigung, wenn es mir gelungen war, den Kreislauf der Emotionen positiv in Gang zu setzen.

Die Lehrgänge mit meinem Team waren, unabhängig von ihrer Dauer, von mir immer bis ins Detail lange vorher durchgeplant (wie ich im zweiten Kapitel im Abschnitt »Planen: Flexibel sein durch Akribie« ausführlich beschreibe). Ich begründete zu Beginn einer jeden solchen intensiven Arbeitsphase meine Ideen und Vorhaben. Auf diese Weise sorgte ich für größtmögliche Transparenz. Doch im Gegensatz zu früher signalisierte ich in späteren Jahren von Anfang an, dass das Programm jederzeit, abhängig von der Entwicklung und der Dynamik in der Gruppe, variiert werden könnte. Niemand konnte allerdings sicher sein, dass ich nicht – trotz aller Widerstände – das Programm gnadenlos durchziehen würde. Jeder konnte hingegen sicher sein, dass dieses »Durchziehen« keine prinzipielle Angelegenheit war, sondern Ergebnis einer ehrlichen, intensiven Auseinandersetzung und Beratung mit allen Beteiligten.

Wenn ich nun – zusammenfassend – versuchen soll, die Schlüsselbegriffe meiner Traineridentität zu benennen, so fallen mir die Begriffe »Konsequenz« und »Fürsorge« ein. Diese Begriffe stehen für die beiden Seelen in meiner Brust. Ich war, auf der einen Seite, ein bedingungsloser Leistungsfetischist, hart gegen die Spieler, aber auch gegen mich. Ich plante sehr penibel und merkte, wie frustriert ich manchmal war, wenn meine Planungen nicht eingehalten wurden oder werden konnten. In dieser Hinsicht habe ich gelegentlich auch die Grenzen nicht nur des guten Benehmens, sondern auch der menschlichen Achtung überschritten. Oft tat es mir danach sehr leid, und ich habe mich sofort entschuldigt. Ich konnte aber auch in aller Ruhe knallhart sein, ganz kühl, wenn ich davon überzeugt war, dass bestimmte Maßnahmen nötig seien, um kurzfristig Verbesserungen bei einzelnen Spielern zu erzielen. Ich habe mit dieser eigentlich unpädagogischen Methode gelegentlich auch erfahrene Führungsspieler, die aus meiner Sicht nicht an ihre Grenze gegangen waren, nicht alles für die Mannschaft gegeben hatten, angestachelt – und oft zu leistungsfördernden Reaktionen provoziert. »Ihr müsst den Nominierungs- und Selektionsdruck aushalten. Sonst habt ihr im Leistungssport nichts verloren«, höre ich mich sagen. Oft ging es mir psychisch schlecht nach solchen Ansagen, gerade wenn es auf die extrem harte Phase zuging, in der wir den Kader für ein Turnier festlegten – und dabei einige, die alle Trainingsanstrengungen mitgemacht hatten, nach Hause schicken mussten. Letztlich buchte ich für mich die Notwendigkeit, auch harte Entscheidungen zu treffen, als bedingungsloses Engagement für unser gemeinsames Ziel ab. Und so taten es auch die – meisten – Spieler.

Das lag vermutlich vor allem daran, dass sie meine andere Seite, die fürsorgliche, so gut kannten und wussten, dass sie sich auf mich in buchstäblich jeder Beziehung verlassen konnten. Darauf, dass ich mich für sie als Menschen mindestens so interessierte wie für ihre Leistung, für ihre Berufsausbildung und ihre privaten Sorgen mindestens so wie für ihre Ausdauerwerte oder die Qualität ihrer Hockeytechnik. Sie schenkten mir großes Vertrauen und ich schenkte es ihnen, ich gestattete ihnen Einblicke in meine Schwächen und war offen für ihre. Das schützte sie und mich jedoch nicht vor den schwierigen Momenten der Entscheidung.

Ich bin zutiefst davon überzeugt, dass ich in den leider meist nur verhältnismäßig kurzen Phasen unseres Zusammenseins bei Lehrgängen oder rund um die Spiele mit dieser provokanten, oft verletzenden und offensichtlich unpädagogischen Methode das Optimale erreicht habe. Nie hätten die Spieler so schnell gelernt, wenn ich sie immer in ihrer Komfortzone gelassen hätte. Aus meinem Anspruch allerdings, die Spieler als Gesamtpersönlichkeiten und eben nicht nur als Leistungsmaschinen zu führen, ergab sich, dass ich viel Zeit und emotionale Energie darauf verwenden musste, ihnen diese beiden Seiten meiner Führungsphilosophie, den Kumpel und den Despoten, nahezubringen. Meine Devise lautete: »Nur wenn du extrem bist, bist du auch extrem erfolgreich.«

Gewiss war es auch unser steter gemeinsamer Erfolg, der dazu führte, dass die Spieler mir und meiner Methode folgten, die uns alle oft genug an unsere Grenzen führte – an die emotionalen und auch an die körperliche Leistungsgrenze. Als Despot allein wäre ich nie so weit gekommen, mit einem reinen Kumpel als Trainer wären wir nie zweimal hintereinander Weltmeister geworden. So hatte ich über die Jahre zu einer Identität gefunden, war – mal mehr, mal weniger – Partner, Pedant und Psychologe.

 Wer führen will, muss sich fragen:
Was sind meine Stärken? Welche sind meine Schwächen?

- Offenheit siegt: Wer seine Entscheidungen und den Weg dorthin transparent gestaltet, wird Autorität gewinnen und nicht verlieren.
- Kumpel und Despot: »Konsequenz« und »Fürsorge« ergeben gemeinsam die Grundlage emotionaler Führung.
- Vorbild sein mit Gefühl: Die Stimmungslage des Führenden überträgt sich unmittelbar auf das Team.
- Extrem erfolgreich: Nur wer Außerordentliches fordert, wird außerordentliche Ergebnisse erzielen.

Selbst vertrauen: Nur wer sicher ist, kann Sicherheit geben

Im Spiel mit dem Wort »Selbstvertrauen« entstehen zwei Eigenschaften, die sich bei Menschen, die Verantwortung für andere tragen, wechselseitig bedingen und beeinflussen können. Auf der einen Seite »sich selbst vertrauen«, das Gefühl also, sich auf die eigenen Fähigkeiten verlassen zu können. Auf der anderen Seite »selbst vertrauen«, die Fähigkeit, als Führungsfigur dem Team und dessen einzelnen Mitgliedern sein eigenes Vertrauen zu schenken.

Sodann entsteht im günstigen Fall ein Kreislauf des Vertrauens: Wächst das Selbstvertrauen in mir, kann ich als Führungsfigur auch mehr Sicherheit geben und ausstrahlen auf das Team. Im Lauf meiner Karriere habe ich die Erfahrung gemacht, dass ich mit wachsendem Selbstvertrauen zunehmend in der Lage war, selbst zu vertrauen – den Spielern, ihrer Stärke und Selbstständigkeit. Diesen Kreislauf beschreibe ich ausführlich im zweiten Kapitel – Abschnitt »Vertrauen: Durch Nähe zum Erfolg«.

Nun ist Vertrauen immer eine Angelegenheit, die auf Gegenseitigkeit beruht. So bekam ich von den Spielern das in sie gesetzte Vertrauen zurück, indem sie mir und meinen Fähigkeiten und Maßnahmen vertrauten und meine Arbeit – mir gegenüber, untereinander und auch öffentlich – anerkannten. Wenn ein erfahrener Weltklassestürmer wie Matthias Witthaus sich in der Zeitung mit den Worten zitieren ließ: »Wir haben den besten Trainer der Welt!«, dann wusste ich, dass er übertrieb, muss aber zugeben, dass mich das auch ein wenig stolz machte, vor allem aber stärkte es mein Selbstvertrauen, das ich dann wiederum an die Spieler weiter- und zurückgeben konnte.

Diese Form des Selbstbewusstsein-Transfers erlebte ich schon sehr früh in meiner Karriere: Es war im November 1989, auf meiner ersten Tour nach Pakistan mit den Junioren. Wir erhielten im fernen Lahore die Nachricht, dass Klaus Kleiter als Herrenbundestrainer entlassen worden war. Meine jungen Spieler um Kapitän Florian Kunz hatten nun die Angst, dass sie mich bei einer verbandsinternen Trainerrotation als Trainer verlieren könnten. Sie wollten mich aber unbedingt behalten und formulierten – ohne mein Wissen – aus Pakistan eine entsprechende Bitte an das Präsidium des Deutschen Hockey-Bundes. Als ich später vom Inhalt des von allen unterschriebenen Briefes erfuhr, hat mir das für meine Arbeit unendlich viel Selbstvertrauen gegeben. Solche Zeichen des Vertrauens seitens des Teams wirkten auf meine Psyche nachhaltig positiv. Jede Führungspersönlichkeit, die aus ihrem Team entsprechende Signale empfängt, wird solche Effekte bestätigen.

Doch dieses Vertrauen kommt nicht von allein, es muss vielmehr gewonnen, gefördert und gepflegt werden. Für mich ruhte das Vertrauensverhältnis zu meinen Spielern auf drei Säulen:

1. Klarheit
2. Transparenz
3. Berechenbarkeit

Auf dieser Basis wuchs das Vertrauen der Mannschaft zu mir, ebenso wie meines in die Fähigkeiten der Spieler und – nicht zuletzt: mein Vertrauen zu mir selbst. Eine solche Entwicklung lässt sich jedoch nicht methodisch in Angriff nehmen oder in einzelnen Schritten planen. Die Entwicklung von Vertrauen und Selbstvertrauen unterliegt einem Prozess, zu dem bei mir vor allem auch viel Selbstreflexion beitrug. Im Lauf meines Werdegangs als Trainer stellte ich mir nach großen Meisterschaften und am Ende von Trainingszyklen mit der Mannschaft immer die Frage: Warum hast du das jetzt geschafft? Wie kam es, dass wir unser Ziel erreicht haben? Weshalb bin ich eigentlich ein erfolgreicher Trainer? Die Antworten auf diese Fragen waren vielschichtig. Natürlich entwickelte sich mein Selbstvertrauen auch durch die Erkenntnis, dass ich offensichtlich in der Lage war, aus der Analyse vorangegangener Spiele die richtigen Schlussfolgerungen zu ziehen und so dem Team einen Weg zum Erfolg zu weisen. Auf der anderen Seite entwickelte ich eine gewisse Demut: »Wir haben super trainiert, wir haben alles getan, aber es hätte auch schiefgehen können. Du kannst nicht alles planen und voraussehen!«, sagte ich oft zu mir selbst. Und auch durchlebte Niederlagen, die wir umfassend aufarbeiteten und analysierten, konnten mein Selbstvertrauen stärken: Wenn ich als Trainer das sichere Gefühl hatte, daraus die richtigen Konsequenzen gezogen zu haben.

Sicherheit und Selbstbewusstsein gaben mir auch die öffentliche Anerkennung nach Erfolgen durch Verbandsfunktionäre des Hockey-Bundes wie auch lobende Kommentare in der Presse. Bei Zeitungsberichten unterschied ich zwischen fachkundigen Bewertungen und kurzfristigem Lob durch fachfremde Journalisten. Letzteres war mir egal, daraus zog ich kein Selbstbewusstsein. Einige wenige Journalisten beschäftigten sich jedoch dauerhaft und intensiv mit meiner Denkweise und meinen Führungsprinzipien. Wenn diese Journalisten, nachdem sie mich während einer längeren, erfolgreichen Periode begleitet hatten, beschrieben, worin die Ursachen für unseren Erfolg lagen, habe ich für mich gespürt, dass mir dieser Teil der veröffentlichten Meinung Rückhalt und Selbstvertrauen gab.

Dass der Erfolgreiche nicht an einem Mangel an Selbstvertrauen leidet, leuchtet ein – wie aber ist es um den Selbstvertrauenshaushalt in Zeiten von Misserfolg bestellt? Ich erinnere mich an einige schwierige Phasen, in denen es für das Team und für mich mäßig lief. In solchen Situationen ist die Führungsfigur außerordentlich gefordert. Hier galt für mich und gilt für alle, die führen: Ein Leader muss auch manchmal Schauspieler sein, er muss Sicherheit ausstrahlen und dabei eigene Unsicherheiten überspielen, auch wenn ihn die Zweifel von innen bedrängen. Es sind dann die immer gleichen Fragen, die einen quälen: Ist der eingeschlagene Weg der richtige? Solltest du nicht auf diese oder jene Meinung hören? Ist die Lage nicht doch ganz anders, als du es siehst oder sehen willst? Auf diese Fragen gibt es meistens keine klaren Antworten, der Prozess des Teambuildings und der Leistungsentwicklung ist so komplex, dass es in der Regel keine Lösung nach einem Schwarz-Weiß-Muster gibt. Es bleiben, wie im Leben, Restzweifel am eigenen Tun. Diese muss ein Trainer verbergen können, damit sie nicht auf ein ohnehin verunsichertes Team übergreifen.

Ich habe meine Restzweifel immer bei meiner Frau und der Familie zurückgelassen oder auf längeren Radtouren in der Natur. Wenn ich dann vor die Spieler trat, hatte ich mir meinen Text, meine Rolle wie ein Schauspieler in meinen Selbstgesprächen zurechtgelegt, um mich und meine Jungs starkzureden. Dann konnte ich meine Vorgaben – meistens – ohne Zeichen von Zweifeln kommunizieren. Besonders nach Misserfolgen ist es sehr wichtig, dass Führungspersönlichkeiten das Gespräch mit dem Team suchen. So trat auch ich in solchen Situationen mit Sätzen wie diesen vor die Mannschaft: »Ihr könnt meiner Arbeit vertrauen, wir Trainer sind uns sehr sicher, dass wir mit euch, mit genau diesen Spielern, auf dem richtigen Weg sind. Wir haben die richtigen Analysen aus den Niederlagen gezogen. Ich bin sicher, wir haben als Team das Potenzial, jetzt weiter zuzulegen.« Dabei ist es wichtig, neben dem gesprochenen Wort auch eine eindeutige, beruhigende, selbstsichere Körpersprache zu entwickeln, die Spieler und das gemeinsame Ziel im wahrsten Sinne des Wortes fest im Blick zu haben. Dass ich dabei authentisch und vertrauenswürdig gewirkt habe, das haben mir meine Spieler oft bestätigt.

Im Abschnitt »Trainer brauchen Trainer« schildere ich in diesem Kapitel an anderer Stelle, wie ich mir diese Fähigkeiten, Selbstsicherheit auch in Phasen des (Selbst-)Zweifels auszustrahlen, in Fortbildungsveranstaltungen und im Gespräch mit unseren Teampsychologen aneignete. Parallel dazu gefiel es mir jedoch, meine Wirkung auf andere in den Medien zu testen. In Fernseh- und Rundfunkauftritten, aber auch als Redner auf Podien und Bühnen konnte ich immer wieder zu meinem Profil und meinen Prinzipien als Trainer Stellung beziehen. Ich merkte, dass die Aufmerksamkeit besonders hoch war, wenn ich über die Persönlichkeitsentwicklung meiner Spieler und über unser Vertrauensverhältnis sprach. Durch solche Medienauftritte wurde nicht nur mein Selbstbewusstsein in der Sache gestärkt, sondern auch das als Redner und Präsentator meiner Trainingsmethoden.

Mit noch so vielen Interviews und Coaching-Sitzungen durch unsere Psychologen hätte ich jedoch den entscheidenden Motor für mein Selbstbewusstsein nicht ersetzen können: den Erfolg selbst, insbesondere den überraschenden, von wenigen erwarteten Erfolg. Schon als ich im Jahr 1990 von meinem extrem erfolgreichen Vorgänger Paul Lissek das Juniorenteam übernahm, rechneten die meisten im Verband und in der Öffentlichkeit damit, dass es nicht einfach wäre, weiter so erfolgreich zu sein. Als wir dann, nach kleineren Mühen in den Monaten davor, 1993 Weltmeister wurden, waren die schönsten Komplimente jene, in denen es hieß: »Solch einen Erfolg mit den Junioren hätte ich dir als Trainer nicht zugetraut!« Es führt nichts daran vorbei: Leistungssport ist vor allem Ergebnissport. Allgemein gesprochen: Wer Ziele hat, muss sich an Ergebnissen messen lassen. Jedes gewonnene Finale, jedes erreichte Ziel steigert, jedes verlorene schwächt das Selbstvertrauen des Trainers und jeder Führungspersönlichkeit. So wuchs auch mein Selbstvertrauen gewiss durch die immer größer werdende Zahl an gewonnenen Endspielen.

Womit wir wieder beim Kreislauf des (Selbst-)Vertrauens wären: Diese Erfolge bestärkten mich in meiner Arbeit, aber auch die Spieler in ihrem Glauben, dass mein Weg der richtige sei. Diese Gewissheiten übertrugen sich von den Spielern auf mich und von mir wieder auf die Spieler.

Für mich selber jedoch stand der nächste Schritt an: Ich wollte mir beweisen, dass mein Vertrauen in meine Fähigkeiten als Trainer nicht mehr nur von den Ergebnissen des Teams abhing. Ich wollte also, dass ich selber meiner Arbeit und meinem Führungsspiel, unabhängig von Siegen und Titeln, vertraute. Ich strebte ein von äußeren Faktoren unabhängiges Selbstvertrauen an. So stellte ich als Teilnehmer eines Seminars für mentales Coaching auf Rügen 2001 eine Art Kanon meiner Fähigkeiten als Trainer zusammen, entlang der Anfangsbuchstaben meines Vornamens.

Meine Fähigkeiten:

B elastbar
E nergiegeladen
R astlos
N atürlich
H ungrig
A nstrengend
R asend
D ominant

M
A
Respektvoll
charme
Unabhängig

Ich bin leidenschaftlich und planvoll!
Ich bin ein bewusster, ganzheitlich denkender Trainer!

Diese Liste und die beiden Sätze darunter habe ich dann bei Bedarf immer wieder durchgelesen und in meinem Kopf abgespeichert. Besonders in schwierigen Phasen habe ich sie mir immer wieder – buchstäblich – vor Augen geführt. Mit der Zeit wuchs auf diese Weise das Gerüst meines Selbstvertrauens. Es war und ist immer wieder Schwankungen unterworfen und erlebt gelegentlich auch Erschütterungen. Dass dieses Gerüst nicht mehr zusammenbricht, wie manchmal zu Beginn meiner Karriere, liegt an einer wichtigen Erkenntnis: Verantwortlich für mein Selbstbewusstsein bin vor allem – ich selbst.

- Selbstvertrauen entsteht: Wer sich selbst vertraut, dem werden andere vertrauen – wer Vertrauen empfängt, wird selbst sicherer.
- Selbstvertrauen wächst: Wenn aus einer ehrlichen Analyse die notwendigen Schlussfolgerun-

gen gezogen werden – bei Erfolgen wie bei Misserfolgen.

- Selbstvertrauen fließt: Nur wer seine eigenen Fähigkeiten verinnerlicht, wird diese gegenüber anderen zum Ausdruck bringen können.
- Selbstvertrauen bleibt: Wer überzeugt ist von seinen eigenen Fähigkeiten, ist nicht mehr abhängig von Ergebnissen allein.
- Selbstvertrauen entscheidet: Ein Leader muss auch Schauspieler sein können. Er muss Sicherheit ausstrahlen, trotz Restzweifeln.

Work-Life-Balance: Das private Umfeld als Erfolgskriterium

Was gibt es nicht alles für Klischees, wenn es um die Vereinbarkeit von Beruf und Privatleben, von Karriere und Familie geht. Bei öffentlichen Karrieren oder – insbesondere männlichen – Erfolgsgeschichten hört sich das dann oft so an: »Ohne meine Frau wäre dieser Erfolg nicht möglich gewesen.« Wenn ich solche Sätze höre, denke ich oft zweierlei: Auf der einen Seite graut es mir oft bei dieser männlichen Selbstherrlichkeit. Auf der anderen Seite kommen mir diese oder ähnliche Sätze auch selbst in den Sinn und gelegentlich höre ich mich sie auch sagen. Mit anderen Worten: Es ist mir und vermutlich auch anderen sehr ernst mit der tief empfundenen Dankbarkeit für den Rückhalt, die vorbehaltlose Unterstützung, die man erfährt, die ich erfahren habe und erfahre, durch meine Frau und meine Kinder.

Viele Jahre meiner Karriere als Hockeytrainer habe ich mich wenig mit der Frage beschäftigt, welche Rolle meine Familie, das sogenannte private Umfeld, auf dem Weg zu beruflichen Erfolgen (und Misserfolgen) spielt. Seit ich meine Frau Britta kenne und in ganz besonderem Maße seit der Geburt unserer Kinder weiß ich: Meine emotionale Ausstrahlung, meine Überzeugungskraft als Trainer und Führungsfigur hängt ganz entscheidend von der emotionalen Lage zu Hause ab. Meine Spieler haben mir das immer wieder bestätigt. Im Lauf der Jahre ist mir dadurch immer bewusster geworden, dass das Privatleben, in erster Linie die Familie, aber auch die Freunde und nicht zuletzt die Zeit, die ich für mich alleine jenseits des Sports beanspruche, alles keine Begleiterscheinungen in Bezug auf den beruflichen Erfolg sind. Es sind vielmehr wichtige, ja entscheidende Faktoren, die in vielfacher Hinsicht Einfluss auf das haben, was ich als Trainer und Führungspersönlichkeit zu leisten imstande bin. Um dieses komplizierte Gefüge aus Privatem und Beruflichem, um die Menschen, die dieses Gefüge bei mir stützen, und nicht zuletzt um die schwierige und oft nicht steuerbare Welt der Gefühle soll es im Folgenden gehen.

Eine der ganz entscheidenden Erkenntnisse ist, dass es sich bei der Beziehung zwischen Beruflichem und Privatem um eine wechselseitige Beziehung handelt. Obwohl bei mir, wie bei vielen anderen, die Summe der jeweils zur Verfügung stehenden Zeit anderes vermuten lässt: Hat man wie ich einen Beruf im Leistungssportbereich, der aus einem Hobby, dem man schon als Kind und Jugendlicher nachging, erwachsen ist, dann sind die Grenzen zwischen Beruf und privatem Umfeld fließend. Dies zu wissen war für mich immer schwierig und schön zugleich. Das Hobby zum Beruf gemacht zu haben – das halten sich viele Führungspersönlichkeiten zugute. Und bezahlen doch einen hohen Preis. So wie ich.

Ich arbeitete immer sechs, oft sieben Arbeitstage pro Woche und hatte nur zehn Tage Urlaub im Jahr. Meine Arbeitszeiten waren und sind antizyklisch, die Wochenenden meistens sowieso belegt. Als Hockeytrainer war ich oft bis zu 140 Tage im

Jahr auf Reisen, weg von zu Hause, oft weit weg. Man kann sich vorstellen, dass dies nicht nur für die Partnerschaft, die Familie, sondern auch für das Pflegen von Freundschaften eine schwierige Ausgangslage ist. Das Privatleben war dabei kein Dienstleister für den Erfolgstrainer, vielmehr waren meine Familie, die Freunde eine der zentralen Bedingungen für den Erfolg. Dieser aus meiner Sicht ideale Zustand kam allerdings nicht von selbst. Ich musste ihn erlernen und erspüren.

In diesem Zusammenhang muss ich – ganz und gar nicht nebenbei – erwähnen, dass dieser Idealzustand unendlich viel mit der Persönlichkeit und dem Charakter meiner Frau Britta zu tun hat. Sie war und ist mein großes Lebensglück, und vermutlich wäre nicht nur dieses Kapitel, sondern das ganze Buch nicht geschrieben worden, hätte ich Britta nicht kennengelernt. Trotz dieser schicksalhaften, also ganz und gar nicht planbaren Begegnung will ich versuchen, meine Erlebnisse so gut es geht zu verallgemeinern.

Ein Gemütszustand, den alle kennen, die sich im Spannungsfeld zwischen Beruf und Familie bewegen, ist der des schlechten Gewissens: Auch ich gestehe hier, dass ich mir immer wieder vorwerfen lassen musste, mich zu wenig mit meinen Kindern zu beschäftigen, zu selten bei Schulveranstaltungen und Elternabenden dabei zu sein, meine Erziehungspflichten als Vater zu selten wahrnehmen zu können. Lange Zeit hielt ich diesen Zustand für eine Art Naturgewalt, die mein Beruf mit sich brachte. Ich ließ mir, das gebe ich zu, in diesem Punkt ungern widersprechen. Aber genau hier musste ich dazulernen.

Nach Gesprächen mit Britta und vielem Nachdenken wurde mir schließlich klar, dass es nicht das schlechte Gewissen war, das mich zu einer Änderung meines Verhaltens bringen würde. Es war schlichtweg die Erkenntnis, dass ich als Führungsfigur gelassener, überzeugender und damit auch effektiver werde, wenn ich das Familienleben stärker in das Berufsleben hineinragen lasse. War es nicht so, dass ich meinen Spielern immer predigte, sie mögen für sich, neben dem Leistungssport, einen Ausgleich auf einer sportfernen Ebene finden? War es nicht auch so, dass ich ihnen erklärte, dass dies zu höherer Leistungsbereitschaft, größerer Flexibilität und nicht zuletzt zu größeren Erfolgen führen würde? Ich habe dies im zweiten Kapitel im Abschnitt »Begleiten: Verantwortung weist den Weg« ausführlich beschrieben. Für meine Spieler war diese zweite Ebene meist ihr Studium oder eine Berufsausbildung. Für mich, das wurde mir klar, war es meine Familie. Es bedurfte einer echten Führungspersönlichkeit, meiner Frau, die mich auf dem Weg zu dieser Erkenntnis begleitete.

Als ehrgeiziger, oft in sich gekehrter und – um es vorsichtig auszudrücken – nicht besonders redseliger Mensch war dies kein einfacher Weg, dafür aber einer, der ungeheuer reichhaltig an Erfahrungen war: Meinen kleinen Kindern war es nämlich egal, ob ich Weltmeister geworden war oder Letzter bei einem Vorbereitungsturnier. Das war zunächst irritierend. Ganz schnell ist der Weltmeister zu Hause auf dem Teppich gelandet, aber der Verlierer eben auch aufgefangen. Der Olympiateilnehmer musste trotzdem den Tisch abdecken oder den Müll rausbringen, unabhängig davon, ob und welche Medaille er mitgebracht hatte. Ich merkte, dass mir diese Rolle, so gewöhnungsbedürftig sie war, zunehmend guttat: Das Rasenmähen war plötzlich nicht mehr verlorene Videoanalyse-Zeit, sondern aktives Akku-Aufladen. Wenn ich politische Sachbücher oder Zeitungen las, spürte ich, dass mein Interesse an ganz anderen Themen wuchs, dass ich es besser zulassen konnte, Zeit und Energie in sportfremde Bereiche zu »investieren«. Und dass mich das – wie ich es meinen Spielern immer vorhergesagt hatte – mit größerer Energie und Lust zum Hockey-Kerngeschäft zurückkehren ließ.

So lernte ich das »Abschalten« – was mich betrifft – immer besser. Weitaus schwieriger war diese Frage jedoch in Bezug

auf mein Handy zu beantworten. Wer wie ich als Führungskraft die Nähe zu seinen Spielern als ein zentrales Element
einer »emotionalen Führung« definiert, für den spielt der
Satz »Du kannst mich jederzeit erreichen« eine zentrale
Rolle. Ich habe diesen Satz wörtlich genommen. Mein Handy
war nie ausgeschaltet. Wenn ich, wie häufig, Mittagsschlaf
hielt, stellte ich es auf »lautlos«, meist zeigte das Display danach mindestens: »Vier neue Anrufe.« Was ich damit sagen
will: Die Spieler nutzten das Angebot, respektierten aber die
Privatsphäre – abends und nachts klingelte das Handy nur,
wenn es wirklich dringend war. Und wenn es dringend war,
half ich sofort.

Wenn sich zum Beispiel einer meiner Jungs verletzt hatte,
vermittelte ich ihm noch in der Nacht einen Arzt meines Vertrauens, weil ich wusste, dass es bei Verletzungen oft wirklich
um Stunden gehen kann, die darüber entscheiden, wie die Hei-
lung verläuft. Auch heute ist mein Handy nie aus, ich habe
aber gelernt, es klingeln beziehungsweise vibrieren zu lassen –
nicht nur bei Sitzungen, sondern auch beim Abendessen.

Wer wie ich das Glück hat, mit seiner Partnerin, zunehmend auch mit den älter werdenden Kindern und natürlich
mit guten Freunden über seine Arbeit sprechen zu können,
trägt ein Risiko. Das Risiko heißt: Einmischung. In meinem
Fall handelte es sich um eine ganz spezielle Form der Einmischung. Denn meine Frau Britta hatte zwar, bis sie mich kennenlernte, keinerlei Beziehung zum Hockey. Doch sie begeis-
terte sich für diesen Beruf innerhalb kurzer Zeit.

Angesprochen auf die Anfangsphase unserer Hockey-Ge-
spräche würde sie heute sagen: »Du hast nichts rausgelassen,
alles in dich reingefressen und warst für Kritik nicht wirklich
empfänglich.« Ich könnte ihr nicht widersprechen. Es fiel mir
am Anfang unendlich schwer, mich zu Hause Brittas kriti-
schen Fragen zu stellen, zumal sie nicht die Wahl der Taktik
als vielmehr meinen Umgang mit den Spielern betrafen. Irgendwann einmal hatten wir verloren und ich brummelte:

»Es lag an unseren schlechten Ecken, sie packen es einfach nicht!« Sie antwortete: »Ich glaube, du hast die Jungs in der Vorbereitung mal wieder einfach überfordert.« Das saß.

Ich wusste, wie stolz meine Frau auf mich und die Leistungen unseres Teams war – und trotzdem provozierte mich ihre Kritik ungemein. Heute weiß ich, warum: Sie hatte recht. Meistens. Und weil sie sich so intensiv mit meiner Arbeit und dabei vor allem mit den Anlagen der Menschen, nicht so sehr mit jenen des Spiels, beschäftigte, war sie nicht nur eine mir nahestehende, sondern auch eine kompetente Kritikerin. In großer Offenheit und mit klaren Worten kritisierte sie meine oft fanatisch an maximaler Leistung orientierte Denkweise. Es ist nicht zuletzt ihr zu verdanken, dass ich, im Lauf der Jahre, als Trainer immer mehr Mensch wurde.

Britta hat ihre beruflichen Ambitionen an den Nagel gehängt, um mir zu ermöglichen, in meinem Beruf diesen Weg zu gehen, und um unserer Familie Geborgenheit und mir einen Rückzugsraum, in dem ich nicht Vorbild sein musste, zu schaffen. Nicht zuletzt hat sie unseren Kindern ein Zuhause geschaffen. Das ist eine sehr persönliche Angelegenheit, die eigentlich gar nicht hierhergehört. Umso mehr gehört hierher, dass sie mit ihrem Einfluss, ihrer psychologisch-empfindsamen Art am Profil des Erfolgstrainers Bernhard Peters mehr Anteil hat als jeder andere meiner vielen beruflichen Lehrer und Begleiter. Durch Britta wurde ich, was ich bin, als Mensch, aber auch als Trainer. Und das sollen alle wissen, die sich für meine Arbeit und meine Prinzipien der emotionalen Führung interessieren.

Zum Schluss noch ein heikler Punkt. Es geht um die Frage: Welches Recht habe ich als familienfeindlicher Rund-um-die-Uhr-Arbeiter, als Weltenbummler und manchmal öffentliche Figur auf Freizeit, ganz für mich, allein oder mit Freunden? Meine Antwort lautet: jedes Recht. Und doch muss man, muss ich dabei sehr vorsichtig argumentieren: Neben der den Alltag dominierenden »Nur-Trainer-Sein«-Phase kommt, wie geschildert, die immens wichtige Phase des Vater-Seins für meine Kinder. Zwei weitere Phasen sollten aber auf keinen Fall unter den Tisch fallen. Es geht um die Zeit, die ich nur mit meiner Frau verbringen wollte, und die Zeit, die ich für mich alleine brauchte. Beides lässt sich nicht einfach unter der Überschrift »Familie« abbuchen, sondern beansprucht separaten Raum. Wer sich also – und das gilt wie so vieles nicht nur für Führungspersönlichkeiten – Gedanken macht über die Balance zwischen Privat- und Berufsleben, der sollte sich im Klaren sein, dass Partnerschaft, Familie, Freundschaft und nicht zuletzt das Alleinsein vier unterschiedliche und unterschiedlich zu pflegende Bereiche einer gesunden Work-Life-Balance sind.

Von unbedingten Vorzügen des Alleinseins brauche ich, glaube ich, niemanden zu überzeugen. Die Vorstellung, die kostbaren Momente jenseits des Berufs auch mit Menschen, die nicht zur Familie gehören, zu verbringen, ist da schon schwieriger. Wie jeder Mensch, so brauchen besonders vielfältig beanspruchte Führungspersonen (einige wenige) Gesprächspartner, mit denen sie die beiden zentralen Felder des Lebens, Beruf und Familie, erörtern können. In meinem Fall waren dies meistens Begleiter in meinem Beruf, die darüber hinaus zu Freunden wurden. Einer von ihnen war und ist Werner Wiedersich, als Trainer verantwortlich für die Strafecken, als Freund während unserer Reisen auch für mein seelisches Gleichgewicht. Seine Herkunft, seine Bildung, seine Klarheit faszinierten mich kolossal. Wenn die Arbeit getan war, verzogen wir beide uns oft auf sein Zimmer, er erzählte mir von seinem Leben in der DDR, wir sprachen über unsere Familien und nur ganz wenig über Hockey. So schaffte ich es, mich auch während der anstrengenden Phasen großer Turniere oder wichtiger Lehrgänge auszubalancieren, runterzukommen und – zugegeben nur für kurze, aber sehr energievolle Momente – das nächste Spiel, die nächste Trainingseinheit zu vergessen.

Ein anderer Freund ist Withold Ziaja, er war zu meiner Zeit als Juniorentrainer der Manager des Teams. Er folgte mir nicht, als ich Herrenbundestrainer wurde, er blieb der Manager der Junioren, wir blieben Freunde. Er ist bis heute eine Art ruhender Pol in meinem Umfeld, ein Mann, mit dem ich über meine Sorgen im Job, aber auch in der Familie sprechen kann, der vor allem aber eine ungeheure Lebensfreude ausstrahlt. Wir reisen seit einigen Jahren einmal im Jahr nach Polen, seine Heimat, für drei Tage. Er zeigt mir sein Land, unser gemeinsamer Beruf ist dann weit weg und auch die Familie. Ich bin dann ganz bei mir. Ich bin fest davon überzeugt, dass von diesem Trainingslager für die Seele alle profitieren: meine Freunde, meine Familie, meine Mannschaften – und ich.

- Die Überzeugungskraft im Beruf hängt entscheidend von der emotional positiven Stimmung in der Gegenwelt (Familie, Freizeit) ab.
- Wer seinen Beruf in den privaten Bereich hineinragen und seine persönliche Lebenswelt (Partner, Kinder, Freunde) am beruflichen Bereich teilnehmen lässt, wird für große Belastungen Verständnis erhalten.
- Der private Bereich muss – möglichst zu festen Zeiten, nach festen Regeln – vor dem Eindringen des Berufs geschützt werden.
- Jeder sollte sich in jeder Hinsicht verpflichtungsfreie Zeiten des Alleinseins gönnen.
- Das Verhältnis zwischen Privatleben und Beruf mit unabhängigen Dritten zu erörtern hilft, das für alle Seiten richtige Maß zu finden.

Wechselspiel: Zwischen Anspannung und Entspannung

Menschen, besonders solche, die führen, brauchen Pausen. Das zu erkennen fällt Führungskräften manchmal schwer. Dann meldet sich die Gesundheit. Erst ganz leise, dann immer lauter. Wenn die Führungskraft Glück hat, dann nimmt sie die Signale ihres Körpers rechtzeitig wahr. Ignoriert sie diese aber, kommt es in der Regel ganz unvermittelt zu einer Art Showdown zwischen Führungsjob und Führungskraft – und es kann nur Verlierer geben. Wie man solche Endspielsituationen verhindern (lernen) kann, darum soll es im Folgenden gehen. Vor allem soll es um die wichtigste Führungsmedizin, die entscheidende Prophylaxe gehen: die Balance. Sie zu finden, sie zu halten – und sie zurückzugewinnen, wenn sie – was bei Führungspersönlichkeiten unvermeidlich ist – zwischendurch mal abhandengekommen ist.

Meine Arbeit als Bundestrainer lief in extremen Intervallen ab. Es gab Phasen, da arbeitete ich alleine, von zu Hause aus. Dann folgten die Phasen mit der Mannschaft: Lehrgänge, die Vorbereitungsphasen auf die Länderspiele, schließlich die Spiele selbst und die großen Turniere. Diese Intervalle gaben den Rhythmus meines Lebens vor, waren Eckpfeiler meines persönlichen Ressourcenmanagements, zwischen denen ich meine Balance immer wieder finden musste.

Im Lauf der Zeit ging ich dabei immer mehr dazu über, diese Balancen-Steuerung zu systematisieren, immer weniger dem Zufall zu überlassen. Ich organisierte regelrecht die Phasen zwischen »Zupacken« und »Loslassen«, zwischen Anspannung und Entspannung, sei es kurz-, lang- oder mittelfristig, in Jahres-, Wochen- und Tageszyklen.

Doch bis ich dazu in der Lage war, musste ich viel lernen, vor allem über meine Zwänge, die das Entstehen der Balance verhinderten und, so sie einmal entstanden waren, diese Balance immer wieder aufhoben. So hatte ich zu Anfang meiner

Trainerlaufbahn, als ich noch mit den Juniorinnen und Junioren arbeitete, einen fast krankhaften Hang zum Perfektionismus. Zudem hatte ich oft massive Angst vor jeder neuen Aufgabe, jedem Lehrgang, jedem großen Turnier. Auch ohne dass ein Spieler oder auch nur ein Hockeyball in der Nähe war, beschäftigte ich mich pausenlos mit der Trainingsplanung, mit den Spielern, ihren Stärken und Schwächen, mit den Details der Vorbereitung, vor allem aber auch mit der Vorstellung, dass wir als Mannschaft und ich als Trainer nicht erfolgreich sein würden. Dieser Perfektionismus gepaart mit Angstgefühlen kostete mich enorm viel, wie ich mir eingestehen musste: zu viel Energie.

Ich erinnere mich noch genau an meinen ersten Einsatz als Bundestrainer der Herren im Februar 2001 bei der Halleneuropameisterschaft in Luzern. Noch war jede deutsche Hockeynationalmannschaft in den davorliegenden Jahren Halleneuropameister geworden. Tag und Nacht ging mir im Kopf herum, dass bestimmt ich der erste Bundestrainer sein würde, dem es nicht gelingen würde, diesen Titel zu erringen. Ich konnte nicht schlafen, mein Magen bereitete mir Probleme. Buchstäblich um mir Luft zu schaffen, stand ich nachts oft auf und joggte über die berühmte Holzbrücke von Luzern. Es kam dann, nach einem schwachen Start meiner Mannschaft, alles wie immer: Meine Jungs schlugen die Spanier im Endspiel souverän, doch ihr Trainer war bis dahin ziemlich von der Rolle: hektisch, nervös, Magenprobleme. Nicht einmal im Moment des Sieges konnte ich abschalten. Der Magen rebellierte, ich empfand den totalen Stress. Meine Anspannung übertrug sich auf das Team. Als einer meiner Spieler schließlich zu mir kam und sagte: »Schalt doch mal runter, Bernhard!«, wusste ich: So konnte es nicht weitergehen. Auch mein Körper befand sich offensichtlich in einer Art »Burn-out«-Vorwarnstufe. Wollte ich nicht ganz schnell buchstäblich aufgefressen werden, musste sich etwas ändern.

Doch trotz zunehmender Bestätigung – wir wurden 2002 Weltmeister und hatten bei den Olympischen Spielen 2004 unter großer öffentlicher Anteilnahme die Bronzemedaille gewonnen – gelang es mir auch in den folgenden Jahren nur sehr langsam, diese Mischung aus Perfektionismus und Versagensängsten in den Griff zu bekommen. Ganz bewusst machte ich mich daran, meine Ressourcen zu steuern. Zunächst einmal war mein Körper dran, den ich in unseren Lehrgängen über ein bis zwei Wochen pro Tag 15, 16 Stunden unter Vollspannung hielt. Seit 15 Jahren hatte ich mir angewöhnt, morgens 40 Minuten ruhig zu laufen, zur geistigen und körperlichen Regeneration, ohne Plan, einfach geradeaus. Daran war mein Körper gewöhnt, so konnte ich diese Entspannungsübung jetzt ausbauen und perfektionieren. Ich lernte das sogenannte meditative Laufen, eine Art »Leerlaufen«: Man konzentriert sich auf die Leere, hält den Blick auf den Boden fixiert und merkt nach einer Weile, wie die Gedanken in diesem Boden versinken, sich verlieren. Plötzlich hörst du nur noch den Rhythmus deiner Schritte, deinen Atem, das Standbild des Waldbodens liegt vor deinen Augen, der Kopf ist leer. Am Ende eines solchen Laufes fühlst du dich richtig gut. Du spürst, wie du deine Balance findest.

Ich begann auch, meinen Tagesablauf in den lehrgangsfreien Zeiten klar zu strukturieren: recht früh zu Bett gehen, regelmäßige, gesunde Ernährung, ein kurzer Mittagsschlaf.

Ich achtete auch in der lehrgangsfreien Zeit auf langes, bewusstes Atmen und verbrachte mehr Zeit in der Natur. Hinzu kam die große Geborgenheit zu Hause. Bücher lesen, Gespräche mit Freunden, meine Zeit mit Britta waren nicht nur erfüllende Momente fern des Berufs, sondern auch bewusste Phasen der Entspannung: insgesamt ein optimaler Gegensatz zu den absoluten Stresszeiten während der Lehrgänge und Länderspielreisen.

Das Wechsel- und Zusammenspiel zwischen Freizeit und Beruf, das Abschalten-Können also in Phasen vergleichsweiser

Entspannung ist sicherlich die Grundlage für diese besondere Form der Balance. Im Abschnitt »Work-Life-Balance« habe ich das ausführlich beschrieben. Doch das Management der eigenen, limitierten Ressourcen mitten in Phasen großer Anspannung ist für Führungspersönlichkeiten und die an sie gestellten Ansprüche permanenter Präsenz und Konzentration fast noch wichtiger. Auch ein vollgepackter 16-Stunden-Tag braucht Intervalle, nicht um Arbeitszeit zu verlieren, sondern, davon bin ich fest überzeugt: zur Steigerung der Leistung.

Kein Mensch kann einen ganzen Tag lang ununterbrochen Höchstleistung bringen. Höchstleistung ist das Ergebnis von Intervallen, mittelfristigen, wie beschrieben, aber auch kurzfristigen. Als Beispiel will ich den Ablauf eines dieser extrem fordernden Lehrgangstage schildern, so, wie ich ihn mir in den letzten Jahren ausbalanciert habe.

- Morgens, vor dem Frühstück, um 6.30 Uhr: 40 Minuten ruhiges, meditatives Laufen
- Unmittelbar vor dem Vormittagstraining oder der ersten Besprechung: 10 Minuten auf dem Zimmer sammeln oder dösen
- Nach einer hoch konzentrierten Sitzung, einem kraftraubenden Training: 10 Minuten bewusst relaxen
- Nach dem Mittagessen gegen 13 Uhr: 20 Minuten Schlaf
- Nach dem Nachmittagstraining: 10 bis 15 Minuten bewusstes Abschalten ohne Bezug zu weiteren Aufgaben
- Spät am Abend nach den Teamsitzungen, etwa um 22 Uhr, 22.30 Uhr: Rückzug, allein aufs Zimmer, lesen, zappen, entspannen, einschlafen

Bei Lehrgängen war der Tagesablauf durch das relativ fest gefügte Programm gewissermaßen von außen vorgegeben. Trotzdem brachte ich konsequent mein eigenes Wechselspiel zwischen Anspannung und Entspannung in diese Abläufe mit hinein. Wie aber verhielt ich mich, wenn ich für mich alleine, in den durchaus auch arbeitsintensiven Phasen zwischen den Lehrgängen, meine Zeit frei einteilen konnte? Ich entwickelte für meine persönliche Balance, wenn es eben möglich war, einen Tagesfahrplan zwischen Kreativität und Routine. Ich erkannte, dass meine kreativen Hochphasen am Morgen zwischen neun und elf Uhr lagen, dann nach dem Mittagsschlaf zwischen halb drei und fünf Uhr nachmittags und dann noch mal nach dem Abendessen, zwischen etwa halb neun und halb zehn. In diese Phasen legte ich ganz bewusst Tätigkeiten, die meine Kreativität beanspruchten: die Entwicklung neuer taktischer Formationen, das Ausarbeiten von innovativen Trainingsinhalten, aber auch Videoanalysen und Auswertungen. Den Rest der Arbeitszeit verwendete ich dann für Routineangelegenheiten wie Detailorganisation für Lehrgänge oder die Beantwortung von unkomplizierten Anfragen. Es dauerte eine Weile, bis ich herausbekommen hatte, wo meine persönlichen Hoch-Zeiten lagen. Als ich es dann wusste, trug der darauf ausgerichtete Tagesablauf wesentlich zu meiner inneren und äußeren Balance bei.

Am wichtigsten ist Balance natürlich in unmittelbaren Stressphasen, auch wenn sie sich dann am schwierigsten finden lässt. Ich hatte mir gezielt mit der Hilfe der Sportpsychologen Techniken antrainiert und angewöhnt, um vor wichtigen Spielen Balance zu finden. Nur wenn ich einigermaßen entspannt in ein Spiel ging, konnte ich Spielern von der Bank oder in der Halbzeit ein sinnvolles Feedback geben. Das Ziel war klar: Ich brauchte einen optimalen Spannungsgrad, genau zwischen Anspannung und Entspannung – eben eine Ideal-Balance! Dazu lernte ich mentale Techniken.

Ein wichtiges Medium dabei war die Musik. Ein, zwei Stunden vor dem Spiel trainierte ich zu meiner Lieblingsmusik, meine Muskeln anzuspannen und dann in einer langen Ausatmungsphase wieder zu entspannen. Ich konzentrierte mich auf ruhiges Ein- und langes Ausatmen. Diese Übungen setzte ich auch – ohne Musik – während des Spiels ein. Zusätzlich kam ich vor wichtigen Spielen buchstäblich mit mir ins Gespräch, sprach Schlüsselsätze laut vor mich hin. Sportpsychologen empfehlen diese Methode des Selbstgespräches als ein bewährtes Verfahren zur Stressbewältigung und Fokussierung. Einer der Sätze, die ich immer wieder für mich aufsagte, lautete: »Ich bin losgelöst vom Ergebnis.« Das bedeutete: Ich will immer nur im Hier und Jetzt der Spielsituation sein, an nichts zurückdenken oder mir nicht gegebenenfalls wegen eines unvorteilhaften Spielstandes negative Konsequenzen ausmalen, die mich dann aus der Balance bringen. Diesen und andere Sätze schrieb ich auf und klebte sie auf ein Bild eines Strandes auf der Insel Juist – für mich ein Ort wunderbarer Ruhe und Entspannung. Dieses Bild nahm ich in meiner Trainermappe mit auf die Bank. In unbeobachteten Momenten zog ich es hervor. Die Augen hatten für einen kurzen Moment einen Ruhepunkt. Meine Atmung wurde bewusster, ich sprach meine Leitsätze leise vor mich hin. Auch wenn es mir nicht immer gelang, auf diese Weise die totale Balance zu finden, so halfen diese Methoden mir doch in vielen Momenten großer Anspannung.

Außerdem schrieb ich auf Empfehlung unseres ersten langjährigen Mannschaftspsychologen Lothar Linz vor wichtigen Spielen meine negativen Assoziationen (mögliche Niederlage, große Überlegenheit des Gegners, Ausscheiden) auf ein Blatt Papier. Dann malte ich ein großes STOPP-Verkehrsschild hinter jeden negativen Gedanken – und ließ die schlechten Gedanken im wahrsten Sinne des Wortes (im Hotelzimmer) zurück. Ich lächelte dabei, wie viele, denen ich das erzählte, ein wenig über mich, aber diese Methode tat mir gut! Auch einige meiner Spieler gingen übrigens nach anfänglichem Spott dazu über, ihre schlechten Gedanken in einem Briefumschlag verschlossen vor dem Spiel bei Lothar Linz abzugeben. Ganz erstaunt berichten sie noch heute davon, dass sie manches Mal nach den Spielen nicht mehr wussten, was auf dem Blatt in dem Couvert stand. Die negativen Gedanken waren, für die Dauer des Spiels zumindest, aus den Köpfen verschwunden.

Konfuzius sagt: »Suche dir eine Arbeit, die du liebst, und du musst nie mehr arbeiten.« Dieser schöne Satz steckt voller Tücken. Natürlich gibt es nichts Schöneres als einen Beruf, in dem man voll aufgeht. Es gibt kaum jemand, der das besser beurteilen kann als ich. Denn, wie ich es im biografischen Teil dieses Buches beschrieben habe: »Hockey war mein Leben« – aus Überzeugung, aus Freude, aus Leidenschaft. Für die Balance ist etwas anderes ganz entscheidend: nämlich, dass man gerade als Führungsfigur ein Gegengewicht in Phasen großer Beanspruchung braucht, bewusste Pausen, Intervalle, Ruhephasen. Wer erkennt, dass dieses Gegengewicht kein Angriff auf die eigene Leistungsfähigkeit ist, sondern ein weiterer Motor, wird gewinnen. An Leistungsstärke und an Ausgeglichenheit. Als Mensch und als Führungsfigur.

- Leistung und Leidenschaft brauchen Pausen – im Beruf wie im Leben.
- Ein mehrtägiger Arbeitszyklus unter Hochspannung erfordert die Planung von Konzentrationsphasen ebenso wie die Planung von Pausen.
- Innerhalb eines Tagesplans müssen kreative Hochphasen und Routinetätigkeiten der individuellen Leistungskurve angepasst werden.
- Körperliche und geistige Regenerationstechniken unterstützen die Energiebalance in Beanspruchungsphasen.
- Unmittelbar vor und in Stresssituationen helfen insbesondere an die individuellen Bedürfnisse angepasste mentale Entspannungstechniken.

Außen vor: Warum sich Führungskräfte gelegentlich abschotten müssen

Wie wichtig es ist, sich über die eigenen Ideen und Vorhaben mit anderen vertrauenswürdigen Menschen auszutauschen, kompetente Partner an den eigenen Entscheidungen zu beteiligen, habe ich bis hierher schon vielfach beschrieben. In diesem Abschnitt will ich nun erläutern, wann und warum es auch schädlich sein kann, Einflüsse an sich und die Gruppe, die einem als Führungskraft anvertraut ist, heranzulassen. Es geht dabei in erster Linie um »äußere« Einflüsse, also um ungebetene Ratgeber.

Wer wie ich als Trainer für seine Arbeit öffentlich gelobt oder getadelt worden ist, kann ganz schnell eine Reihe dieser externen Einflussfaktoren benennen: die Medien, gelegentlich auch Verbandsfunktionäre, manchmal gar Politiker (wie nach der 1:4-Niederlage von Klinsmanns Nationalmannschaft vor der WM, als Mitglieder des Bundestagssportausschusses allen Ernstes verlangten, der Bundestrainer möge ihnen erläutern, wie er die Mannschaft bis zum Turnierbeginn noch in Form bringen wolle). Solche Einflüsse von außen sind meistens Momentaufnahmen, die wenigsten der ungebetenen Einflussnehmer haben sich mit den Motiven, schon gar nicht mit langfristigen Strategien befasst. Und obwohl man selbst und auch die Spieler dies wissen und damit die Oberflächlichkeit des Urteils erkennen, haben solche Meinungsäußerungen oft fatale Folgen, zumal wenn sie von den Medien aufgegriffen und im Sinne einer Kampagne weiterbearbeitet werden.

Ich selbst hatte ein zentrales Erlebnis in diesem Bereich im Sommer 2003, das ich im Kapitel »Planen – flexibel sein durch Akribie« schon einmal erwähnt habe. Der Hockeyweltverband hatte bei seiner Terminplanung eine idiotische, weil für die Spieler rücksichtslose Entscheidung getroffen: Erst stand die Champions Trophy in Amsterdam an, sechs Spiele gegen die weltbesten Teams in zehn Tagen. Zwei Wochen später sollte es bei der Europameisterschaft in Barcelona um die direkte Qualifikation für Olympia 2004 gehen. Ich war mir sicher, dass wir nicht beide Wettbewerbe erfolgreich gestalten konnten: sowohl was die körperliche als auch die mentale Belastung für die Spieler betraf. Ich entschied mich also, bei der im Deutschen Hockey-Bund wie auch bei den Medien und den Mitbewerbern hoch angesehenen Trophy nur mit einer »Perspektivmannschaft« anzutreten, einem Team also, in dem vorwiegend junge, begabte Nachwuchsspieler vertreten waren. Unsere besten Spieler würde ich schonen, um sie frisch und fit bei der viel bedeutsameren Europameisterschaft ins Rennen zu schicken. Dort wollten wir uns unbedingt mit dem Titelgewinn direkt für Athen 2004 qualifizieren.

Nachdem ich meine Entscheidung verkündet hatte, brach ein Orkan der Empörung über mich herein: »Respektlosigkeit vor den Gegnern« war noch einer der feineren Vorwürfe, die ich mir anhören musste. Gewissermaßen von innen kam der Druck aus dem Verband, der um die sportliche Ehre Deutschlands bangte. Die Auslandsmedien konnten mich überhaupt nicht verstehen, da alle anderen Nationaltrainer mit der stärksten Mannschaft antraten. Zunächst versuchte ich es mit Argumenten. Doch als ich merkte, wie wenig das half, machte ich schlicht dicht. Die Spieler und der Trainerstab der A-Mannschaft waren sich mit mir sicher, dass die Fokussierung auf die EM für die Nationalmannschaft genau die richtige Strategie sei. Das genügte mir als Bestätigung. Anderen gegenüber empfand ich keinerlei Rechtfertigungsdruck. Für unseren Zusammenhalt hatte dies nebenbei noch eine segensreiche Wirkung – wir waren eine verschworene Gemeinschaft, verschworen buchstäblich gegen »den Rest der Welt«.

So gab ich nach außen keine Kommentare mehr ab – bis zu dem Moment, als wir bei der Europameisterschaft das Endspiel in Barcelona gegen Spanien gewonnen und die Olympiateilnahme geschafft hatten. Viel sagen musste ich danach nicht, denn alle Kritiker, die Medien, die Fans und der Verband, feierten nun meine »einsame Entscheidung« als »geniale Strategie«.

Doch muss man solches Verhalten wohl abwägen, nicht in jeder Lage ist der Rückzug die richtige Strategie. Und ob sie es war, hängt ganz entscheidend davon ab, ob das eigene Vorgehen durch eintretenden Erfolg gewissermaßen im Nachhinein gerechtfertigt wird. Ganz grundsätzlich kann man sich natürlich auch die Frage stellen, ob Funktionäre der Sportverbände oder Aufsichtsratsmitglieder von Unternehmen oder Politiker als Vertreter des Volkes nicht geradezu die Pflicht der Einmischung haben, zumal, wenn es um Deutschland geht, also gewissermaßen um »nationale Interessen«. Meine Antwort lautet: Jeder, der sich dazu berufen fühlt, sollte seine

Meinung äußern, öffentlich oder nicht öffentlich. Was nur niemand verlangen kann, ist, dass ich mich als Führungspersönlichkeit mit dieser Meinung befasse. Jeder hat die Freiheit, sich einzumischen – und ich habe die Freiheit, diese Einmischung von mir und damit auch von meinem Team fernzuhalten. Das allerdings ist eine nicht ganz einfache Führungsaufgabe und dazu ein wichtiges Beispiel für das Ressourcenmanagement von Führungskräften.

Wer große Ziele erreichen und ein Team zu Höchstleistungen führen will, braucht dafür eine langfristige Strategie ineinandergreifender und aufeinander aufbauender Planungsschritte. Der Sinn jedes einzelnen Schrittes erschließt sich dabei oft erst am Ende eines solchen Prozesses. Deshalb geraten nicht nur im Sport langfristige Strategien »auf halber« Strecke oft in die Kritik. Das Beispiel der deutschen Fußballnationalmannschaft unter Klinsmann, deren WM-Tauglichkeit auch von Fachleuten nach der schon erwähnten 1:4-Niederlage in Italien ernsthaft infrage gestellt wurde, ist allen Interessierten noch im Gedächtnis. In solchen Momenten haben Führungspersönlichkeiten die Pflicht, nach außen »dicht zu machen«. Und sich nach innen zu öffnen.

Beginnen wir mit dem »Dichtmachen«. Führungspersönlichkeiten haben die Pflicht zur Abschottung, sich selbst, aber vor allem auch dem Team zuliebe. Sie würden sofort an Autorität einbüßen, sobald der Verdacht entsteht, dass die gemeinsame Arbeit aufgrund äußerer Einschätzungen beeinflusst wird. Die Botschaft nach innen wie nach außen muss lauten: Die Strategie, der Weg hin zum gemeinsamen Ziel, wird ausschließlich im inneren Zirkel der Entscheidungsträger bestimmt – und gegebenenfalls korrigiert.

Das alles ist jedoch kein Plädoyer für ein kompromissloses »Weiter so« nach Niederlagen, Rückschlägen oder Einbrüchen aller Art. Womit wir bei der notwendigen Offenheit nach innen wären: Fehler rechtzeitig zu erkennen und zu korrigieren gehört zu den notwendigen Fähigkeiten jeder Führungspersönlichkeit. Wer sich diese Fähigkeit erhalten will, darf nicht ständig externe Einschätzungen sondieren. Wie an anderer Stelle beschrieben, braucht jeder Leader einen Kreis von Menschen, auf deren Rat er hört, deren Kritik er annimmt, denen er vertrauen kann. Diese Menschen begleiten ihn und das Projekt über die gesamte Dauer, sie identifizieren sich mit der Arbeit des Teams und erhalten sich trotzdem die Perspektive des Außenstehenden. Eine ihrer wichtigsten Eigenschaften ist die Verlässlichkeit. Wer solche vertrauenswürdigen Partner hat, kann andere Einflüsterer ignorieren.

Mit dieser Strategie schützen Führungskräfte sich selbst vor Autoritätsverlust und ihr Team vor Verunsicherung. Sie sind also, wieder einmal: Vorbild. Manchmal bedarf es allerdings rigoroser Maßnahmen, um diese Vorbildfunktion durchzusetzen. Gerade jüngere Teammitglieder davon zu überzeugen, dass ausschließlich die Meinungen innerhalb der Gruppe relevant sind, und sie dadurch davon abzuhalten, auch außerhalb der Gruppe nach Feedback zu suchen, ist sehr schwer – widerspricht dieser Ansatz doch dem Drang des Menschen nach Selbstvergewisserung und Selbstbestätigung. Der Appell an die Unabhängigkeit und an das Selbstwertgefühl hilft oft wenig.

Wer äußere Einflüsse verhindert, erhöht für sich und das Team den Erfolgsdruck. Tritt der Erfolg ein, wird beim nächsten Mal weniger Überzeugungsarbeit zu leisten sein. Tritt am Ende des langen, abgeschotteten Weges der Erfolg nicht ein, werden charakterstarke Führungspersönlichkeiten dafür die Verantwortung übernehmen.

> **!**
> - Wer langfristige Strategien verfolgt, muss Zwischenergebnisse ignorieren können.
> - Wer äußere Einflüsse reduziert, ist nicht arrogant, sondern unabhängig.
> - Wer sich nach außen abschottet, muss sich einem »Inner Circle« umso mehr öffnen.
> - Wer sich äußerer Einflussnahme entzieht, braucht im Innern loyale Partner.
> - Das Risiko der Abschottung: Je größer die Unabhängigkeit von äußeren Einflüssen, desto größer die Abhängigkeit vom Erfolg.

Trainer brauchen Trainer: Professionelle Unterstützung im Hochleistungsbereich

An vielen Stellen in diesem Buch begegnet der Leser einem für meine Einstellung zu Führung und Höchstleistung charakteristischen Phänomen: dem Lernen. Durch die Schilderung der einzelnen Etappen meiner Karriere könnte dabei fast der Eindruck entstehen, der junge Trainer Bernhard Peters sei – lediglich gesteuert von seinen unkontrollierbaren Emotionen – auf seine Spieler regelrecht losgelassen worden. Erst mit den Jahren habe sich dieser wilde Trainer dann zu einer Führungsfigur entwickelt, die in der Lage war, zivilisiert mit sich und ihrer Umgebung umzugehen. Das war natürlich nicht so, wie ich im ersten Kapitel ja ausführlich darstelle. Und trotzdem enthält, wie so oft, jede Zuspitzung einen wahren Kern.

So ist es richtig, dass ich mich im Lauf meiner Karriere weiterentwickelt und (über mich) gelernt habe. Darin unterscheide ich mich nicht von den meisten anderen Menschen, ob sie nun Führungskräfte sind oder nicht. Im Unterschied zu anderen aber habe ich das Lernen bewusst forciert, mich mit Experten umgeben, die mir in ihren Fachgebieten überlegen waren, habe diverse Fort- und Weiterbildungsmaßnahmen ausprobiert und mein eigenes Tun, vermutlich auch häufiger als andere, kritisch hinterfragt. Ich bin dabei zu der Überzeugung gelangt: Trainer brauchen Trainer. Darüber, wie und wo man diese Führung findet, also um professionelle Unterstützung im Hochleistungsbereich, soll es in diesem Abschnitt gehen.

Im Gegensatz zur landläufigen Meinung, der Trainerberuf basiere vorrangig auf Erfahrungswissen, kann ich hier deutlich sagen: Ein Sport wie das Hockey ist in so vielen Bereichen einer rasanten Entwicklung ausgesetzt, dass es nur mit äußerster Konsequenz möglich ist, am Ball zu bleiben. Um auch in Zukunft Erfolg zu haben, musste ich mich folglich als Trainer weiterbilden: auf Seminaren, aber auch, indem ich für mich alleine die Fortschritte auf allen Gebieten meines Sports analysierte. Es machte mir dann auch einfach Spaß, neu Erlerntes auszuprobieren und den Jungs zu zeigen, dass ihr Trainer auf dem neuesten Stand des Wissens ist. Sie sollten sich darauf verlassen können, dass ich auch in Sachen »Lernen« ein Vorbild sein wollte: Wer selbst bereit ist zu lernen – das gilt für alle Führungskräfte –, von dem sind auch andere eher bereit zu lernen.

In der Summe habe ich vielleicht zehn Prozent meiner Zeit in Weiterbildung im ganz konkreten Sinne investiert. Es gab eine große Zahl an Weiterbildungsveranstaltungen, die von Verbänden, der Sporthochschule und der Trainerakademie angeboten wurden. Ich orientierte mich bei der Auswahl an meinen eigenen Wünschen, in einzelnen Bereichen gezielt voranzukommen. Ich versuchte meine Arbeitsweise und mein Denken bewusst vom analytischen, streng naturwissenschaftlich beherrschten Training hin zu einer ganzheitlichen Sichtweise zu erweitern.

Dafür suchte und fand ich Unterstützung vor allem bei den Sportpsychologen in unserem Team, Lothar Linz und später Hans-Dieter Hermann. Das Ziel war, mich zu einer Trainer- und Führungspersönlichkeit zu entwickeln, die in der Lage war, bei der Maximierung der Leistung den ganzen Menschen mit einzubeziehen. Die Themen, die wir erörterten, waren jene, die sich im zweiten Kapitel dieses Buches wiederfinden: kommunizieren, emotionalisieren, vertrauen und all die anderen eher an psychologischen denn an körperlichen Dispositionen orientierten Führungsformen. Es war damals nicht leicht, auf diesen Feldern Fortbildungskurse zu finden, war doch die Sportpsychologie noch kein anerkanntes Wissensgebiet im Hochleistungsbereich. Auch die Verantwortlichen in den Akademien und Verbänden taten sich schwer mit diesen eher »weichen« Themen, weitaus mehr Fortbildungsangebote gab es in den harten Bereichen Training, Technik, Taktik.

Es gab aber auch für mich höchst spannende und ertragreiche Lehrveranstaltungen. Den Verlauf einer solchen will ich kurz schildern, um zu zeigen, worauf es meiner Ansicht nach bei allen Fortbildungsmaßnahmen ankommt: auf die Bereitschaft, bei sich selbst wirklich ans Eingemachte zu gehen. Dazu bedarf es neben der eigenen Disposition natürlich auch einer passenden Umgebung und den entsprechenden Partnern, die eine solche Öffnung möglich machen.

Im Jahr 2000 meldete ich mich zu einem Weiterbildungsseminar der Kölner Trainerakademie an. Sie trug den Titel »Kommunikation und Rhetorik für Trainer«. Ich reiste also in das Ausbildungszentrum eines bekannten Persönlichkeitstrainers in die Eifel und traf mich mit 15 Bundestrainerkollegen aus diversen Sportarten. Zwei Tage lang wurden in Rollenspielen die täglichen Kommunikationssituationen zwischen Trainer und Sportler simuliert und geprobt. Für mich hatte sich der Seminarleiter eine besondere Aufgabe ausgedacht: »Du musst deinem langjährigen Leistungsträger jetzt klarmachen, dass er nach drei Jahren aufopferungsvollem

Training mit dem großen Ziel Weltmeisterschaft leider als Letzter in der Nominierungsphase ausscheidet.« Vorher hatte er meinen erfolgreichen Volleyballkollegen Sigi Köhler als meinen Gegenpart (ohne, dass ich das wusste) total aufgeputscht: Köhler spielte den renitenten, zutiefst verletzten Spieler, der seine Nichtnominierung nicht fassen kann und dem Trainer die Hölle heißmacht. Vor aller Augen und der gnadenlosen Videokamera lieferten wir uns eine 20-minütige Redeschlacht. Sigi Köhler spielte seine Rolle kreativ und mit großem Engagement. Die Aufnahmen wurden dann anschließend genüsslich eine Stunde lang vom Seminarleiter und den Kollegen mit vielen harschen, aber konstruktiven Bemerkungen zu meiner Ausstrahlung, Mimik, Körpersprache, zu Gehalt und Prägnanz der Antworten bis ins Detail zerlegt. Eine unvergessliche Lehrstunde. Solche intensiven Weiterbildungen hätte ich mir in jedem Jahr zweimal gewünscht, leider gab es zu wenige dieser anspruchsvollen Angebote.

So schuf ich mir eigene. Seit 1991 hatte ich in der professionellen psychologischen Trainings- und Wettkampfbetreuung bei den Junioren und bei der Herrennationalmannschaft mit drei verschiedenen Psychologen, Uli Kuhl, Lothar Linz und Hans-Dieter Hermann, zusammengearbeitet. Ich hatte sie für das Team engagiert, aber auch für mich und nicht zuletzt für die psychologisch entscheidenden Bereiche der Interaktion und des Kommunikationsmanagements zwischen Trainer und Mannschaft. Ich achtete darauf, dass der »Psycho«, wie wir ihn nannten, bei unseren Lehrgängen und Reisen oft dabei war. Er sollte uns authentisch kennenlernen in der normalen Trainingsarbeit, aber auch im Wettkampfstress, um die notwendigen Rückschlüsse für seine Arbeit ziehen zu können.

Durch die Arbeit der Psychologen wurden mir, vor allem im kommunikativen Bereich, viele Probleme erst bewusst. Häufig kamen Videokameras zum Einsatz: Bei Besprechungen, Trainingseinheiten, während der Spiele selbst und in der

Halbzeitpause hatten sie ihre Kamera unerbittlich auf mich gerichtet. Gemeinsam sichteten wir dann die Zusammenschnitte. Dies war oft nicht leicht zu ertragen, eindrucksvoll – und außerordentlich lehrreich.

Ich kann diese Methode nur jedem empfehlen, besonders jenen, die ganz sicher sind, dass sie wissen, wie sie als Führungsfigur wirken, wie sie, wie man so schön sagt, »rüberkommen« gegenüber ihrem Team.

Meinen Spielern entging natürlich nicht, dass während der Halbzeitpause oder bei Mannschaftssitzungen eine Kamera auf mich gerichtet war. Ich erläuterte ihnen ganz offen, dass es sich um eine Hilfestellung handelte und was ich mir von dieser Maßnahme erhoffte, nämlich eine bessere Selbstwahrnehmung. Ich glaube, nein, ich weiß, dass diese offene Art, mit diesen Dingen umzugehen, mein Ansehen und meine Autorität im Team sehr beförderte.

So waren auch die weiteren Coaching-Gespräche mit den Psychologen sehr offen, ich habe sie an meinen Gedanken, den belastenden, aber auch den beflügelnden, ungefiltert teilhaben lassen. Natürlich war auch aus ihrer Sicht nicht alles falsch, was ich machte. Das Lob von Menschen, von denen man auch Kritik entgegenzunehmen bereit ist, ist doppelt viel wert. Ob Lob oder Tadel – die Gespräche allein führten bei mir schon zu einer spürbaren Entlastung und verbesserten so meine Auftritte gegenüber den Spielern.

Doch will ich nicht verhehlen, dass ich manchmal ganz schön »gebissen« habe, wie wir sagen, richtig geschluckt also, wenn die »Psycho-Fraktion« mir recht unverblümt anhand der Videobilder dargelegt hatte, dass ich in den Ansprachen gegenüber den Spielern wieder einmal zu hart, zu unklar oder zu unfair war, zu langatmig und ausführlich. Wie sie mir demonstrierten, dass ich zu wenig Blickkontakt zu jenen hielt, die ich gerade anredete, dass meine Körpersprache so gar nicht zu den Worten passte. Außerdem: zu wenig Pausen, zu monotone Stimme. Danke bestens! War ich nicht Weltmeister?

Hatte ich nicht schon oft bewiesen, dass ich es konnte, auf meine Art, meinetwegen etwas ruppiger, aber hatten wir nicht schließlich doch – meistens – gewonnen?

Eben, hätten sie entgegnen können: Gerade im Erfolgsfall ist das Lernen wichtig. Nicht zuletzt durch die Psychologen als meine Coachs hatte ich gelernt, was ich allen Menschen, die Verantwortung tragen, für sich und andere, mit auf den Weg geben möchte: Wer führen will, muss sich führen lassen.

> **!**
> - Wer führen will, muss sich mit Menschen umgeben, von denen er lernen kann.
> - Weiterentwicklung (1): Offen sein für Anregungen, die das eigene Spektrum sinnvoll erweitern.
> - Weiterentwicklung (2): Offen sein für professionelle Kritik, die gewohnte Führungsprinzipien infrage stellt.
> - Weiterbildung (3): Aufwendige Recherche und sorgfältige Auswahl von Angeboten, die exakt auf die eigenen Bedürfnisse zugeschnitten sind.
> - War ich nicht Weltmeister? Besonders der Erfolgreiche braucht Inspiration von außen.

Nachspiel: Über den Umgang mit Erfolg und Misserfolg

Ich konnte schon immer ziemlich schlecht verlieren. In den Momenten der Niederlage war ich unausstehlich, unsachlich, ungerecht, kurz: Ich war als Führungsfigur in diesen Situationen oft unbrauchbar. Doch Niederlagen gehören zu jenen zwangsläufigen Erfahrungen eines jeden, der Menschen in einem Wettbewerbsumfeld zu führen hat, also zu den Erfahrungen (fast) aller Führungspersönlichkeiten. Im Sport, zumal im Mannschaftssport, sind Niederlagen oft mit einer besonderen Dramatik verbunden. Zwischen riesigem Jubel und tiefer Enttäuschung liegen oft nur Millimeter oder Sekunden oder auch nur eine (falsche) Entscheidung des Schiedsrichters. Ein kaum steigerbares Gefühl der Ohnmacht ist deshalb nach Niederlagen oft die Folge: Alle Organe, alle Körperfunktionen schalten auf »Rot«. Man kann diese hoch emotionalen Reaktionen nicht ausschalten oder auch nur ausblenden. Man kann aber versuchen, die Folgen von Niederlagen zu kanalisieren, die eigenen Reaktionen zu bewerten und in der Folge mit dem Ziel zu steuern, dass sie nicht auf das Team überspringen mögen. Man sollte als Führungskraft mit Vorbildfunktion alles daransetzen, dass das Nachbearbeiten von Erfolg und Misserfolg nicht allein den eigenen kaum zähmbaren Gefühlen gehorcht. Das erfordert Aufklärung in eigener Sache, erfordert, sich kritisch mit den eigenen Emotionen zu befassen und diese zu bewerten. Dies gehört zu den schwierigsten Pflichten eines Trainers, eigentlich jedes Menschen, der mit anderen Menschen und somit zwangsläufig auch mit deren Gefühlen befasst ist. Und genau um diese Gefühle soll es hier gehen.

Fast alle meine Teams waren bei wichtigen Meisterschaften stets gut in Form. In den Phasen dazwischen gab es heftige Talsohlen mit harten Niederlagen. Ich erinnere mich, dass ich mich in den ersten Jahren meiner Laufbahn als Trainer massiv infrage stellte, wenn wir Spiele verloren hatten. Auch die Angst vor einer Suspendierung als Bundestrainer schwang dabei mit. Doch wie so vieles in meiner Karriere war auch der Umgang mit Niederlagen einem permanenten Lernprozess ausgesetzt. Ich wollte und musste mich in diesem Punkt verbessern.

Als junger Trainer erlebte ich nach Niederlagen eine totale Leere und Mattheit. Doch auch physisch zehrte der Wettkampfstress mich völlig aus. Obwohl ich ja nicht rannte, dribbelte und aufs Tor schoss wie meine Spieler, durchlitt ich jede Szene auf der Bank, als sei ich selbst auf dem Feld, schlimmer: Ich litt, weil ich nicht auf dem Feld war und nicht eingreifen konnte, vermutlich mehr als die Spieler. Ich spürte, wie mein Blutdruck in die Höhe schoss, der Puls zu rasen begann, wenn wir verloren hatten. In mir stieg eine Art absoluter Zorn auf, wahlweise über die ausgelassenen Chancen oder nicht erklärliche Schiedsrichterentscheidungen, letztlich auch über mich. Unmittelbar nach Spielende waren dies oft ungefilterte Gefühlswallungen. Ich wusste: Eigentlich müsste ich mich jetzt beherrschen. Aber das gelang mir oft nicht.

In solchen Augenblicken war ich als Trainer unausstehlich, als Führungsfigur fehl am Platz: »Du warst so schlecht und behäbig heute!«, schrie ich beispielsweise einmal unseren Kapitän Florian Kunz an, kaum war der Schlusspfiff ertönt. Ich ignorierte dabei völlig, dass auch die Spieler in einer emotionalen Ausnahmesituation waren. Es ist oft vorgekommen, dass mich Mitarbeiter aus dem Getümmel von den Spielern weggezogen haben, damit ich nicht in meiner Erregung noch mehr Porzellan zerschlug. Ich spürte, dass sich meine abgrundtiefe Enttäuschung auf die Spieler übertrug. Sie litten für sich und für mich mit. In diesen Momenten war ich den Spielern sehr nahe. Denn das notwendige hierarchische Verhältnis wurde außer Kraft gesetzt. Ich hätte Vorbild sein müssen, sie aufrichten, aber ich war dazu in diesen Momenten nicht der Lage. Im Augenblick der größten Enttäuschung, oft noch auf dem Spielfeld stehend, rief ich meine Frau Britta an, die mit ihrer Fürsprache, die ganz meiner Person galt, meine Frustgefühle oft relativierte.

Nach diesen unmittelbaren Gefühlsausbrüchen ging ich immer und immer wieder den Verlauf des verlorenen Spiels im Geiste und später auch auf Videomitschnitten durch, für mich alleine, aber auch mit einigen engen Vertrauten aus dem Betreuerstab. Eine Frage verfolgte mich in diesen Stunden nach dem Spiel regelrecht: Wo lagen die Ursachen für

Fehlentwicklungen? Im Lauf der Zeit lernte ich, dass mein Bild vom Spiel und von wichtigen Szenen direkt nach Spielende noch diffus und durch die negativen Stressgefühle entscheidend geprägt, die objektive Sicht verdeckt und eine sachliche Analyse unmöglich war. Erst als ich, nach gebotenem Abstand von einigen Stunden, zu wissen glaubte, worin die Ursachen für den Misserfolg lagen, ging es mir besser. Manchmal war ich zu geschafft und enttäuscht, um mir die entscheidenden Szenen des Spiels schon am Abend des gleichen Tages anzuschauen. Dies zu erkennen und die entlastende Analyse auf den nächsten Morgen zu verschieben, fiel mir anfänglich sehr schwer.

Zu einem für mich einschneidenden Erlebnis kam es im Jahr 2000, während der Junioren-EM in Madrid. Beim Finale gegen Spanien hatten wir innerhalb von zwölf Minuten eine 4:1-Führung noch verspielt und waren »nur« Vizeeuropameister geworden. Dies war der niederschmetternde Abschluss einer langen Arbeitsphase. Am Abend nach dem Spiel war ich definitiv nicht in der Lage, auch nur ein Wort an die Mannschaft oder den Betreuerstab zu richten. Am Madrider Flughafen verabschiedete ich mich äußerst wortkarg: Ein schwacher Auftritt. Kurze Zeit später war ich fast mehr über mich enttäuscht als über die Leistung meines Teams. Ich erinnere mich, dass ich zwei Wochen nicht in der Lage war, mir die Videobilder dieser schlimmen Niederlage anzusehen, schon beim Gedanken an dieses Spiel und mein Verhalten nachher hatte ich intensive somatische Schmerzen.

So beschloss ich nach langen, zum Teil auch kontroversen Diskussionen mit unserem Sportpsychologen, diese absoluten Abstürze, das Zerfressen-Werden durch Niederlagen aktiv zu bekämpfen. Immer mehr versuchte ich auch mit professioneller Hilfe, in mich reinzuhören, mich selber kennenzulernen. Meine Mitarbeiter machten mir klar, dass ich nicht allein verantwortlich war für diese Niederlagen, im Gegenteil, dass ich viele Bereiche, die ich zu verantworten hatte, sehr gut vorbereitet hatte. Es war ganz wichtig, dass ich mich öffnete, die Niederlage nicht in mich hineinfraß. So begann ich mit meinen erfahrenen Führungsspielern und den Mitgliedern meines Teams über ihre Sicht auf Niederlagen zu debattieren, habe ihre Eindrücke in diesen schwierigen Momenten mehr an mich herangelassen als in den ersten Jahren meiner Trainerlaufbahn. Die Möglichkeit des Austauschs wirkte auf mich dann wie ein Ventil. Die Gewissheit, dass auch andere sich für die Niederlage verantwortlich fühlten, relativierte meine eigenen extremen Gefühle.

Der Umstand, dass andere fühlten wie ich, hätte allein wenig geholfen, schließlich waren meine Gefühle echt und authentisch. Und Gefühle, und seien sie noch so unpassend in diesem Moment, lassen sich, wie im richtigen Leben, nun mal nicht per Beschluss einfach verbannen. Wie habe ich das also hinbekommen in den weiteren Jahren, bei unverändertem emotionalem Engagement trotzdem kontrollierter aufzutreten? Ich versuchte für meine Gefühlsebene Schlüsselsätze zu finden, die mir nach heftigen Niederlagen guttaten. Ich spürte, dass es gut war für meinen Körper und meine Psyche, wenn ich die Gründe der Niederlage weniger nur bei mir suchte, wenn ich buchstäblich anhörte, dass ich alles versucht hatte, um die Mannschaft gut einzustellen. So sprach ich Sätze wie diesen vor mich hin: »Ich habe es mit allem, was ich habe, versucht. Es ist schiefgelaufen, es ist entscheidend, jetzt ruhig zu bleiben.« Wichtiger als die Weigerung, allein schuldig zu sein, war jedoch der Appell an die Erinnerung an ähnliche erfolgreich bewältigte Situationen: »Das hast du alles schon oft erlebt, wenn du morgen ausgeschlafen bist, sieht das wieder anders aus, wir werden das packen, das kann dir, wie beim letzten Mal, nichts mehr anhaben. Du bist schon oft aus heftigen Niederlagen gestärkt herausgekommen.«

Es tat mir gut, wenn ich mir unmittelbar nach einer Niederlage ein gewisses »Scheißegal-Gefühl« erlaubte oder sogar einredete, um mich vor meinen eigenen Gefühlen abzuschotten.

Sonst wäre ich vermutlich aus dieser »psychologischen Gletscherspalte« nicht wieder herausgekommen. Ich fühlte, dass es mir in einigen unbeobachteten Situationen, beispielsweise im Gespräch mit meiner Frau, den Teampsychologen oder vertrauten Menschen aus dem Mitarbeiterstab wie meinem Torwarttrainer Bernd Schöpf echt gut ging. Da musste ich nicht stark sein wie schon bald wieder vor dem Team, sondern konnte über meine komplette Erschöpfung nach einer Niederlage reden. Trotz aller Selbstkritik, die natürlich auch in diesen Situationen der Geborgenheit nicht völlig auszublenden war, war ich nicht mehr bereit, mich richtig schlechtzumachen.

Zusätzlich zu diesen mentalen Trainingsformen arbeitete ich daran, nach Niederlagen bewusster mit meinem Körper umzugehen. Frühes Schlafengehen, möglicherweise unterstützt durch ein oder zwei Bier, ein gutes, genussreiches Essen, einfaches Dösen vor dem Fernseher, ein gutes Gespräch zu einem ganz anderen Thema oder ein ruhiger 45-minütiger Lauf am nächsten Morgen ließen die deprimierenden Gedanken verfliegen. Diese bewussten Regenerationsmechanismen zeigten nach Niederlagen besondere Wirkung. So weit zur Verarbeitung von Niederlagen.

Doch wie bei den Niederlagen lernte ich mit der Zeit auch bei den siegreichen Spielen, die ungefilterten Gefühlsausbrüche zu reduzieren. Recht schnell nahm ich nach dem ersten gemeinsamen Jubel bewusst die Position des Beobachters ein – der Mannschaft, aber auch meiner selbst. Nachdem ich zu Beginn meiner Laufbahn wenig über die Nachbearbeitung auch von Siegen nachgedacht hatte, entwickelte ich im Lauf der Jahre die Fähigkeit, diese besonderen Momente besonnen und doch voller Erfüllung zu genießen. Das mag seit der Geburt meiner Kinder auch daran gelegen haben, dass ich wusste, dass zu Hause eine ganz andere emotionale Befriedigung auf mich wartete.

Viel wichtiger, als die eigenen Emotionen zu kontrollieren, ist es aber, den Erfolg, wie man so schön sagt, richtig einzuordnen. Jeder genießt Anerkennung, öffentliche zumal. Nach großen Erfolgen stand bei mir das Telefon nicht still, füllte sich der Mail-Briefkasten. Private Gratulanten und öffentliche Beifallsbekundungen wechselten sich ab. Doch ich lernte, aus diesen Botschaften das für mich Wichtige herauszufiltern. »Super Leistung!« – »Klasse gemacht!« Diese gut gemeinten, aber schon in der Wortwahl nicht wirklich differenzierten Äußerungen ordnete ich für mich ganz persönlich ein: Nicht der Erfolg als solcher war für mich wertvoll, sondern der Weg dorthin. Siege waren für mich deshalb so genugtuend, weil ich sie als Bestätigung meiner langfristigen Überlegungen und nicht vorrangig des gewonnenen Finales betrachtete. Und letztlich ist auch das Lob derjenigen entscheidend, die genau diese Ebene mit ihrem Zuspruch meinen.

Und doch, ich gebe es gerne zu: An den Morgen nach Siegen lese ich auch heute noch jede Zeile in den großen Zeitungen, spiele mir die entscheidenden Tore und unsere Jubelszenen immer wieder vor. Oft habe ich früher, wenn ich die ausgelassenen Spieler und den eher in sich gekehrten Trainer sah, gedacht: Jeder hat seine Art, loszulassen. Und war mir fast sicher, dass ich, ohne dass man es von außen sah, vielleicht das viel tiefere Glücksgefühl empfand als die feiernden Spieler.

- Aus Misserfolgen wie aus Erfolgen lernen kann man nur mit zeitlichem und emotionalem Abstand zum Ereignis selbst.
- Nach Erfolgen wie nach Niederlagen ist eine ereignisferne Gegenwelt (Familie, Freizeit) der ideale Rückzugsort, um diesen Abstand zu gewinnen.
- Wer nach Erfolg oder Misserfolg weiter führen will, sollte nach einer kurzen Zeit der Verschmelzung mit der Gruppe schnell wieder zum Beobachter werden.
- Die langfristige Strategie, nicht das kurzfristige Ergebnis sollte Maßstab der eigenen Leistungsbewertung sein.
- Um selbstzerstörerische Enttäuschung oder ausufernde Euphorie aktiv bekämpfen zu können, müssen individuelle körperliche und mentale Strategien beherrscht werden.

Risiko Erfolg: Besonders Sieger müssen lernen

In meinen 21 Trainerjahren beim Deutschen Hockey-Bund habe ich bei den 22 großen Turnieren, an denen meine Mannschaften teilnahmen, also Europameisterschaften, Weltmeisterschaften oder Olympischen Spielen, immer eine Medaille gewonnen. Immer waren wir mindestens dritter, elf Mal standen wir ganz oben mit der Goldmedaille auf dem Treppchen. Ich war wie besessen davon, das Finale zu gewinnen, schon der zweite oder dritte Platz hat oft sehr wehgetan.

Nach dem Genuss des Erfolgs, wie ich ihn im vorherigen Abschnitt beschrieben habe, setzte aber meistens ziemlich rasch eine Phase der Um- und Neuorientierung ein. Die drängenden Fragen lauteten: Wie können wir jetzt weitermachen? Wie können wir noch besser werden? Sie drängten auch nach großen Siegen wie jenem bei der Weltmeisterschaft 2002, sie drängten gerade nach großen Siegen. Ich empfand meine Arbeit als Trainer als die eines Zuspielers. Eines Zuspielers allerdings, der nicht am immer gleichen Punkt verharrt, sondern der seine Zuspiele variiert und optimiert: Der Hockeysport entwickelte sich weiter, meine Spieler entwickelten sich weiter, also wollte auch ich mich entwickeln, ich wollte in Zukunft nicht so coachen wie beim letzten Sieg, sondern ich wollte mich genauso wie das Team immer neu herausfordern.

Siege und die absolute Willenskraft, gewinnen zu wollen, sind der Kraftstoff im Tank eines jeden Sportlers. Wer nicht gewinnen will, sollte kein Leistungssportler werden. Mein Kapitän Florian Kunz sagte mir einmal: »Ich weiß, dass ich kein genialer Hockeyspieler bin, für diesen Moment des Sieges allerdings lohnt es sich, alles zu geben.« Der »Moment des Sieges«! So hatte es Kunz gesagt und wusste wahrscheinlich gar nicht, wie präzise er formuliert hatte. Denn Siege leben in und für den Moment, in dem sie feststehen. In den Sekunden, Minuten, Stunden, (wenigen) Tagen danach sind sie unendlich viel wert. Schon bald darauf jedoch, so hart es klingt, zählen sie: nichts mehr. Dieses Phänomen kennen nicht nur Sportler.

Nach Misserfolgen, nach der Phase großer Frustration, sind alle Beteiligten naturgemäß aufgeschlossen für Veränderungen und Korrekturen. Nach Erfolgen ist das nicht immer der Fall. Ein Grund dafür ist gewiss, dass es ein ungeheuer großes Maß an Selbstdisziplin und Selbstmotivation erfordert, um sich – als Sieger! – zu Veränderungen anzutreiben. Dieser Antrieb jedoch unterscheidet den einmalig erfolgreichen vom dauerhaften Gewinner. (Wo diese Selbstmotivation an ihre Grenzen stößt, das beschreibe ich im folgenden

Abschnitt »Weiter! Immer weiter? Chancen und Grenzen der Selbstmotivation«.)

Bei mir persönlich war immer schon einige Zeit nach den errungenen Triumphen der Drang zu hinterfragen und zu analysieren wieder stark ausgeprägt. Warum? Der Titel war gewonnen, das Ergebnis stimmte, aber das Spiel hatte Mängel. Jedes Spiel hat Mängel! Das ließ mich nicht ruhen, wollte ich doch alle Schwachstellen erkennen, damit ich schon für das nächste Spiel, das nächste große Turnier an Verbesserungen in diesen Bereichen arbeiten konnte. An Verbesserungen bei den Spielern, an der Optimierung der Vorbereitungsphase und auch an mir selbst. Ich habe es auch nach wunderbaren Siegen als einen fortlaufenden Prozess angesehen, nach einer bewusst zugelassenen mentalen Talsohle, wieder alle Leistungskomponenten zu überprüfen, zu besprechen und oft bewusst zu verändern. Die Relativität des errungenen Erfolges war oft rasch klar. Ich wusste: Schon in absehbarer Zukunft gewinnen wir mit der Leistung von gestern keine Titel mehr. Ich schaute mir die Videobilder von unserem Finalsieg an. Sie berührten mich immer noch. Aber schon einige Wochen später wollte ich durch verbesserte Trainingsarbeit diese Spielweise weiter optimieren. Ich war nie zufrieden, ich strebte nach dem perfekten Spiel, zumindest theoretisch, und war in der Praxis doch oft so weit davon entfernt. Dieser Widerspruch macht den Beruf eines Trainers in Mannschaftssportarten aus. Wer gewinnt und sich darauf auch nur ein paar Wochen zu lang ausruht, gerät in Rückstand. Ich habe diese Verantwortung stets gespürt, ich hatte ein Zeitschema für die Phase der persönlichen Regeneration und des Genießens. Stand die nächste große Meisterschaft schon ein Jahr später an, endete diese Übergangsphase nach weniger als zwei Wochen, dann bin ich wieder »voll durchgestartet.« Ich war in gewisser Weise getrieben von diesen Gedanken an Verbesserung. Sie zu kanalisieren und aus ihnen die richtigen Maßnahmen abzuleiten ist eine der zentralen Herausforderungen an jede Führungspersönlichkeit.

Die wichtigste Aufgabe eines Trainers, einer jeden Führungsfigur ist es also, aus großen Momenten des Erfolges, aus den Momenten großer Genugtuung und Bestätigung die richtigen Schlüsse zu ziehen. Für das Team – und für sich selbst. Motor ist dabei wiederum das größte der (beruflichen) Gefühle: die Aussicht auf den (nächsten) Erfolg. Siege, die einige Zeit zurücklagen, hatten dann keine so große Bedeutung mehr für mich, sie entfernten sich relativ schnell. Im Diffusen hatte ich schöne Erinnerungen an das Gefühl eines jeden Sieges, ich war mir sicher, dass ich dieses Gefühl immer wieder neu spüren wollte. Dafür musste ich dazulernen, sonst würde ich es nie wieder erleben, so lautete meine Schlussfolgerung. Ich wusste: Nur wenn wir meine neuen Ideen schnell wieder aufnehmen, uns gezielt weiterentwickeln, werden wir dieses große Gefühl des Siegens wieder erreichen können. Dorthin wollte ich das Team wieder führen, diese Aussicht ließ mich nicht ruhen. Natürlich registrierte ich die mit jedem Sieg weiter steigende Achtung vor meiner Arbeit unter den Kollegen und in der Sportöffentlichkeit. Und natürlich stand mit jedem Spiel meine grundsätzliche Eignung als »erfolgreicher Trainer« weniger infrage. Dennoch spürte ich bis zuletzt immer auch eine subtile Form von Angst in mir: »Wenn du dich irgendwie gehen lässt und nicht die richtigen Schlüsse zur Weiterentwicklung ziehst, wirst du beim nächsten Mal nicht ganz oben stehen.« Einmal Weltmeister geworden zu sein war für mich nicht der Beleg dafür, dauerhaft ein guter Trainer zu sein.

Entscheidend für die Weiterentwicklung des Teams ist, diese Erkenntnisse bei jedem einzelnen Mitglied zu verwurzeln. Nur wenn alle verinnerlicht haben, dass nur durch den intensiven, klugen »Blick nach vorn« dieses großartige Gefühl des Sieges wieder zu erreichen ist, kann der nächste Sieg gelingen. Genau diese Erkenntnis habe ich genutzt, um gerade nach Siegen massive Veränderungen vorzunehmen. Niemand hatte dann das Gefühl, dass diese Veränderungen strafenden

Charakter hatten, alle waren (durch das Erfolgserlebnis) sicher genug, Korrekturen ohne Verlust an Selbstbewusstsein zu akzeptieren.

Was mich betrifft, so wurde ich oft gefragt: Was motiviert dich, nach deinen großen Erfolgen so leidenschaftlich an einem noch besseren Team zu arbeiten? Jeder Trainer weiß: Nichts ist älter als der Erfolg von gestern. Nichts ist motivierender als die Aussicht auf den Erfolg von morgen. Deshalb war meine Antwort: Ich will gewappnet sein, ich bin immer noch auf dem Weg, ich bin noch nicht fertig, ich will den nächsten Schritt gehen und die Bewegung spüren. Solange das Feuer brannte, so lange war ich gierig auf den nächsten Sieg.

- Gerade nach großen Erfolgen müssen die eigenen Arbeitsmethoden hinterfragt werden.
- Nur wer sich nach dem Erfolg zwingt, weiterzulernen, wird auch den nächsten Erfolg erringen können.
- Zielgerichtete, offen kommunizierte Korrekturen am eigenen (Führungs-)Verhalten bieten die Chance zu Autoritätsgewinn.
- Veränderungen, die die eigene Person betreffen, sind ein glaubwürdiges Vorbild für Veränderungen im Team.
- Die wichtigste Frage lautet: (Wie) kann ich mich für eine ähnliche Aufgabe selbst noch (ein weiteres Mal) begeistern?

Weiter! Immer weiter? Chancen und Grenzen der Selbstmotivation

Öffentliche Anerkennung? Nur bei außerordentlichen Erfolgen. Verdienstmöglichkeiten? Äußerst überschaubar. Komplexität der Aufgabe? Extrem hoch. Risikofaktor des Arbeitsplatzes? Erheblich. Familientauglichkeit? Null. Das sind die Rahmenbedingungen für jeden, der beabsichtigt, Hockey als Trainer zu seinem Beruf zu machen. Was brachte mich, einen im Grunde eher zurückhaltenden, rationalen, analytisch denkenden Menschen dazu, sein Leben, nun ja, einen maßgeblichen Teil seines Lebens, einer solchen Sportart zu verschreiben? Wie gelang es mir, mich über 30 Jahre immer wieder für dieses Spiel zu begeistern, mehr noch, wie konnte ich glauben, wie konnte es mir gelingen, diese Begeisterung zu erhalten und weiterzugeben? Und warum war ab einem bestimmten Moment die Grenze der Motivation, jedenfalls der Selbstmotivation erreicht? Diese Fragen habe ich mir während meiner Laufbahn als Hockeybundestrainer, besonders gegen Ende dieser Laufbahn, immer wieder gestellt. Fragen, davon bin ich überzeugt, die sich jeder stellt, der mit Leidenschaft seinem Beruf nachgeht. Fragen zudem, die aufgrund des hohen Einsatzes und des immensen Drucks besonders für Führungskräfte von großer Bedeutung sind. In diesem Kapitel will ich versuchen, sie zu beantworten.

Schon im biografischen Teil dieses Buches beschrieb ich, wie ich schon in früher Kindheit meine Leidenschaft für den Hockeysport entdeckte. Hockey, das war mein Sport, ich liebte diese Mischung aus technischer Geschicklichkeit, taktisch-strategischem Denken, Willenskraft und Athletik. Auch die Unwägbarkeiten und Rätsel im Mannschaftssport und natürlich die Möglichkeit, gewinnen zu können, faszinierten mich und faszinieren mich bis heute. Ich lernte früh zu akzeptieren, dass bei mir die Voraussetzungen dafür, selbst ein absoluter Könner in diesem Spiel zu werden, nicht gegeben waren. Umso höher war meine Motivation, andere zu eben, solchen Könnern auszubilden, sie zu begeistern für »meinen« Sport. Hierin lag mein Talent, das spürte ich, und das wurde mir rasch von allen Seiten bestätigt.

Ziele sind der Treibstoff einer jeden Selbstmotivation. Meines war klar: Mit jedem meiner Teams wollte ich besser sein als die anderen. Das war schon am Anfang meiner Laufbahn in Westfalen so, später dann in Deutschland, schließlich dehnte ich meinen Ehrgeiz auf Europa aus, um dann den Sieg bei Weltmeisterschaften und Olympischen Spielen anzustreben. Das Siegen-Wollen war mein Motiv, ganz klar. Es versprach einen rauschhaften Zustand und war daher wie eine körpereigene Droge, von der ich, nachdem ich das erste Mal an sie geraten war, nicht mehr lassen konnte und wollte.

Natürlich wollte ich zunächst, dass meine Mannschaften gewannen. Doch in meinem tiefsten Innern wollte ich für mich erfolgreich sein. Psychologen würden mir gewiss einen sehr hohen Drang nach Anerkennung bescheinigen, und es wäre unredlich, wenn ich nicht zugeben würde, dass es genau dieser Drang nach Bestätigung war, der mich antrieb. Sich dies einzugestehen ist nicht leicht. Inzwischen bin ich mir aber sicher, dass fast alle, na jedenfalls sehr viele ehrgeizige Menschen, Führungsfiguren also, genau diesen Drang nach Bestätigung als den Hauptantrieb für ihr Tun verspüren.

Worin bestand nun meine Bestätigung? Sie bestand einerseits aus dem Zuspruch, der Anerkennung in meiner nächsten Umgebung. Das Lob meiner Mitarbeiter und natürlich meiner Familie bestätigte mich sehr in meiner Arbeit. Andererseits sah ich, dass sich Spieler unter meiner Anleitung verbesserten, dass meine Art zu führen sie als Sportler, aber auch als Menschen voranbrachte. Es war für mich immer überaus befriedigend, wenn Spieler, die ich früher auszubilden hatte, nach Jahren zu mir kamen und sich dafür bedankten, dass sie von meinem harten, klaren und doch emotionalen Führungsstil in ihrer weiteren Persönlichkeitsentwicklung enorm profitiert hätten. Kürzlich erst kam wieder einer meiner Jungs zu mir und sagte: »Du warst ein sehr harter, konsequenter Trainer, ich habe oft geflucht, aber es war für mich in der Nachbetrachtung eine total geile Zeit, die ich nie missen möchte!«

Es hat mich auch extrem motiviert, wenn enge Mitarbeiter in meinem Stab mir zu verstehen gaben, dass wir ihrer Ansicht nach durch meine Energie, meine Ideen und meine Konsequenz offensichtlich ein ganzes Spielsystem auf ein hohes Niveau brachten und ein soziales Gefüge, die Mannschaft und den Betreuerstab nämlich, gleich mit.

Die Aussicht auf solches Feedback war für mich stets Antrieb und Ansporn, als Führungspersönlichkeit mit gutem Beispiel voranzugehen. Einmal bekam ich zufällig ein kurzes Gespräch mit, das einer meiner Spieler mit einem Journalisten führte. »Was motiviert euch eigentlich, bei diesen Lehrgängen 100 Tage im Jahr so im Team Gas zu geben und zum Beispiel jeden Morgen um 7.30 Uhr bei Wind und Wetter gemeinsam zu laufen?« Das war die Frage des Pressemanns. Die Antwort meines Spielers beschämte mich fast ein wenig. »Wenn wir uns mit dem Team zum Morgenlauf treffen, hat der Trainer bereits seinen Lauf hinter sich und sitzt dann vor dem Video zur Auswertung oder er bereitet das Training vor. Er ist da für uns ein absolutes Vorbild!« Das Gefühl, Menschen zu erreichen, mit ihnen gemeinsam ein Ziel zu verfolgen und sie auf dem Weg zu diesem Ziel zu begleiten und dafür noch Dankbarkeit zu empfangen: Kann es eine größere Motivation geben?

Wenn dann noch die Aussicht auf Erfolg, auf das unglaublich erfüllende Gefühl des Sieges hinzukommt, muss eigentlich niemand mehr nach Chancen der Selbstmotivation fragen. Für mich spannender war aber immer die Frage: Gibt es vielleicht eine weitere, größere Befriedigung für mich als den Sieg? Die Antwort lautet: Ja! Ich will versuchen, diesen Antrieb, diese Empfindung anhand von zwei Spielsituationen zu beschreiben, die beide für mich und die Mannschaft triumphal endeten: die Finalspiele der Weltmeisterschaften 2002 beziehungsweise 2006. 2002, in Kuala Lumpur, trat dieses tranceartige Gefühl zwischen der 40. und der 70. Spielminute ein. Es war die zweite Halbzeit des Endspiels gegen Australien. Bis dahin waren unsere Gegner erdrückend überlegen, aber ab der 40. Minute wendete sich das Blatt komplett, und wir gewannen nach großartigem Spiel den ersten WM-Titel durch einen 2:1-Sieg. 2006 waren es die rauschhaften zehn Minuten, in denen mein Team einen 1:3-Rückstand wieder gegen Australien in ein 4:3 verwandelt hatte.

Die Spieler setzen in diesen Phasen die Vorgaben und ihr Können scheinbar mühelos um, es entsteht eine Leichtigkeit, es läuft, das Spiel, der Ball, jeder Spieler läuft plötzlich wie von selbst. Eine große Leichtigkeit entsteht, die Gesichter entspannen sich, von der enormen Konzentration, auch der Anstrengung ist wenig zu sehen. Der Gegner kommt immer zu spät, wir sind immer einen Schritt schneller. Die Körpersprache der Spieler auf dem Feld, die Gesichter in meiner Umgebung auf der Bank, alle strahlen dieses fließende, erhabene, tranceartige Gefühl aus. Als Trainer muss ich nicht eingreifen, kann mich ganz dieser ungeheuren und seltenen Emotion hingeben. Es herrscht in diesem Augenblick eine unzerbrechliche, rational nicht belegbare Verbindung zwischen mir und den Spielern. Raum und Zeit verschwimmen, verschwinden. Dieses Gefühl kann zur Sucht werden, auch am Spielfeldrand, jedenfalls würde jeder, der dieses Erlebnis – als Trainer und als Mensch – hatte, alles, aber auch alles dafür tun, damit es sich wieder einstellt, irgendwie, irgendwann.

Ich jedenfalls war wie besessen von der Idee, mit diesen starken Typen, die ich in meinen Teams um mich hatte, etwas nahezu Perfektes zu kreieren, um mich daran zu berauschen, am fließenden, sprachlosen Zusammenspiel und den daraus resultierenden Toren. Das Besondere an diesem Gefühl ist, im Sport wie im Leben: Der Moment ist entscheidend, nicht die Folgen, nicht das Ergebnis. Als Trainer habe ich dieses Gefühl auch bei Spielen gehabt, die schlussendlich leider verloren gingen. Diese Empfindungen kommen und gehen, sie sind schwer zu beschreiben und nicht zu steuern. Sie sind schließlich so extrem, dass sie nicht von Dauer sein können.

Doch ich habe nicht nur diese – seltenen – Gefühle geliebt. Ein so strapaziöser Job, der den Menschen, die einen privat umgeben, so unendlich viel Toleranz abfordert, ist nur mit Leidenschaft und nicht allein aus rationalem Kalkül zu bewältigen. Ich betrachtete meinen Beruf als Hockeytrainer als Berufung. Diese Empfindung teile ich vermutlich mit den meisten Menschen, die mit Leidenschaft führen. Für alle gilt: Du musst dich immer wieder selbst übertreffen, einmal erbrachte Leistung ist für die nächste Herausforderung nicht mehr genug. Du musst deine Leistung abrufen, wenn es darauf ankommt, du musst die Big Points machen, im entscheidenden Moment Vorbild sein. Aus der ungeheuren Energie, die dabei umgesetzt wird, ergibt sich fast zwangsläufig, dass solche mentalen und physischen Kraftakte nicht unendlich ausdehnbar oder pausenlos wiederholbar sind.

Aus dieser Erkenntnis heraus hatte ich Ende 2000, als ich meinen ersten Vierjahresvertrag als Herrenbundestrainer unterschrieb, dem Verband, meinem Arbeitgeber, mitgeteilt, dass ich diesen Job lediglich vier oder maximal sechs Jahre ausüben würde. Ich ahnte, dass mein Führungsstil sich nach einer bestimmten Zeit buchstäblich verbrauchen würde, jedenfalls wenn ich mich über Jahre immer mit einem harten Kern derselben Spieler umgeben würde. Die Intensität, mit der ich Mannschaften führte, formte und begleitete, führte alle Beteiligten an die natürlichen Grenzen der Motivation – der Selbstmotivation, aber auch der Motivationsleistung, welche die Teammitglieder selbst einbringen mussten. Dies ist die für alle Führungspersonen entscheidende zweiteilige Frage: Kann ich mich selbst motivieren *und* kann ich mein Team dazu bringen, sich selbst optimal zu motivieren? Wenn

Zweifel an der Antwort »Ja« auch nur bei einem Teil der Frage aufkommen, ist es Zeit, über Veränderungen nachzudenken.

So war meine Selbstmotivation zwischen Ende 2000 bis zu den Olympischen Spielen in Athen 2004 immer im absoluten Grenzbereich. Nach dem großen Erfolg 2002 mit dem Gewinn der ersten Weltmeisterschaft für ein deutsches Herrenteam bekam ich nach einer körperlichen Talsohle von wenigen Wochen noch einmal Auftrieb. Es galt durchzustarten in Richtung meiner ersten Olympischen Spiele als Cheftrainer in Athen 2004. Bekanntlich gewannen wir in Athen die Bronzemedaille, eine Platzierung, die mich keinesfalls enttäuschte. Jedoch spürte ich deutlich, dass ich in diesem Moment die Grenze meiner Kraft und Motivation überschritten hatte. Nach vier Jahren am Limit fühlte ich mich leer. Ich hatte das Gefühl, aus dieser physischen wie psychischen Talsohle nicht mehr herauszukommen. Ich war total ausgebrannt. Jeder, der über einen längeren Zeitraum Höchstleistungen bringt, wird dieses Gefühl kennen. Auf die Fragen, wie damit umzugehen ist, welche Konsequenzen zu ziehen sind, gibt es keine allgemeingültigen Antworten. Aus meiner Erfahrung aber kann ich sagen: Nur wer sicher ist, sich selbst und andere weiter motivieren zu können, sollte sich und anderen eine weitere Zusammenarbeit zumuten beziehungsweise zutrauen.

Nach den Olympischen Spielen 2004 brauchte ich ungefähr fünf Monate, um aus der Motivationstalsohle herauszufinden. 2005 dann, als es um den neuen Vertrag ging, der bis Olympia 2008 gehen sollte, spürte ich schon leise Zweifel in mir, ob meine Motivation für vier weitere Jahre in dieser Knochenmühle reichen würde. Außerdem hatte ich für mich beschlossen, dass ich – nach etwa 20 Trainerjahren – im Alter von dann Mitte 40 noch einmal in einem anderen Umfeld eine neue Aufgabe übernehmen wollte. Das habe ich den Verantwortlichen des Verbandes damals offen gesagt. Ich unterschrieb dennoch. Meine Leidenschaft kam besonders durch die neuen, jungen, ehrgeizigen, schnell lernenden Spieler im Winter 2004/2005 zurück, die hoch motiviert arbeiteten, wollten sie sich doch für die Weltmeisterschaft 2006 empfehlen.

Ich beschloss, noch einmal all meine Kraft in die nächsten zwei Jahre bis zur Weltmeisterschaft in Mönchengladbach zu investieren. Die Aussicht auf einen großen Sieg, der Traum, mit einem großen Titel, als Weltmeister 2006, aufzuhören, motivierte mich ungemein. Ich spürte ein letztes Mal die Chancen und ich sah – in diesem Fall unverrückbar – vor mir: die Grenzen der Selbstmotivation.

- Wer sich selbst motivieren will, muss sich klare, hohe und realistische Ziele setzen.
- Das Streben nach persönlicher Anerkennung ist Motor jeder Selbstmotivation, kein Zeichen von Eitelkeit.
- Nur ein hoch motivierter Leader wird andere für das gemeinsame Ziel begeistern können.
- Selbstmotivation entsteht durch Resonanz: Positives Feedback aus dem Team lässt Grenzen überwinden.
- Mangelnde Selbstmotivation und erfolgreiche Arbeit schließen sich aus.

Schluss! Aus! Vorbei? Wann es Zeit ist zu gehen

Es war ein paar Wochen nach den Olympischen Spielen von Sydney im November 2000, an denen ich als Co-Trainer teilgenommen hatte. Der Deutsche Hockey-Bund (DHB) hatte sich entschieden, mir ein Angebot als Bundestrainer der Herrenmannschaft zu unterbreiten. An einem großen Tisch saß ich in der Kanzlei des Vizepräsidenten des DHB in Köln, Joachim Hürter, gegenüber und sagte zu ihm: »Ich bin mir darüber im Klaren, dass man einen solchen Job nicht ewig machen kann. Ich will selbst entscheiden, wann ich gehe.« Hürther schaute mich an und murmelte dann: »Das sagen sie immer alle.« Was er nicht wusste: Ich meinte es ernst.

Der Anspruch, selbst entscheiden zu können, wann man einen Job verlässt, kann natürlich durch die Realität über den Haufen geworfen werden. Und doch: Jeder, insbesondere jeder, der als Führungsperson Verantwortung auch für andere trägt, muss sich von Zeit zu Zeit fragen, ob er – unabhängig von Erfolg und Misserfolg – mit seinen Ansprüchen und Vorstellungen noch an der richtigen Stelle ist. Wann aber ist dieser Moment der – eigenen – Entscheidung gekommen? Woran spürt man, ob es sich bei einem mentalen oder auch körperlichen Tief nur um eine Talsohle handelt, aus der man nach einer Regenerationsphase wieder herausfindet? Und was sind die Signale, die einem bedeuten: »Schluss! Aus! Vorbei! Jetzt ist es Zeit zu gehen«?

Vier Jahre später, zwei Wochen nach der Rückkehr von den Olympischen Spielen in Athen, ich arbeitete gerade an der Olympia-Analyse, überkam mich zum ersten Mal ein Gefühl tiefer Leere und Antriebslosigkeit. Für mich nannte ich es das »Scheißegal-Gefühl«. Ich kannte es nicht, hatte so etwas noch nie gespürt. Jeden Morgen kam es wieder, bei meinem Waldlauf im Krefelder Stadtwald. Oft verging es den ganzen Tag nicht. Inzwischen weiß ich, dass viele Menschen in exponierter Funktion, nein, dass eigentlich jeder Mensch, der mit Energie seine Ziele verfolgt, dieses Gefühl kennt.

Ich also fühlte mich in diesen Herbst- und Wintermonaten des Jahres 2004 ausgelaugt, hatte keinerlei Lust, die Mannschaft auf die nächste prestigeträchtige Champions Trophy vorzubereiten. Wieder eine Champions Trophy! Wieder reisen! Wieder trainieren! Wieder spielen! Wieder gewinnen wollen! Die Gedanken, die jahrelang meinen Adrenalinspiegel in die Höhe schießen ließen, in dieser Zeit ödeten sie mich einfach nur an. Die Gedanken an Lahore, die beschwerliche Anreise, das extreme Klima, die schlimme Armut, die bettelnden Kinder, die schon morgens beim Lauf durch einen Park hinter mir herlaufen würden, das für empfindliche Mägen herausfordernde Essen, den Geruch der pakistanischen Gewürze, der einen überallhin verfolgte – das alles lag irgendwie wie ein dicker, schwerer Nebel auf meiner Seele. Ich hatte »null Bock« auf diese Trophy, einen der begehrtesten Pokale im Welthockey. Auch in meinen Selbstgesprächen, mit denen ich mich sonst ja motivieren konnte, merkte ich, dass diese negativen Emotionen alles überlagerten. In diesem Moment hätte ich, wenn es die Gelegenheit gegeben hätte, sofort Schluss gemacht als Bundestrainer. Doch die Verantwortung für die Spieler und deren Motivation verhinderte dies – und ich verlängerte meinen Vertrag um vier weitere Jahre, wusste aber, dass ich nach der WM 2006 aufhören wollte.

Wer über Abschied nachdenkt, muss, jedenfalls in meinem Alter, auch über (Neu-)Anfang nachdenken: In den vier Jahren nach dem ersten Weltmeistertitel mit den Herren 2002 ist diese Offenheit für einen Neuanfang langsam, zunächst unmerklich und dann, nach Athen, ganz dramatisch gewachsen. Ich brauchte diese Zeit, um zu erkennen, wo ich denn hingehörte. Ich wollte mir in Ruhe ein neues, spannendes Betätigungsfeld suchen, das mich motivieren und meinen Ehrgeiz auf einer anderen Ebene stillen könnte. Ich kam, besonders mit der Hilfe meiner Frau Britta und einiger Freunde, zu der Erkenntnis, dass ich weiter im Sport arbeiten wollte, dass ich die Prinzipien und Strategien des Leistungssports so tief in mich aufgesogen hatte, dass ich sie in meinem Berufsleben auf keinen Fall würde missen wollen.

Und so kam es, dass sich nach den Olympischen Spielen, also genau zum richtigen Zeitpunkt, einige zunächst lose Perspektiven andeuteten. Der Kontakt zu Jürgen Klinsmann, der seit Sommer 2004 Fußballbundestrainer war, und seinem Manager Oliver Bierhoff intensivierte sich, wie ich an anderer Stelle auch beschrieben habe. Vonseiten des Deutschen Sportbundes und des Nationalen Olympischen Komitees brachte man mich als Direktor für Leistungssport ins Gespräch. Doch die anstehende komplizierte Fusion der beiden Organisationen zum Deutschen Olympischen Sportbund verhinderte konkrete Schritte. Eine Tätigkeit als Sportdirektor des Deutschen Hockey-Bundes wurde genauso diskutiert wie die des Direktors der Trainerakademie in Köln. Hier hätten sich interessante Zukunftsperspektiven für mich ergeben. Meine körperliche und psychische Verfassung nach den Olympischen Spielen war ein Warnschuss gewesen. Außerdem hatte ich die Biografien meiner erfolgreichen Vorgänger im Kopf, die den rechtzeitigen Absprung nicht geschafft hatten und schließlich unfreiwillig gehen mussten. Ganz sicher war: Ich wollte nicht weitere 15 Jahre als Trainer auf dem Platz stehen und diesem immensen, unmittelbaren Erfolgsdruck ausgesetzt sein.

Zunächst versuchte ich diese Gefühle zu verbergen. Und natürlich fuhr ich mit der jungen, ambitionierten Mannschaft nach Lahore, direkt hinein in das extreme Klima. Die Spieler waren total motiviert, schließlich ging es auch um die Plätze in der Mannschaft für die großen Turniere, die EM 2005 und die WM in Deutschland 2006.

Mit ihrer Dynamik, ihrer Power zogen mich die Jungs heraus aus meinem Tal. Der Motor sprang wieder an, die Batterie lud sich wieder auf. Und doch, so wenig das in der täglichen Arbeit eine Rolle spielte, der Gedanke an den Abschied war nicht mehr zu verdrängen.

Also nahm ich, mit aller Power, die ich als Trainer noch einmal aufbieten konnte, die Weltmeisterschaft im September 2006 ins Visier. Doch parallel dazu ließ ich die Gedanken an neue berufliche Perspektiven bewusst zu, konnte und wollte sie nicht verdrängen. Ich habe für mich daraus zweierlei gelernt. Erstens: Wenn Körper und Seele Signale des Aufbruchs und des Abschieds aussenden, kann man dies auf die Dauer nicht ignorieren. Zweitens: Je früher man sich aktiv bemüht, diese Signale zu verstehen und zu interpretieren, desto weniger können einen diese Signale fernsteuern, desto eher bleibt man Herr des Verfahrens. Wer dies erkennt und beherzigt, wird – als Führungs-, aber auch als Privatperson – der Verantwortung gerecht, die er (oder sie) übernommen hat.

Meine Spieler und meine Kollegen im Team entwickelten ein feines Gespür für meine Situation. Es war auch kaum zu übersehen: Ich war gelassener, gelegentlich unvermutet nachsichtig, übertrug mehr Aufgaben an meine Assistenten. Ich beobachtete, dass es immer schwerer wurde, Veränderungen und Variablen in meine Trainingspläne einzubauen, dass meine Arbeitsweise und meine Formulierungen sich besonders für die Spieler wiederholten, die schon länger im Team standen. Ich war an den Grenzen der eigenen Veränderungen in meinem Trainer-Job angelangt. Ich fürchtete, irgendwann ein Glaubwürdigkeitsproblem zu bekommen, da ich an manchen Stellen bei unbequemen, etablierten Spielern nicht mehr mit letzter Konsequenz in notwendige Auseinandersetzungen ging: in Fragen der Disziplin oder bei kleineren Fehlern in Trainingsspielen. Ich ertappte mich in den letzten eineinhalb Jahren immer wieder bei dem Gedanken, dass es mir schwerfiel, ja, dass es in mir Widerwillen auslöste, die Spieler wieder und wieder zu kritisieren und zu disziplinieren, um sie zu den so wichtigen letzten fünf Prozent auf der Leistungsskala zu treiben. Das spürten, ungeachtet der gemeinsamen Vorfreude auf das große WM-Turnier in Deutschland, auch die Spieler. Diese maximale Anstrengung, diese Leidenschaft, mit der wir miteinander umgingen, die Kernprinzipien der emotionalen Führung hatten sich langsam, aber sicher durch die Jahre verbraucht.

In der Folge machte ich dann eine der prägendsten Erfahrungen meiner Trainerlaufbahn. Nicht nur, weil das Angebot von Jürgen Klinsmann, als Sportdirektor zum DFB zu gehen, öffentlich wurde, habe ich meine älteren Führungsspieler in meine Veränderungsüberlegungen einbezogen. Und empfing eine mich sehr berührende Reaktion. Neben dem Stolz, dass »ihr Trainer« von Klinsmann zum DFB geholt werden sollte, gaben meine Pläne auch den Spielern Gelegenheit, ihre Gefühle zu zeigen und ihre Meinung zu vertreten: »Wir werden dich vermissen, aber etwas Neues wäre auch für uns nicht schlecht, eine Veränderung wäre für beide Seiten eine gute Lösung, wir hätten Verständnis für dein Weggehen«, sagten mir einige von ihnen. Ich muss zugeben, dass sich neben der Erleichterung, dass sie mich nicht als Fahnenflüchtling abstempelten, auch ein Gefühl der Kränkung bei mir einstellte, wenn ich solche Worte hörte. Da half es auch nichts, dass viele meiner Jungs und auch Vertreter des Verbandes versuchten, mich zu überreden, noch einmal ein paar Jahre dranzuhängen.

Wie so oft kamen mir die entscheidenden, in diesem Fall auch melancholischen Gedanken beim morgendlichen Waldlauf: »Es ist großartig, die Weltmeisterschaft mit diesen Typen noch einmal voll anzugehen, aber danach ist das Ding durch. Ich kann mir nicht vorstellen, so intensiv wie jetzt vor der WM noch einmal diesen Traum zu leben und mit dem Team erfolgreich zu sein. Ich will alles tun, damit dieser Traum wahr wird. Aber nach der WM ist es vorbei. Auch wenn wir nicht gewinnen sollten.« Ich wollte etwas Neues in meinem Leben und ich wollte selbst entscheiden zu gehen, am liebsten, wenn es am schönsten war.

Dass mir das durch den unglaublichen Sieg im WM-Finale am letzten Tag meiner Arbeit vergönnt war, dafür bin ich ewig dankbar und empfinde es als unbeschreibliches Glück. Im Epilog beschreibe ich ausführlich, wie – schon drei Monate vor Beginn des Turniers – die Verbindung zu 1899 Hoffenheim, ihrem Förderer, dem Unternehmer Dietmar Hopp, und dem Trainer Ralf Rangnick zustande kam und wir uns einig wurden. Hier nur so viel: An diesem ambitionierten Projekt mit hoch kompetenten Mitstreitern als Direktor für Sport und Nachwuchsförderung teilnehmen zu können, war für mich als nächster Schritt in meiner beruflichen Entwicklung absolut ideal, eine glückliche Fügung: Mein jetziger Job ist breiter angelegt als mein vorheriger, und doch kann ich mit meinen Prinzipien, Erfahrungen, Vorstellungen und nicht zuletzt mit meiner Philosophie der emotionalen Führung in diesem Bereich viel bewegen.

Was aber wäre passiert, hätte es dieses konkrete Angebot von Dietmar Hopp nicht gegeben? Und wären die anderen oben skizzierten Alternativen aus diesem oder jenem Grund auch nicht mehr aktuell gewesen? Und was wäre gewesen, was hätte es in mir ausgelöst, wenn wir mit dem Team bei der Hockey-WM den Einzug ins Halbfinale verpasst hätten? Eine ehrliche Antwort? Obwohl ich klar spürte, dass meine Grenzen der Motivation erreicht waren, wäre der Preis, ohne Job dazustehen nach der Weltmeisterschaft, für meine Familie und mich zu hoch gewesen. Ich hatte im Frühjahr großen Respekt vor diesem Szenario, aber ich hätte es mit Disziplin geschafft, mich und das Team auf die Olympischen Spiele von Peking 2008 vorzubereiten und zu motivieren. Es ist für alle gut, dass es anders gekommen ist.

- Erfolgreiche Führung ist zeitlich begrenzt.
- Nur wer diese Grenzen rechtzeitig erkennt, kann den Zeitpunkt des Abschieds selbst bestimmen.
- Emotionale Zuwendung lässt sich in der gewünschten Intensität nicht unbegrenzt aufrechterhalten.
- Untrügliche Zeichen dafür, dass die Zeit reif ist, sind unter anderem: Abstriche in Fragen der (Selbst-)Disziplin, das Verharren in Routine, die wachsende Offenheit für alternative Betätigungsfelder.
- Zwischen Wehmut und Entbehrlichkeit: Wer an Abschied denkt, sollte bald Abschied nehmen.

Zu Hause in der Fremde:
Wie aus zwei Affären mit dem Fußball
eine stabile Beziehung wurde

Hockey war mein Leben. Ich war 20 Jahre Hockeytrainer, wurde fünf Mal Weltmeister, wir spielten in Kuala Lumpur, Athen, Johannesburg, Melbourne und Karachi. Die Gegner hießen Indien, Pakistan, Spanien, Argentinien oder Australien. Seit September 2006 bin ich Angestellter eines Fußballvereins. Er heißt: Turn- und Sportgemeinschaft 1899 Hoffenheim. Hoffenheim ist ein Dorf, es liegt zwischen Heidelberg und Heilbronn. Es hat etwa 3000 Einwohner. Damals, als ich dort anfing, spielte der Verein in der Regionalliga Süd, wir spielten in Wehen, Pfullendorf und gegen die zweite Mannschaft des VfB Stuttgart. Inzwischen sind wir in die Zweite Liga aufgestiegen. Ich arbeite dort nicht als Trainer, sondern als Direktor für Sport- und Nachwuchsförderung. Meine Familie, meine Frau Britta und die Kinder, sind, nachdem wir 24 Jahre in Krefeld gewohnt haben, mit mir nach Heidelberg gezogen. Aber: Ist jetzt Fußball mein Leben?

Über die Beziehung vom Hockey zum Fußball lässt sich viel sagen, auch über meine Beziehung zum Fußball. Wunderbar könnte ich jetzt beschreiben, warum es ganz unweigerlich so kommen musste, dass ich irgendwann die Wutausbrüche auf der Trainerbank, die Kabinenansprachen und die »Schweinelehrgänge« gegen ein schönes Büro eintauschen würde, dazu eine nette Assistentin gegen Jugendförderprogramme und lange Sitzungen, in denen über Trainerausbildungskonzepte geredet wird. Um es kurz zu machen: Ich könnte beschreiben, dass auch für mich, wie für viele Trainer, der Fußball eine Sehnsucht war, das Ziel meiner Träume. So könnte ich das beschreiben, aber es wäre nicht die Wahrheit.

Die Wahrheit ist: Nichts musste so kommen. Und doch war mir schon lange vor dem zweiten Weltmeistertitel mit der Herrennationalmannschaft klar, dass ich mich in meinem Berufsleben noch einmal umorientieren wollte, hin zu etwas Neuem, hin in eine andere Umgebung, um mich weiterzuentwickeln und: um weiter zu lernen. Dass ich dabei beim Fußball landete, lag nicht wirklich fern. Schließlich gibt es, von der Zahl der Spieler über die Spielfeldgröße bis hin zu Taktik- und Trainingsmethoden, viele Parallelen zwischen beiden Sportarten. Außerdem betrachtete ich den Fußball und seine Trainer immer schon mit einer Mischung aus Begeisterung und Skepsis. Was mir auffiel: Die Ausbildungszeit war extrem kurz, jedenfalls im Vergleich zu allen anderen olympischen Mannschaftssportarten, bei denen Trainer eine zweijährige Ausbildung an der Trainerakademie zu durchlaufen haben. Hier ein paar Blockseminare, dort ein paar Lehrgangswochen, schon dürfen sie ihr »Wissen« bei Top-Mannschaften weitergeben. Manchmal allerdings nur für eine ebenso kurze Zeit – schon nach ein paar verlorenen Spielen werden sie entlassen. Ihre Arbeitsbedingungen sind, jedenfalls im Profibereich, komfortabel: Ihre Spieler haben sie – zumindest theoretisch – für unbeschränkte Zeit um sich, schließlich ist Fußball deren Beruf. Doch fragte ich mich immer wieder: Nutzen die Kollegen diese optimalen Bedingungen auch, um das Beste herauszuholen, für die Vereine, für die Spieler und vor allem: für ihr eigenes Fortkommen?

Leben lernen (1): Wie ich als »Klinsmanns Hockeytrainer« um ein Haar den deutschen Fußball ruiniert hätte

Im September 2004 studierte ich gerade zum x-ten Mal die Bilder von unserer Halbfinalniederlage bei den Olympischen Spielen in Athen, da klingelte mein Handy. Am anderen Ende der Leitung meldete sich Jürgen Klinsmann. Er war seit wenigen Wochen Fußballbundestrainer. Meine Lust, mich mit unserem Ausscheiden in Athen weiter zu beschäftigen, sank noch in derselben Sekunde. Schon wenige Tage später, am 15. September, saß ich in der Lobby des Grand Hyatt Hotels am Potsdamer Platz in Berlin, war schlecht gelaunt, weil ich mein Handy im Taxi vom Flughafen liegen gelassen hatte. Da betrat Klinsmann, mit der Mannschaft vom Training kommend, die Lobby. Er kam mit diesem typischen, etwas getrieben wirkenden Gang, diesen schnellen Klinsmann-Schritten, leicht nach vorn gebeugt auf mich zu, mit dem berühmten Klinsmann-Lächeln, vielseitig einsetzbar, bei Bedarf als Abwehr-Viererkette, um dem Innenleben unnötige Treffer zu ersparen, dann aber auch als unwiderstehliche emotionale Angriffsformation, um Menschen im Sturm zu gewinnen.

Vor dem Treffen mit Klinsmann war meine Erwartungshaltung nicht besonders hoch. Ich war gespannt, eine Persönlichkeit zu treffen, von der ich viel hielt. Auch reizte mich, jene Welt des Fußballs und der Deutschen Nationalmannschaft, die ja durch die Medien wie so vieles immer wieder verzerrt dargestellt wird, einmal authentisch und direkt kennenzulernen. Doch ich wusste, als ich die Lobby des Hyatt betrat, wo ich hingehörte, wofür mein Herz schlug und wem meine ungeteilte Aufmerksamkeit gelten würde, zumindest bis zur Weltmeisterschaft in Deutschland im Jahr 2006: meinen Jungs und dem Hockey.

Für die deutsche Fußballnationalmannschaft stand das erste Heimländerspiel gegen Brasilien in Berlin an. Klinsmann hatte, nach anfänglichen Erfolgen, durch seine Trainingsmethoden erste Widerstände heraufbeschworen. So wurden die in anderen Sportarten schon lange üblichen Methoden seiner amerikanischen Fitnesstrainer verhöhnt, zum Beispiel die Arbeit mit elastischen Bändern zum Aufwärmen als »Gummitwist«. »Bernhard hat das erreicht, was wir alle zusammen noch erreichen wollen!« So stellte Jürgen mich dann auch der Mannschaft und seinen Mitarbeitern beim Mittagessen als »Weltmeister« vor. Das Lernen-Wollen, auch von fachfremden Experten, schien mir eine der zentralen Botschaften an die Nationalspieler.

Nach dem Mittagessen saß ich noch lange mit Jürgen und Joachim Löw, genannt Jogi, zusammen, ich stellte meine Arbeit vor: Per Beamer warf ich, direkt aus dem Laptop, verschiedene Trainingsprinzipien und Vorbereitungskonzepte an die Wand des Sitzungssaals, um zu zeigen, wie wir uns auf die Olympischen Spiele und die Weltmeisterschaften vorbereitet hatten. Ich redete viel über die Aufgaben meiner Kollegen aus dem Trainerstab, den Spezialisten in ihren jeweiligen Bereichen, sprach über individuelle Leistungsdiagnostik im Bereich der Athletik und die daraus resultierende Trainingsplanung. Lange schilderte ich meine Zusammenarbeit mit unserem Sportpsychologen, die akribische Arbeit mit Videomaterial zur Fehleranalyse, erzählte, dass wir für jeden Spieler individuelle DVDs zusammenstellten, mit seinen Schwachstellen und auch mit guten Szenen. Berichtete auch, dass wir bereits in der Halbzeitpause auf Videomaterial aus der ersten Hälfte zurückgriffen, um den Spielern taktische Lösungen visuell zu erläutern. Wenn ich zu ihm hinübersah, bemerkte ich, dass Jürgen mitschrieb, manchmal schaute er auf und murmelte etwas davon, dass der deutsche Fußball »ja um Lichtjahre zurück sei«. Auf dem Weg zum Flughafen war ich ganz erfüllt von diesen Stunden.

Vielleicht schob ich meine neue und auch drängende Neugier nur beiseite, vielleicht wusste ich ganz einfach nur, dass dafür in meinem Leben erst einmal kein Platz sein würde. Sei es drum: Ein schlechtes Gewissen plagte mich in diesem Moment jedenfalls nicht. Denn ich wusste: Nach dem verpassten Olympiasieg wollte ich mit meinen Jungs unbedingt ein zweites Mal Weltmeister werden. Und doch: Es gibt diese Tage, an denen man morgens aufwacht und nicht ahnt, dass sich am Abend das Leben verändert haben wird. Zweifellos war, im Nachhinein betrachtet, dies solch ein Tag.

Zwei Tage später schrieb Jürgen mir in einer E-Mail, dass er mich unbedingt wiedertreffen wolle. Wir mailten uns in den nächsten Wochen regelmäßig, ich schilderte, wie ich mein Team auf die Europameisterschaft 2005 vorbereitete, Jürgen seine Überlegungen für den Confederations Cup und die WM-Vorbereitung. Als er mich nach einem geeigneten Sportpsychologen fragte, empfahl ich ihm Hans-Dieter Hermann, den ich nach den Olympischen Spielen zur Hockeynationalmannschaft geholt hatte. Unser Kontakt intensivierte sich. Während der Hockey-EM in Leipzig telefonierten wir dann lange, sprachen dabei vor allem über die schwerfälligen Strukturen des deutschen Fußballs, aber auch über den Rückstand, in den dieser im internationalen Vergleich geraten war. Ich glaube, beide Seiten spürten, dass aus diesem ersten Treffen in Berlin durchaus eine feste Beziehung werden könnte.

Einige Wochen später trafen Jürgen, Jogi und ich uns dann im Hyatt Hotel in Köln. Wir diskutierten bis weit nach Mitternacht über die Möglichkeiten einer Zusammenarbeit. Jürgen und Jogi wollten Guido Buchwald, Jürgens früheren Kumpel aus Stuttgarter Zeiten, zum neuen Sportdirektor des DFB machen. Ich sollte, als zweiter Teil einer Doppelspitze, die sportwissenschaftliche Entwicklung im Fußball einbringen. Ich fand das spannend, aber war von der Idee, im Duett mit Buchwald zu agieren, nicht sonderlich überzeugt. Für den Moment ließ ich das aber offen. Zwei Wochen später sagte Buchwald ab. Er wollte doch lieber Trainer in Japan bleiben. Jetzt wurde es ernst.

Recht schnell entwickelte ich ein zunächst grobes Raster, in dem aus meiner Sicht ein Sportdirektor beim DFB zu arbeiten hatte. Ich untergliederte die möglichen Aufgabenbereiche in sechs Themenblöcke und stellte sie Jürgen und Oliver (Bierhoff), dem neuen Manager der Nationalmannschaft, vor:

1. Leitbild zur Spielphilosophie des DFB
2. Koordinierung und Leistungsoptimierung der National-mannschaften/Individuelle Talententwicklung
3. Führung und Fortbildung der Bundestrainer der sogenann-ten U-Nationalmannschaften
4. Zusammenarbeit mit Vereinen, Jugendleistungszentren und Stützpunkten
5. Konzeptentwicklung für eine verbesserte Trainerausbil-dung
6. Innovationen und Ideen

Die E-Mail-Konversation wurde immer intensiver, schließlich galt es, diese zunächst sehr theoretisch scheinenden Blöcke rasch mit Leben und Leidenschaft zu füllen. Der Mailverteiler war immer gleich: Neben dem Bundestrainer zählten Jogi dazu, außerdem Torwarttrainer Andreas Köpke und Manager Oliver Bierhoff. Mit Oliver Bierhoff traf ich mich dann öfter. Ihm gefiel die sechsteilige Struktur, wir sprachen über die vielen Unterpunkte und er bat mich, zu jedem Punkt ausführliche schriftliche Erklärungen zu liefern. Jürgen hatte zwischenzeitlich DFB-Präsident Theo Zwanziger von seinem Vorhaben unterrichtet, den Hockeybundestrainer zum Sportdirektor des DFB machen zu wollen.

An dieser Stelle ist es wohl an der Zeit, dass ich kurz erkläre, warum ich mir überhaupt zutraute (oder soll ich sagen: anmaßte?), mich mit einer der interessantesten Positionen, die der deutsche Spitzensport zu vergeben hat, überhaupt zu beschäftigen. Da war zunächst doch ein gehöriges Maß an eigener Anschauung: Ich erlebte während meiner eigenen Zeit an der Kölner Sporthochschule die Ausbildung zum Fußballlehrer, also die Lizenzstufe, welche es den Bewerbern erlaubte, im Profifußball als Trainer zu arbeiten, an einigen Unterrichtstagen auch aus der Innensicht – als Lehrender. In diesen Lehrgängen sitzen in der Mehrzahl Kandidaten, die zehn oder 15 Jahre lang erfolgreiche Profifußballer waren. Kaum einer von ihnen hat, bevor sie sich um Jobs im Profibereich bewerben, den Beruf eines Trainers vor einem Team stehend in der Praxis ausgeübt. Aber sie wollen die komplexen Zusammenhänge eines langfristigen Trainings- und Wettkampfprozesses in den fünf Monaten einer Kompaktausbildung verstehen. Das ist unmöglich! Jürgen selbst absolvierte zudem nur die Kurzfassung für verdiente Nationalspieler. Doch – es ist hinreichend oft beschrieben worden – der Trainer Klinsmann erhob nie den Anspruch, eine Mannschaft alleine führen zu wollen. Sein Stab, vor allem Jogi mit seiner jahrelangen Erfahrung als Trainer, glich genau jene auch in der mangelnden Ausbildung begründeten Defizite des Bundestrainers aus, auf die dieser auch selbst immer wieder hingewiesen hatte.

Ich versuchte also, den Trainerschülern in meinen wenigen Unterrichtseinheiten aufzuzeigen, dass die Kompetenz eines Trainers nicht nur aus klugen Taktikanalysen und disziplinarischen Maßnahmen erwächst. Dass vor allem soziale Kompetenz und stete Arbeit an der eigenen Persönlichkeit entscheidend seien für die Glaubwürdigkeit eines Trainers und somit auch für die Motivation einer Mannschaft. Kurz: Ich beschrieb ihnen meinen ganzheitlichen Ansatz zur emotionalen Führung eines Teams: die Notwendigkeit, die Spieler auch als Menschen zu begleiten, sie extrem zu fordern und gleichzeitig auch auf nicht sportlichem Gebiet zu fördern. Ich beschrieb auch meine Philosophie, mich mit Fachleuten zu umgeben, die auf ihren Gebieten mir an Kompetenz voraus waren. Ich weiß aus vielen positiven Rückmeldungen, dass meine Zuhörer, vor allem auch die ehemaligen Profis, hier großen Nachholbedarf hatten, dass sie viel mehr wissen wollten, als der knappe Zeitplan zuließ.

Denn: Der Gesamtzusammenhang einer konzeptionellen Arbeit für den Trainings- und Wettkampfprozess ist in dieser kurzen Zeitspanne nicht umfassend zu bearbeiten, ebenso wenig können die notwendigen Grundlagen für die Entwicklung zu führungsstarken Trainerpersönlichkeiten gelegt werden. Hinzu kommt: Das Anforderungsprofil eines Trainers hat sich durch vielfältige neue Erkenntnisse der Sportwissenschaft dramatisch verändert und das Tempo der Veränderung steigt ständig weiter. Die Zeit, in der man allein mit dem Erfahrungswissen einer langen Spielerkarriere erfolgreich arbeiten konnte, ist vorbei. Nicht umsonst beschäftigen die europäischen Spitzenvereine inzwischen eine große Zahl von Spezialisten: Athletiktrainer, Ernährungsspezialisten, Psychologen, um nur eine kleine Auswahl zu nennen. Diese sind auf ihren jeweiligen Gebieten absolute Fachleute, sie bilden sich permanent weiter, um auf dem neuesten Stand der Entwicklungen zu bleiben. Sie arbeiten weitgehend selbstständig, der Cheftrainer vertraut ihnen, er muss ihnen vertrauen, weil er auf sie angewiesen ist.

Der moderne Trainer ist folglich in erster Linie ein Kommunikator. Er muss verstehen, ein Team als die Summe seiner einzelnen Persönlichkeiten zu formen und zu führen. Dazu muss er weder die Laktatwerte seiner Spieler auswendig kennen noch selbst die Übungen auf dem Trainingsplatz vormachen oder am Videogerät die Spielszenen zusammenschneiden. Er ist Beobachter und Moderator, umgeben von einem Team von Spezialisten, die ihm in ihren jeweiligen Bereichen überlegen sind. Nicht zuletzt ist er – als Chef – Lehrender und permanent Lernender zugleich, eine Persönlichkeit eben, die führen kann, egal ob im Fußball, im Hockey oder auch außerhalb des Sports. Vor allem ist er aber, zu Beginn seiner Ausbildung, auch als früherer Nationalspieler: ein blutiger Anfänger in diesem Beruf.

Dies alles also hatte ich, natürlich unterfüttert mit Beispielen aus der Praxis, im Gepäck, als ich eines Tages zu Beginn des Jahres 2006 gemeinsam mit Oliver Bierhoff im Büro von Wolfgang Niersbach saß, einem der einflussreichsten Männer des Verbandes, der bald DFB-Generalsekretär werden sollte. Niersbach merkte sofort, auf was der DFB sich einlassen würde, wenn er mich zum Sportdirektor machte. »Die Ideen, die Sie haben, sind gut«, kommentierte er meine Statements, um dann etwas bang nachzufragen: »Aber Sie wollen das alles ja wohl nicht in einer Revolution durchpeitschen?« Ich konnte ihn beruhigen: Es ging mir nicht darum, irgendetwas effektvoll zu zerstören, mir ging es – wie ja auch Jürgen und Jogi – um ein nachhaltiges, langfristiges Konzept. Wir schienen uns einig.

Um es vorwegzunehmen: Alles, was ab diesem Moment geschah, war für mich eine spannende, lehrreiche Erfahrung in meiner Biografie. Ich versuche deshalb, im Folgenden meine Wahrnehmung der Ereignisse wiederzugeben, die für mich mit mancher Enttäuschung verbunden waren. Ich schildere dies ohne Groll und schlechte Gefühle gegenüber meinen damaligen Verhandlungspartnern beim DFB, mit denen ich heute kollegial zusammenarbeite.

Am Freitag der gleichen Woche traf Jürgen also abermals Theo Zwanziger und erklärte dem Präsidenten, dass Oliver Bierhoff, Jogi, Köpke und er mich den Gremien des DFB als Sportdirektor vorschlagen wollten. Später stieß auch ich zu der Runde, und wir fuhren gemeinsam mit Jogi, dem Präsidenten und Jürgen nach Mönchengladbach zum Spiel Borussia gegen Bayern. Auf dem Rückweg, Theo Zwanziger fuhr nicht mit uns im Auto, war die Stimmung ausgelassen, jedenfalls für Jürgens Verhältnisse. Die Sache schien endgültig geklärt.

Wir verabredeten uns zum Abendessen und für den nächsten Tag wieder im Interconti in Düsseldorf. In Jürgens Hotelzimmer schauten wir noch den Rest der *Sportschau*. Später sprachen wir bei Wiener Schnitzel über eine sportliche Gesamtstruktur für alle DFB-Teams. Am nächsten Morgen trafen sich Trainerstab und Mannschaft zu Leistungstests. Klinsmann hatte, wie meistens, eine gute Nase für Entwicklungen in der Presse, er ahnte, dass die Gerüchte meine Person betreffend bald zu ersten Schlagzeilen führen würden: »Das ist nicht mehr länger geheim zu halten, da müssen wir jetzt aktiv werden, sonst können wir nur reagieren!«, erklärte er mir. Wie recht er hatte! Kaum hatte er zu Ende gesprochen, waren die ersten Journalisten auf meiner Handy-Mailbox. Einstweilen ließen sie sich noch abwimmeln.

Alles musste schnell gehen. Klar war: Ein Hotel wäre für ein Treffen dieser Art nicht der geeignete Ort, deshalb verabredeten wir uns im siebten Stock der Privatbank »HSBC Trinkaus«. Es war die bewährte Runde: neben Jürgen noch Oliver Bierhoff, Jogi und Köpke. Wir wollten eigentlich über Inhalte sprechen, aber ich spürte gleich, dass irgendetwas nicht rund lief. Es gab noch einen Kandidaten für den Posten des Sportdirektors, den früheren Trainer von Borussia Dortmund, Matthias Sammer. Noch bevor ich meine Themen anschneiden konnte, ergriff Oliver Bierhoff das Wort: »Die wollen jetzt noch mal Matthias Sammer anhören!« Jürgen war sofort auf hundertachtzig: »Nein! Die Sache ist entschieden.« Er lief dabei wie ein aggressiver Tiger im Käfig an der riesigen Glasfront des Raumes entlang. Doch Bierhoff, Manager, der er war, verwies auf die Fakten: »Zwanziger und Generalsekretär Horst R. Schmidt wollen uns morgen sprechen, uns alle, um 14 Uhr in Frankfurt!« Von Zwanziger und Schmidt in die DFB-Zentrale bestellt zu werden – das war für Jürgen eine echte Herausforderung.

Ich fuhr am nächsten Tag mit dem Zug nach Frankfurt, wurde über den Nebeneingang in die DFB-Zentrale geschleust, die *Bild*-Fotografen lauerten am Vordereingang. Bei Kaffee und Kuchen saßen wir mit Jürgens Trainerstab den

DFB-Verantwortlichen Horst R. Schmidt und Theo Zwanziger in der Bibliothek gegenüber. Zwanziger, der als Politiker uns gegenüber einen gewissen Erfahrungsvorsprung beim diplomatischen Überbringen schlechter Nachrichten hatte, versuchte es zunächst auf die verbindliche Art: »Herr Sammer hat uns in einer leidenschaftlichen Vorstellung auch sein großes Interesse signalisiert und will noch mal ein Gespräch.« Doch Jürgen blieb ungerührt. Seine Augen verengten sich. Mühsam gelang es ihm, die Contenance zu wahren und Zwanzigers Vorschlag nicht vor aller Augen in die Tonne zu treten: »Er braucht sich nicht mehr vorstellen, wir haben ganz klar gesagt, dass wir es mit Matthias nicht machen werden. Es wird zwischen mir und Matthias keine Zusammenarbeit geben!« So gingen wir auseinander.

Ich konnte die Lage nicht wirklich einschätzen, aber eines war klar: Der Widerstand gegen mich als Sportdirektor war offenbar groß. Was folgte, war so etwas wie eine »unkontrollierte Offensive«. Bei einem seit Langem anberaumten Hintergrundgespräch für die wichtigsten Fußballjournalisten erläuterten Jürgen und Oliver Bierhoff, warum sie glaubten, in mir den richtigen Mann für diese Position gefunden zu haben. Diese Ankündigung verfehlte ihre Wirkung nicht: Das DFB-Präsidium geriet unter enormen Zugzwang, musste, wollte es mich noch verhindern, sofort reagieren. Die Medien erkannten schnell den grundsätzlichen Charakter dieser Vorwärtsstrategie: Hier ging es zwar auch um die Frage, wer DFB-Sportdirektor werden sollte, vor allem aber ging es um ein neues Kapitel des unterhaltsamen und schlagzeilenträchtigen Machtkampfes »Klinsmann gegen DFB«. Jedenfalls herrschte große Aufregung, und auch bei mir standen die Telefone nicht mehr still.

Ich aber schwieg eisern, wollte die offizielle Entscheidung durch das Präsidium abwarten. Wer weiß, was passiert wäre, hätte ich die Einladungen, in nahezu allen Sport- und Talksendungen als neuer Sportdirektor des DFB aufzutreten, angenommen? Als Nächstes lud mich der DFB-Präsident zu einem weiteren Gespräch unter vier Augen nach Frankfurt ein. Er wiederholte seine diplomatischen Sätze, wonach ich wertvolle Impulse in den Fußball einbringen könne, dass aber auch Matthias Sammer als Kandidat gehandelt würde. Ich werde seine Wort nie vergessen: »Herr Peters, Fußball ist öffentlich«, sprach der Präsident, »ich bekomme den Namen Sammer nicht mehr aus der Zeitung heraus. Wenn es nach mir geht, würde ich Sie gerne beide für den deutschen Fußball gewinnen. Wir werden sehen, wie das Präsidium entscheidet.« Die »Zeitung« – das war gleichbedeutend mit der Springerpresse, insbesondere mit der *Bild*-Zeitung, die mich seit Tagen als »Klinsis Hockeytrainer« durch den Kakao zog. Vermutlich wusste er bereits, dass die Doppellösung für Jürgen ganz und gar unvorstellbar und damit der Weg frei war für Matthias Sammer. Doch noch war es nicht so weit.

Es kam der Tag der Entscheidung, die Sitzung des DFB-Präsidiums. Oliver Bierhoff unterbrach extra seinen Malediven-Urlaub, Jürgen kam aus den USA. Es half alles nichts. Das Präsidium entschied sich für Matthias Sammer. Für mich war das allerdings keine Überraschung, denn Zwanziger hatte mich am Tag vorher darüber informiert, dass er von einem Votum des Präsidiums für Sammer ausgehe. Der Verweis auf die Mehrheitsverhältnisse war und ist bis heute die einzige inhaltliche Begründung für die Entscheidung gegen mich. Im Nachhinein rechne ich dem Präsidenten diese Vorabinformation hoch an. Am Ende des Telefonats erklärte er mir, dass er sich wünsche und vorstellen könne, zu einem späteren Zeitpunkt mit mir beim DFB zusammenzuarbeiten. Damals empfand ich dies als überaus schwachen Trost, heute weiß ich, dass er das ehrlich meinte. Und in der Tat wird mir als Teil des von Oliver Bierhoff eingerichteten »Kompetenzteams« viel Respekt entgegengebracht.

Nachdem klar war, dass es zunächst nichts werden würde mit dem Fußball, war ich enttäuscht und traurig, ich hätte diesen Job zu dem Zeitpunkt als meine optimale nächste berufliche Herausforderung nach der Hockey-WM angesehen. Gleichzeitig fiel aber auch ein ungeheurer Druck von mir ab.

Auf der Heimfahrt von Mönchengladbach, wo ich zum Zeitpunkt der entscheidenden Sitzung des DFB gerade einen Lehrgang abgehalten hatte, wurde mir diese für mein Leben so wichtige Entscheidung noch mehrfach von den Medien live und in Farbe überbracht: »Sammer wird Sportdirektor des DFB und nicht der von Bundestrainer Klinsmann vorgeschlagene Bundestrainer der Hockeynationalmannschaft Peters!« Am Abend klingelte das Telefon, es meldete sich Matthias Sammer. Mir war nicht wirklich klar, was er wollte, vielleicht sollte es einfach eine sportliche Geste sein, was ich gut fand. Wir verabredeten uns, um uns in nächster Zeit einmal persönlich kennenzulernen. Am Abend nahm ich, schon im Halbschlaf, mein Foto in den *Tagesthemen* wahr, dort zeigten sie mich als Unterlegenen der Sportdirektorenwahl. Am Ende dieses Tages war ich einfach nur noch erschöpft, die Niederlage schmerzte. Aber nicht zuletzt Klinsmanns couragiertes Eintreten für seinen Plan, auch nach der Entscheidung, machte es in den nächsten Tagen leichter, dies alles zu verarbeiten. Am besten zusammengefasst hat es einer, dem man oft Gefühlskälte und mangelnde emotionale Tiefe unterstellt hat. Er schrieb mir eine Mail aus dem Flugzeug, auf dem Weg in seine Heimat, eine Nachricht voller Klarheit und Wärme, die Botschaft eines großen Kämpfers, der, wie ich, so ungern verliert: »Never think about yesterday, but always of tomorrow. Dein Jürgen«

Leben lernen (2): Als Weltmeister in der Provinz

Ohne Zweifel, ich hatte an dieser Entscheidung in den nächsten Wochen heftig zu knabbern, aber meine bevorstehenden großen Aufgaben erlaubten mir keinen Durchhänger. Ich wollte jetzt natürlich ganz sicher einen guten Abgang beim Hockey, ich fühlte mich total herausgefordert. Meine Affäre mit dem Fußball allerdings, das spürte ich, war durch die Entscheidung des DFB-Präsidiums nicht zu Ende.

Es war kurz vor der Abreise der Hockeynationalmannschaft zum Trainingslager nach Südafrika im März 2006, als das Telefon klingelte. Es meldete sich Ralf Rangnick, der ein paar Wochen zuvor bei Schalke 04 aufgehört hatte. Rangnick, den ich bisher nur oberflächlich kannte, kam schnell auf den Punkt: »Wenn ich wieder als Trainer arbeiten werde, möchte ich viele Dinge anders angehen. Könnten Sie sich vorstellen, mich da als Ideengeber und Gesprächspartner zu unterstützen?« Da war ich platt! Und gut hat es natürlich auch getan, dass einer der intelligentesten und profiliertesten Bundesligatrainer mich offenbar für geeignet hielt, ihm zu helfen. Ich hatte wieder Feuer gefangen. Zunächst aber galt alle Konzentration der Hockey-WM.

Ich hatte Rangnicks Arbeit, vor allem in Hannover und bei Schalke, verfolgt, er schien mir sympathisch, seine Philosophie interessant. Ich hatte mitbekommen, dass, nachdem er im *Sportstudio* an einer Taktiktafel Spielsysteme erläutert hatte, die Boulevardmedien ihn als »Fußball-Professor« verspottet hatten, dieselben Blätter, die mich als »Hockeytrainer« zum Totengräber des Deutschen Fußballs machen wollten, als es um den Sportdirektorenposten ging. »Klinsis Hockeytrainer« und der »Fußball-Professor« in einem Team – der Gedanke gefiel mir. Im Frühjahr verabredeten wir uns am Frankfurter Flughafen. Wir diskutierten erst allgemein über unsere Erfahrungen in der Trainerarbeit, später analysierten wir schon sehr differenziert die verschiedenen Leis-

tungsbereiche, die zusammen die Qualität eines Teams aus-
machten. Ich fühlte mich an meine ersten Gespräche mit
Jürgen erinnert. Und wie damals mit Jürgen mailten wir
uns ab diesem Moment regelmäßig, tauschten SMS aus und
telefonierten immer häufiger. Die mögliche Rollenaufteilung
zwischen ihm als Trainer und mir als Sportdirektor konkre-
tisierte sich.

Rangnick bekam in diesem Zeitraum zahlreiche interessante
Angebote aus dem In- und Ausland, er war sehr gefragt. Und
dann erlebte ich bei diesem manchmal zunächst zurückhaltenden Mann etwas, was mein Bild von der schnelllebigen Fuß-
ballbranche nachhaltig veränderte: Jedes Mal, wenn Rangnick
gefragt wurde, ob er ein Team als Coach übernehmen wolle,
sagte er seinen Verhandlungspartnern, dass er nur weiterver-
handeln wolle, wenn es um eine Doppellösung mit mir als
Sportdirektor ginge. Das hat mir sehr imponiert, ich wusste:
Der Mann hat Charakter.

Inzwischen hatte auch der SAP-Gründer Dietmar Hopp bei
Ralf Rangnick angefragt, ob er sich vorstellen könne, in der
kommenden Saison bei 1899 Hoffenheim zu arbeiten.
In der Regionalliga Süd. Ralf und ich sprachen über diese
Idee, aber Rangnick erklärte sowohl Hopp als auch mir, dass
er sich dies nicht vorstellen könne. So ganz sicher schien er
angesichts der möglichen Perspektiven jedoch nicht zu sein:
»Wir sollten den Kontakt zur Herrn Hopp nicht ganz abreißen lassen«, teilte er mir mit einem Lächeln mit. Hopps
Ideen jedenfalls konnten einen ehrgeizigen, konzeptionellen
Mann wie Rangnick nicht kaltlassen: Ein hochmodernes Stadion wolle er bauen, erklärte er uns, dazu ein Profiteam formen, das in dieser Arena attraktiven Fußball spielen möge,
am besten in der Bundesliga. Diese Aufgabe, wiederholte Hopp
bei nächster Gelegenheit, wolle er ihm, Rangnick, und auch
mir übertragen. Rangnick berichtete mir, er habe den Eindruck, hier ginge es einem Menschen um sein Lebenswerk.
Und in der Tat: Hopp hatte in Hoffenheim als Jugendlicher

selbst Fußball gespielt und inzwischen ein großartiges Nachwuchskonzept für seinen Verein entwickelt.

An einem Samstagmorgen Ende Mai 2006 saß ich an meinem Schreibtisch in Krefeld, als mein Handy erneut klingelte, am anderen Ende der Leitung meldete sich diesmal eine weiche, aber ziemlich entschieden klingende Stimme: »Hier spricht Hopp, Sie werden mich nicht kennen, ich kenne Sie aber. Wir sprechen gerade sehr intensiv mit Ralf Rangnick, er ist nicht abgeneigt, zu uns nach Hoffenheim zu kommen. Wenn Sie sich vorstellen können, hier in unserem Team mitzuarbeiten, dann können wir uns nächste Woche treffen. Ich lasse Sie abholen.« Erst später ist mir klar geworden, dass ich hier das erste Mal in meinem Leben mit einem Unternehmer von Weltrang persönlich zu tun hatte. Einer echten Führungspersönlichkeit, die nicht lange um den heißen Brei herumredet, sondern direkt auf den Punkt kommt, und zwar auf einen Punkt, den sie selbst setzt. In dem Moment, als wir telefonierten, blieb mir allerdings nichts, als zu entgegnen: »Herr Hopp, ich fühle mich geehrt, wir können uns gerne treffen, aber in der nächsten Woche habe ich einen Lehrgang mit meinem Hockeyteam. Es ist mir unmöglich zu kommen!«

Eineinhalb Wochen später fuhren Rangnick und ich in den Golfklub St. Leon-Rot: gebaut, gegründet und geleitet von Dietmar Hopp. Rangnick war schon in der Vorwoche bei einer Golfrunde von Hopps Idee einer Fußballhochburg in der tiefen Provinz überzeugt worden, jetzt wollte der große Mäzen auch meine Vorstellungen kennenlernen. Er befragte mich intensiv zu meiner Vita und meinen Erfahrungen. Zum Schluss dann die entscheidende Frage: »Wie wollen Sie das hier umsetzen, in einem Fußballklub?« Aha, dachte ich kurz, der Hockeytrainer – auch Hopp weiß nicht so recht, ob ein Hockeytrainer Fußballer begeistern und anleiten kann. Doch ich hatte gemeinsam mit Ralf unsere Vorstellungen der Arbeit in Hoffenheim in einem kurz- und mittelfristigen Maßnahmenkatalog formuliert, den wir ihm übergaben.

Die nächste präzise Hopp-Ansage ließ nicht lange auf sich warten: »Wir fahren jetzt nach Hoffenheim, wir zeigen Ihnen das Trainingszentrum der Profis und der Jugendlichen. Sie fahren mit mir.« Also gut. Auf der Fahrt unterbreitete Hopp mir sein Angebot für einen Fünf-Jahres-Vertrag. Stolz zeigte er dann Rangnick und mir die großartigen Möglichkeiten in den Trainingszentren, die schon heute jedem Vergleich mit Bundesligisten locker standhalten. Wir waren äußerst beeindruckt und verabredeten uns mit Hopp zum Abendessen. Dabei diskutierten wir über klare Abgrenzungen und Kompetenzen unserer Arbeit. Rangnick und ich waren überzeugt worden – und wir waren sicher, hier in Hoffenheim eine einmalige Gelegenheit zu erhalten, konzeptionell und gleichzeitig sehr leistungs- und ergebnisorientiert arbeiten zu können. Meine Affäre mit dem Fußball war zu einer festen Beziehung geworden.

Doch noch galt meine absolute sportliche Konzentration und Zuwendung den Hockey-Jungs. Wir wollten den 17. September zu einem großen Festtag machen: Noch nie war es einer deutschen Ballsportnationalmannschaft gelungen, zweimal hintereinander Weltmeister zu werden. Wie uns das glückte, habe ich im ersten Kapitel zu schildern versucht.

Nach einem kurzen England-Aufenthalt mit meiner Familie begann ich meine Arbeit als Direktor für Sport- und Nachwuchsförderung in Hoffenheim im Oktober. Natürlich habe ich mich gefragt, wie rasch ich als Neuling im Fußball Autorität gewinnen könnte, doch alle Sorgen waren unbegründet. Alle Mitarbeiter, die Spieler und auch Hopp signalisierten nach innen wie auch in der Öffentlichkeit, wie stolz sie waren, dass nun »ein Weltmeister« mit ihnen arbeitete.

Ganz nebenbei hatte ich mit Dietmar Hopp einen Menschen kennengelernt, der mir schon bald zeigte, dass ihn meine Arbeit durchaus nicht nur in Zusammenhang mit seiner Fußballleidenschaft interessierte. Aus unterschiedlich veranlagten Einzelspielern ein leistungsfähiges Team zu formen und dieses Team zu Höchstleistungen zu motivieren, dies hatte Hopp sein gesamtes Berufsleben getan. Und wie! Er kannte das Führungsspiel und hatte es perfektioniert: Hatte in Walldorf bei Heidelberg ein Weltunternehmen geschaffen und mit den SAP-Betriebssystemen die gesamte Softwarebranche revolutioniert und war nebenbei zum mehrfachen Milliardär geworden. Das Wichtigste jedoch war: Seine Mitarbeiter fürchteten ihn nicht, sie respektierten, sie achteten, viele verehrten ihn. Woher ich das weiß? Zum einen durfte ich inzwischen einige von ihnen kennenlernen. Das allein müsste nichts bedeuten. Es gibt aber ein untrügliches Zeichen, ein in Zeiten der Globalisierung einzigartiges Signal. Solange Hopp Chef bei SAP war, verzichteten die Mitarbeiter darauf, einen Betriebsrat einzurichten, um ihre Interessen als Arbeitnehmer zu wahren. Hopp hatte geschafft, was kaum einem seiner Kollegen aus der Liga der Global Player gelungen war: Er hatte die Menschen für sich gewonnen – zum Gewinn des Unternehmens.

Dass Hopp sich also für meine Methode der emotionalen Führung interessierte, war mehr als eine große Ehre. Schon bald lud er mich ein, vor Führungskräften der SAP zu sprechen. Die Resonanz war enorm, ich wurde mit Fragen buchstäblich bombardiert. Es folgten Einladungen anderer Konzerne. Inzwischen könnte ich einmal pro Woche in den Führungsetagen deutscher Unternehmen über meine Arbeit sprechen. Ich tue dies nur ganz vereinzelt, doch immer wieder dreht sich alles um dieselbe Frage: Wie kann es gelingen, Menschen und Teams so zu führen, dass sie imstande sind, über sich hinauszuwachsen – und dabei die Menschen in ihrer Individualität zu achten, zu formen, zu bewegen? Antworten auf diese Frage wurden offensichtlich nicht nur im deutschen Fußball, sondern auch in der freien Wirtschaft noch dringend gesucht. Dass ich, der Hockeytrainer, mit meiner Arbeitsweise jedenfalls einige Antworten würde geben können, die nicht nur Sportler interessierten – dieses Bewusstsein hat auch der Unternehmer Dietmar Hopp in mir geweckt. Und damit nebenbei einen entscheidenden Impuls zur Entstehung dieses Buches gegeben.

Während aller Gespräche mit Rangnick und Hopp hatte ich weiter Kontakt zu Jürgen Klinsmann gehalten. Er hatte mir sehr zugeraten, die Tätigkeit in Hoffenheim anzutreten, er kannte Hopp aus dem gemeinsamen Engagement für die Jugendstiftung »fb21«. Auch meinen »Konkurrenten« Matthias Sammer hatte ich zwischenzeitlich getroffen, und es zeigte sich, dass er offen war für meine Impulse. Er war sich nicht zu schade, mich um Rat zu fragen, besonders, was die Jugendarbeit betraf. So war es eine logische Folge, dass auch nach Jürgens Rücktritt nach der WM der Kontakt zum DFB nicht abriss, im Gegenteil: Einen Monat nach der Fußball-WM etablierte der DFB seinen neuen sportlichen Führungsstab, das sogenannte Sport-Kompetenz-Team. Hier versucht Oliver Bierhoff als Vorsitzender dieses Achtergremiums, Inhalte eines sportlichen Konzepts von den Nachwuchsteams bis zur A-Nationalmannschaft zu koordinieren. Bierhoff fragte mich, ob ich mir vorstellen könne, dort als externer Berater mitzuarbeiten. Alle Mitglieder des Kompetenzteams unterstützten diese Idee. Der Generalsekretär des DFB, Horst R. Schmidt, empfing mich in der ersten Sitzung in der Runde mit den Worten: »Herr Peters, Sie haben eine einmalige Erfolgsgeschichte, erzählen Sie uns, wie Sie das gemacht haben, wir möchten da von Ihnen lernen.« Dieser Aufforderung kam ich in den nächsten Monaten gerne nach: mit einer detaillierten Analyse einiger Bereiche der Jugendförderung und der Trainerausbildung. Natürlich habe ich auch kurz- und mittelfristige Lösungen vorgeschlagen, um vorhandene Defizite zu beheben. Nun wird es spannend sein zu beobachten, wie konsequent im Zusammenspiel von Deutscher Fußball-Liga und DFB diese Ideen einer umfangreicheren, inhaltlich veränderten Trainerausbildung umgesetzt werden. Ist man grundsätzlich zu Veränderungen bereit oder scheut man sich vor anstrengenden, manchmal zunächst nicht leicht zu vermittelnden, aber dringend notwendigen Neuerungen? Manchmal beschäftigt mich die damalige Situation noch, das gebe ich gerne zu. Immerhin, denke ich dann bei mir, hat ein Hockeytrainer als Sportdirektor den Aufstieg der TSG 1899 Hoffenheim in die zweite Liga nicht verhindern können. Jetzt leitet der Hockeytrainer gemeinsam mit einem hoch qualifizierten Team ein anspruchsvolles, ehrgeiziges Fußballunternehmen. Und er ist verdammt froh, dass alles so gekommen ist.

Die Metamorphose

*Wie Bernhard P. vom spröden Humorverweigerer
zum warmherzigen Erfolgscoach wurde*

Aus nächster Nähe beobachtet von PHILIPP CRONE

Am Anfang hatte ich Angst vor ihm. Er war groß, ich war klein, er hatte keinen Humor, ich war albern, er war Trainer der Mannschaft, in die ich wollte: die U21. Ehrlich gesagt mochte ich ihn nicht besonders. Aber das war egal. Denn wo er war, waren Siege und erste Plätze und Medaillen. Und wo das alles war, dahin wollte der 14-jährige Verteidiger aus München, der »kleine Dicke« (Peters hockeyzeitlebens über Crone) auch. Später, als U21-Kapitän, konnte ich ihn schon besser leiden, und als er 2001 Bundestrainer wurde, war ich begeistert. Am Ende sind wir Freunde geworden. Vielleicht liegt das auch daran, dass wir uns sehr ähnlich sind: Wir hatten beide zu Karrierebeginn wenig Talent, dafür umso mehr Ehrgeiz. Wie diese Kombination einen Menschen verändern kann, habe ich mir 16 Jahre lang aus nächster Nähe angesehen. Aus dem unsicheren, manchmal regelrecht verkrampften Humorverweigerer ist über viele äußerst erfolgreiche Etappen als Hockeytrainer heute ein souveräner Fußball-Sportdirektor geworden, der die branchenüblichen hektischen Niederlagenreflexe souverän an sich abprallen lässt, der stattdessen nüchtern in seinem großen Erfahrungsschatz kramt, ruhig analysiert und verbessert. Mein Start mit ihm war dabei alles andere als vielversprechend.

Als ich ihn kennenlernte, konnte Bernhard nicht lachen und war chronisch unzufrieden. Fast schien es, als suche er immer nach Dingen, über die er unzufrieden sein konnte, nur um nicht fröhlich sein zu müssen. Alles war Hockey, Übungen, Video, Kohlenhydrate, dynamische Ballannahme, Analyse, verbessern, optimieren. Und wenn es einmal gar nicht anders ging, entstand ein leicht verzerrtes Grinsen in seinem Gesicht, ein bisschen wie das des säuerlichen Jokers von Batman. Aufgesetzt. Dieses Grinsen entwickelte sich in der Mannschaft weiter. Manche Spieler konnten es irgendwann genauso gut wie Bernhard, da hatte der allerdings schon längst das erste Mal wirklich gelacht. Und zwar über mich.

Das war 1993. Bernhard war gerade mit der U21-Mannschaft Weltmeister geworden. Selbst die Weltmeister waren mit seinem wenig zugänglichen Führungsstil nicht immer glücklich gewesen. Bei einer Besprechung sprach er nun zu 16 ehrfürchtigen Jugendspielern, das Du zwischen Trainer und Spielern war zu der Zeit schon Standard. Der große Peters: »Und dann müsst ihr ... hepp, hepp, hepp muss der Ball laufen.« Pause. Der kleine Crone: »Ich dachte, das heißt immer ›zack, zack, zack‹ bei dir und nicht ›hepp, hepp, hepp‹?« Stille. Bernhards Blick hebt sich. Seine Augen gucken böse. Er denkt: Jetzt muss ich ärgerlich sein. Ich denke: Gleich wird er ärgerlich sein und ich nie wieder für Deutschland spielen. Doch dann: ein Lachen! Zwar noch etwas unbeholfen, aber eindeutig kein Grinsen, sondern ein Lachen. Ich behaupte, dass das sein erster Schritt in die kommunikatorische Zivilisation war. Noch voller Dankbarkeit macht mich Bernhard zum Kapitän der U21 bei der WM 1997.

Siegesgewohnt verloren wir das Halbfinale. Bernhard veränderte sich durch diese Erfahrung. Ich verließ nach der WM die U21, spielte seitdem in der A-Nationalmannschaft und konnte die Peter'sche Metamorphose also nicht hautnah erleben. Aber als ich ihn 2001 bei seinem Antritt als Herren-Coach in Indien wieder erlebte, war er ein anderer. Aus einem akribischen, notorisch nörgeligen Experten war ein selbstkritischer offener Trainer mit einem ersten Schuss Lockerheit geworden. Er hatte sein taktisches Spielkonzept perfektioniert. Das gab ihm Sicherheit im Fachlichen und auch im Umgang mit den Spielern, und die gab er an uns weiter. Da stand plötzlich ein Trainer auf dem Platz, der für jede noch so knifflige und ausweglose Spielsituation eine Lösung zu haben schien. Jedes Problem, das während eines Spiels auftreten kann, hatte er im Kopf schon durchgespielt. Und dann führte der Trainer auch noch einen Spielerrat ein. Mitbestimmung? Eigentlich logisch, dass er bei uns Rat suchte, denn manche hatten schon zehn Jahre Erfahrung in der A-Nationalmannschaft – er hatte eine ganze Menge, aber eben noch keine als verantwortlicher Cheftrainer. Statt Monarchie wie bei seinem Bundestrainer-Vorgänger nun also Demokratie? Na, ein bisschen. Aber er hatte letztlich doch immer die absolute Mehrheit.

Hinzu kam eine neue Mannschaftsaufstellung. Bernhard sagte mir vor dem Flug nach Delhi, dass ich auf der Position des Innenverteidigers spielen werde. Das hatte ich bis dahin noch nie gespielt, von nun an immer. Es war die ideale Position für mich, er hatte meine Fähigkeiten klar erkannt. Alles in allem war Indien im Frühjahr 2001, war Bernhards Amtsantritt als Bundestrainer für die Mannschaft wie ein Kulturschock, ein interner – und folgenreicher. Vor lauter mentaler Sicher- und Überlegenheit spielten wir ein Jahr lang alle Gegner an die Wand. Erst während der WM 2002 in Malaysia verloren wir wieder ein wichtiges Match, das Gruppenspiel gegen Spanien. Aber Bernhard hatte uns zusammen mit dem Sportpsychologen Lothar Linz selbst darauf vorbereitet, im Vorfeld alle Szenarien durchgespielt. Wir sind sogar einmal in der Vorbereitung um fünf Uhr morgens aufgestanden, nur um den Ablauf für ein frühes Gruppenspiel bei der WM um acht Uhr zu üben.

Dann die letzte Besprechung vor dem WM-Finale: Was würde Bernhard sagen? Er sprach kurz zur Einleitung, dann plötzlich schwieg er. Weil nämlich Co-Trainer Markus Weise die Besprechung leitete. Das hatte er vorher noch nie gemacht. Wir waren alle verblüfft – und hörten umso aufmerksamer zu. Er, der alles unter seiner Kontrolle haben wollte, gab sie vor seinem bisher wichtigsten Spiel aus der Hand: natürlich nicht einfach so, sondern ganz bewusst und geplant. Trotzdem war das mutig – und wurde belohnt. Markus hielt eine fünfminütige Motivationsrede, danach war das Team so heiß wie noch nie. Bernhard hatte das geahnt und seinen kurzfristigen Rückzug bewusst eingesetzt. Die Australier waren das Opfer: Als wir kurz vor der Halbzeit den Ausgleich zum 1:1 schossen, waren sie eigentlich schon geschlagen, wir gewannen anschließend 2:1.

Mit dem ersten Titelgewinn begann die schwierigste Zeit. Die anderen Mannschaften stellten sich taktisch auf unser Spiel ein und es wurde immer schwieriger, unseren Vorsprung zu halten. Bernhard hatte zum Beispiel als Erster die Torhüter mit Ballmaschinen, die für den Baseballsport konzipiert waren, beschossen, um ihre Reflexe zu trainieren. Wir hatten – subjektiv gesehen – die beiden weltbesten Torhüter. Nun standen Ballmaschinen auch auf dem Trainingsplatz der Holländer.

Bei der Europameisterschaft 2003 in Barcelona schien unser Vorsprung schon weggeschmolzen zu sein. Die anderen hatten offensichtlich aufgeholt. Mit unserem sogenannten konstruktiven Aufbauspiel hatten wir die Gegner bisher immer kontrolliert. Nun plötzlich setzte uns Spanien, als Antwort auf unsere Taktik, jetzt schon in unserem eigenen Viertel unter Druck, sodass wir den Ball oft nur in die gegnerische Hälfte schlenzen konnten. Aus konstruktiv war destruktiv geworden. Auch auf unsere fast schon perfektionierte Pressing-Taktik hatten sich die meisten Gegner inzwischen eingestellt. Mit Mühe und viel Glück retteten wir uns im Finale ins Siebenmeterschießen. Da allerdings präsentierte Bernhard gerade noch rechtzeitig die nächste Innovation, die uns den Titel sicherte.

Unser Torwart Nummer eins, Clemens Arnold, machte im Finale das beste Spiel seines Lebens, hielt mehrere Strafecken gegen Ende des Spiels und dadurch das Unentschieden fest – und wurde dann ausgewechselt. Für das Siebenmeterschießen stand plötzlich der Zweimetermann Christian Schulte, die Nummer zwei, im Tor. Im Training hatte »Schüti« fast jeden zweiten Siebenmeter gehalten. Er war unsere Waffe. So einen Wechsel hatte es noch nie gegeben. Man stelle sich vor, Jürgen Klinsmann hätte im Viertelfinale der Fußball-WM vor dem Elfmeterschießen gegen Argentinien plötzlich Oliver Kahn ins Tor gestellt.

Die Spanier hatten einen kleinen Keeper erwartet, da stand jetzt aber ein Riese im Tor und hielt drei Siebenmeter. Der auf die Ersatzbank beorderte Clemens Arnold war trotz seiner hinderlichen Torwartausrüstung als Erster nach dem letzten gehaltenen Siebenmeter bei »Schüti« und überrannte ihn vor lauter Glück. Bernhards Plan war wieder aufgegangen.

Es war klar, dass wir dann auch in Athen bei den Olympischen Spielen 2004 Gold holen wollten. Allerdings spielte die Mannschaft nicht so gut wie in den Jahren zuvor. Warum, das weiß bis heute – ehrlich gesagt – keiner so genau. Wir hatten die Trainingsvorgaben erfüllt, ließen uns vom Olympia-Drumherum nicht irritieren und hielten uns an die Ernährungspläne. Mit der Niederlage im Halbfinale gegen Holland hatte keiner gerechnet. Wir versammelten uns nach dem Spiel in der Kabine, es war schaurig. Eine große Enttäuschung. Und auch Bernhard wirkte etwas ratlos. Selbst der Gewinn von Bronze, für alle die erste olympische Medaille, war nur ein schwacher Trost. Jetzt sollte sich einiges ändern. Aus dieser Niederlage, auch noch gegen den großen Rivalen (es gab für ihn nichts Schöneres, als Holland zu schlagen), lernte Bernhard wohl am meisten.

Sein Innovationsmotor lief 2005 wieder auf Hochtouren. Neue Gesichter im Betreuerstab, neue Spieler, neue wissenschaftliche Methoden, neue Taktik-Varianten, noch mehr Demokratie und auch ein neuer Bernhard. Eine herbe Niederlage hatte dieser jetzt also auch hinter sich und den schwer erträglichen Ruf der Unbesiegbarkeit abgelegt. Die Enttäuschung von Athen hatte ihn erst wirklich locker gemacht.

Einige erfahrene Spieler hörten nach Olympia aus beruflichen Gründen auf. Zu dieser Zeit wurde mein Verhältnis zu Bernhard noch enger. Immer wieder kamen aufmunternde und fordernde SMS: »Wir müssen jetzt im Winter richtig Gas geben. Ich verlasse mich auf Dich.« Oder: »Wer soll im Sommer bei der EM in Leipzig auf dem Treppchen ganz oben stehen?« Die identische Nachricht schickte Peters – kleiner Einsatz, große Wirkung – einfach an alle Spieler. Hast du auch die Motivations-Nachricht bekommen? Eine kurze Quer-SMS zu einem Mitspieler bestätigte: Ja, alle hatten sie bekommen. Ein dezenter Hinweis an den Cheftrainer bei einem der folgenden Lehrgänge beendete das Massenphänomen. Aber dann gab es auf einmal noch diese SMS: »Wir können auf alle verzichten, nur auf einen nicht.« Die zeigte Wirkung, denn ich wusste, dass sich hier jede Frage an die Kollegen, ob sie ähnliche Botschaften erhalten hatten, erübrigen würde.

Bernhards Drang, Neues zu erproben, zeigte sich in allen Bereichen, er ließ sich sogar dazu hinreißen zu »skypen«. Diese Form des Internet-Chattens kam gerade auf, und er nutzte sie sofort, um die Spieler nun auch auf diesem Weg – neben Brief, Telefon und SMS – an ihre Trainingspläne zu erinnern und immer wieder neu zu motivieren. Und das bei seiner chronischen Technikschwäche. Auf diese ist auch sein Spitzname »Eters« zurückzuführen. Denn dieses »Eters« bekam jeder zu hören, der ihn auf dem Handy anrief. Bernhard sprach einfach schon seinen Namen, noch während er auf die Annahmetaste drückte. Er hörte ungeduldig ein paar Sekunden zu, erinnerte einen dann in Stakkato-Sätzen an aktuelle Trainingspläne, endete mit einem »Hau rein!« und hatte schon aufgelegt, bevor man sich verabschieden konnte. Er freute sich über seinen neuen Namen, zu diesem Zeitpunkt konnte er schon längst genüsslich über sich selbst lachen.

Der Mut zu Neuem zahlte sich schließlich aus – bei der WM 2006 in Gladbach. Bernhard gab noch einmal alles, sprang sogar einmal über seinen Schatten, beim Alkohol. Er und Bernhard waren keine Freunde, die Mannschaft dagegen manchmal umso mehr. Dabei hat er doch so viel gelernt in seiner Zeit als Trainer. Nur beim Bier nicht. Er hat – ich glaube bis heute – nicht begriffen, wie wichtig Alkohol, Fett und Zucker für eine Mannschaft sind. Denn nichts schweißt ein Team so eng zusammen wie eine durchzechte Nacht. Da spricht nach drei Bier der gerade neu zum Team gestoßene Schüler mit dem langjährigen Nationalspieler und inzwischen bereits erfolgreichen Immobilienmakler über seinen Liebeskummer und der fertige Arzt mit dem Zivi über Berufsaussichten. Und wenn wir dann das Abschlusstraining am nächsten Morgen zusammen überstanden hatten, alle mit grünlichen Gesichtern, dann konnte der nächste Gegner heißen, wie er wollte. Er hatte keine Chance. Irgendwann hat Bernhard diese so verbindenden Gelage stillschweigend akzeptiert und ignoriert, aber nie wirklich goutiert.

Und, wie immer, aus seiner Einstellung keinen Hehl gemacht: Als ich bei einem Flug neben Bernhard saß und in den Plastikbecher voller Tee eineinhalb Tütchen Zucker schüttete, guckte er mich an, als ob ich seine Familie beleidigt hätte, drückte kopfschüttelnd eine Süßstoffpille in seinen Tee und begann mich kalorientechnisch aufzuklären. So war es für die ganze Mannschaft der ganz und gar unerwartete Höhepunkt einer WM-Vorbereitungswoche, als Bernhard uns nach einer Paddeltour am Ufer mit einem Kasten Pils empfing. Pils! Wir haben es ihm hoch angerechnet, auch wenn das Bier lauwarm war. Er kennt sich mit dem Thema ja nicht so gut aus.

Allerdings gab es vor der WM auch Missstimmung, Bernhard telefonierte oft mehrmals während eines Trainings. Parallel zur WM-Vorbereitung plante er schon sein Engagement als Sportdirektor in Hoffenheim. Das kam nicht gut an, nervte. Nach einer Sitzung mit den Führungsspielern hat er beim Training dann sein Handy ausgemacht.

Manchmal haben wir vom Fußball gesprochen, gerade bei den Lehrgängen musste er wohl die ganzen neuen Perspektiven und Eindrücke auch loswerden. Und zu diesem Zeitpunkt ging unser Verhältnis schon weit über das an sich schon hohe Niveau einer typischen Peters-Spieler-Beziehung hinaus. Immer interessierte ihn auch die private und berufliche Situation seiner Spieler, versuchte er auch da, in schwierigen Situationen zu helfen. Ob aus wahrem Interesse oder in dem Wissen, dass alle Lebensbereiche auf die sportliche Leistung Einfluss haben, das bleibt sein Geheimnis.

Bei einem Lehrgang war ich geknickt wegen einer Frauengeschichte ohne Happy End. Bernhard und ich saßen zusammen bei einem Cappuccino (er mit Süßstoff, ich mit ausnahmsweise wenig Zucker), und er erzählte mir, wie er seine Frau Britta kennengelernt hatte. Stolz enthüllte er seine innovative Eroberungstaktik. Zur ersten Verabredung habe er ihr – tata! – einen Strauß Blumen mitgebracht. Hätte er so viel Innovation im Sport an den Tag gelegt, wir wären bei der WM in Gladbach punktlos untergegangen.

So richtig hatte bei diesem letzten Peters-Wettkampf keiner mit uns gerechnet. Und auch wir selbst erst im Lauf des Turniers. Aber als vor dem Finale das fanblocküberspannende Transparent »Danke, Bernhard« ausgerollt wurde und jeder sehen konnte, dass der Coach um seine Fassung rang, haben wir geahnt, dass wir auch dieses Spiel noch gewinnen würden. Damit wurde aus Bernhard endgültig ein großer Trainer. Der zweite und dritte Titel ist wichtiger als der erste, für einen Spieler genauso wie für einen Coach. Denn nur an dauerhaftem Erfolg kann man sehen, ob das, was man macht, wirklich gut ist. Einen Tag später trennten sich die Wege von Bernhard und dem Spieler, auf den er nicht verzichten konnte, die Wege zweier Freunde.

Am 16. September 2007 bekam ich eine SMS von Bernhard. Was will er denn jetzt schon wieder? Sich beklagen, dass der Saisonstart von Hoffenheim schiefgegangen ist? Dann ist er plötzlich selbst am Telefon, seine kratzende Stimme spricht: »Hupe, weißt du, was heute für ein Tag ist?« – »Nein.« – »Du Eierbär *(er ist eine Koryphäe auf dem Gebiet der Schimpfwort-Neologismen),* heute vor einem Jahr sind wir Weltmeister geworden.« Der Rest waren ein paar Weißt-du-Nochs und Lachen. Ich schreibe ihm jetzt regelmäßig zur Zweite-Liga-Motivation per SMS: »Wer soll am Ende der Saison auf einem Aufstiegsplatz stehen?«

Bernhard kenne ich seit 16 Jahren, er hat mir viel geholfen. Ich werde nun versuchen, ihm davon etwas zurückzugeben. Vielleicht bei seinen Auftritten in den Medien. Das ist mein Gebiet. Ich weiß, wie ich einen Gesprächspartner gut oder schlecht aussehen lassen kann. Da kann ausnahmsweise er – ganz im Sinne der (Gesprächs-)Führung – von mir noch etwas lernen – spielend.

Der Autor hat 342 Länderspiele für Deutschland absolviert, die meisten von ihnen unter dem Trainer Bernhard Peters. Heute arbeitet er als Journalist beim *Bayerischen Rundfunk* und bei der *Süddeutschen Zeitung* in München.

BILDNACHWEIS

TEXTTEIL:

DHA (Deutsche Hockey Agentur): Seite 64 oben
Dieter Reinhardt: Seite 74
International Hockey Federation: Seite 64 unten

FARBBILDTEIL:

DHA (Deutsche Hockey Agentur): Seite 1, Seite 2 oben und unten
   links
firo sportphoto: Seite 3
Franz Haniel Akademie: Seite 4
Hockeyimage.net: Seite 2 unten rechts